生态学名著译丛

Introduction to Systems Ecology

系统生态学导论

Xitong Shengtaixue Daolun

[丹] Sven Erik Jørgensen　著
陆健健　译

高等教育出版社·北京
HIGHER EDUCATION PRESS　BEIJING

图字：01-2012-5682 号

图书在版编目（CIP）数据

系统生态学导论 /（丹）约恩森著；陆健健译. --
-- 北京：高等教育出版社，2013. 3
书名原文：Introduction to systems eccology
ISBN 978-7-04-037079-9

Ⅰ. ①系… Ⅱ. ①约… ②陆… Ⅲ. ①生态系生态学
Ⅳ. ① Q148

中国版本图书馆 CIP 数据核字（2013）第 050220 号

策划编辑 陈正雄　　责任编辑 陈正雄　　封面设计 张 楠　　版式设计 马敬茹
责任校对 刘春萍　　责任印制 赵义民

出版发行 高等教育出版社
社　　址 北京市西城区德外大街 4 号
邮政编码 100120
印　　刷 大厂益利印刷有限公司
开　　本 787mm × 1092mm　1/16
印　　张 17.75
字　　数 330 千字
购书热线 010-58581118
咨询电话 400-810-0598
网　　址 http://www.hep.edu.cn
　　　　 http://www.hep.com.cn
网上订购 http://www.landraco.com
　　　　 http://www.landraco.com.cn
版　　次 2013 年 3 月第 1 版
印　　次 2013 年 3 月第 1 次印刷
定　　价 49.00 元

物 料 号 37079-00

前　言

这是我所知道的第一本具备教科书性质的系统生态学书籍——涵盖图解、例证、练习、小结，并突出重点。原因是“系统生态学”（或“生态系统理论”）可从多个理论角度得到有效阐述，如热力学、层级结构、网络理论、生物化学或生态计量学；而要把这些理论角度整合一体颇具难度。我希望通过《系统生态学导论》一书做一个初步的有效尝试，也希企得到读者们的意见反馈；你们的建议将有可能对此书第二版的完善有帮助。若此书有疏漏之处、言语构架等可改进之处，请您通过电子邮件告知我，邮件地址为：msijapan@ hotmail. com.

系统生态学在众多生态学学科中得到越来越广泛地应用。我们把它应用于生态建模，因为如果不了解某一个系统的属性及反应特征，便无法构建该系统的模型。我们把它用于生态工程，因为如果不了解某一个系统，就不可能建造出该系统。我们把它用于筛选生态指标，因为对生态系统健康评估最佳生态指标的筛选无疑需要我们了解该系统及其属性和可能存在的问题。我们在生态和环境管理中也广泛地应用系统生态学，因为生态系统管理需要我们了解生态系统对于外界影响变化的反应。因此，在生态学中显然需要一本教科书，作为各生态学科的基础框架参考书。

系统生态学主要包括四个方面：热力学、层级结构、网络理论和生物化学。本书将这四个方面组合成一个整体以试图理解系统，并不涉及该系统内部的详细整合信息。本书的最后一章着重介绍了将系统生态学应用于上述提及的生态学科的实例，希望能鼓舞更多的生态学家将来更广泛地应用系统生态学。只有将生态系统理论应用到诸多不同的情境中，才能使系统生态学未来得到提升和发展。我的两位科学家朋友已表示他们有兴趣将此书译成中文和俄文，这对于系统生态学是极其有利的，因为这将吸引更多的研究者和管理者来共同促进系统生态学的发展、广泛地运用生态学来理解自然并更好地进行环境管理。

Sven Erik Jørgensen

丹麦哥本哈根

2011 年 8 月

目　　录

第二部分 生态系统的特性

第1章　系统生态学：一门生态学学科

136亿年前发生的大爆炸是万物的开端。

宇宙创造之初的大部分特征常数预示着生命的进化(参见Laszlo,2003)。

本书介绍的是生态学学科、系统生态学，或者说是生态系统理论。生态系统理论之所以能够提高环境管理水平，是因为其为预测生态系统对环境变化作出的反应提供了可能。本章讲述了本书的概要。对整体论的强调将贯穿全书。

1.1　什么是系统生态学？

系统生态学聚焦于生态系统的性质，并试图通过系统方法揭示这些性质——这是一种见微知著的方法。我们也可以认为这是一种生态系统理论，因为这门生态学的子学科旨在形成一套解释生态系统的典型过程和作用的理论，这与物理学有些相似，物理学能够解释物理现象，并且对物理系统因受到扰动而作出的反应进行定量预测。基于25条基本物理学定律，我们可以推理出许多不同的物理学定律和规律，解释我们所看到的现象，至少可以大致计算出定义明确的因子对物理系统产生的影响。这使得理论物理学非常实用，因为这意味着即使不进行实地的观测或开展实验，我们也可以定量预测系统针对定义明确的变化所发生的改变。图1.1显示的是理论物理学的这部分情况。

同样，如果我们能发展一条生态系统理论，那它应该能尽可能准确地预测生态系统对于特定污染物和特定环境变化(比如气候变化)的响应。生态模型已经发展到能够模拟生态系统在外部因子(用强制函数表示)变化时的反应。生态系统的反应可通过状态变量表示，它可以是生态系统中的物理、化学或生物组分。模型需要包含所谓的生态网络，它代表不同组分间的连接。外部因子，即强制函数或者其他对生态系统的影响可能先作用于系统的某一个组分，但由于各组分之间的相互关联，该影响将波及整个生态系统，直接或间接地影响所有的系统组分。当我们从模型的角度来思考问题，就可以理解生态系统理论所带来的优势。根据生态系统理论，当我们改变强制函数时，整个系统的状态变量会发生变化。图1.2解释了使用模型的理论依据。需要注意的是，强制

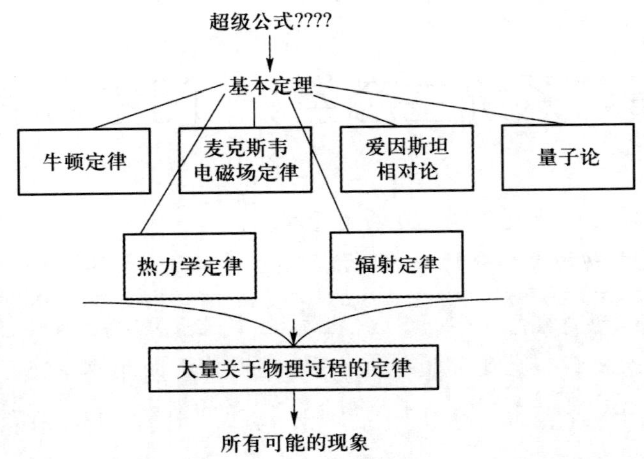

图1.1 在物理学中,人们运用25条基本定律和在其基础上推导出的其他定律,可以解释所有可以观测到的现象。在物理学中还有一个宏大的设想,就是寻找一项可以解释所有25条基本定律的超级公式,然而,到目前为止,该设想尚未实现

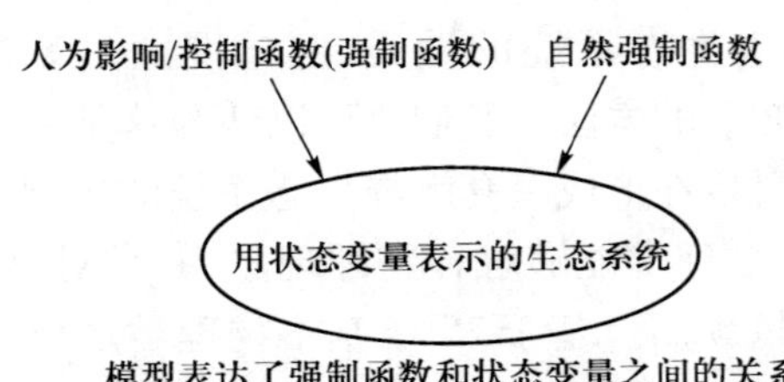

图1.2 生态模型给出了强制函数和状态变量之间的关系

函数可以是人为控制的,也可以是自然状态下的,即无法人为控制,例如气候变化。

一个模型可以整合我们已知的所有生态系统知识和强制函数,包括理论值和观测值。要建立一个优秀的模型,拥有的理论知识越多,需要的实际观测就越少。

要建立一个生态模型,就要运用到所有关于该生态系统及其强制函数的知识,这既可以是理论知识,也可以是对状态变量和强制函数的观测数据。我们的理论越完善,对于观测的需求就越低。在物理学中,理论发展已经很完善,例如,向火星发射火箭时,我们可以很准确地计算出登陆火星的轨道数据。虽然我们与火星相隔6000多万千米,但我们可以准确预测火箭在火星上的着陆点,误差仅在50 m以内。我们的生态系统理论正在不断完善,比如,向一个已知水动力模式的水生生态系统排放含有一定汞浓度的污水时，我们无需实际观测，仅通过建立模型，就可以估计处于食物链顶级的肉食性鱼类体内的汞浓度。然而，在没有实际观测的情况下，就需要一套更加完善的生态系统理论，才能预测所有的相关细节，如当大气中二氧化碳浓度从目前的 390 ppm① 升至 500 ppm 时，苏必利尔湖将对气候变化作出什么响应。

因此，我们需要更加完善并且实用性更广的生态系统理论。这本书呈现给大家的是一套最新且实用的生态系统理论，大量案例和图表将被用于阐述如何应用这套理论解释观察到的现象以及如何进行定量计算和预测。然而，有些给出的案例也会表明我们的理论目前还不足以解释所有观测到的现象。一方面，生态系统理论发展到今天，仍有很大的上升空间。另一方面，对现有理论进行质疑是至关重要的，因为理论的持续应用是找出其缺憾并进一步夯实理论基础的最好方法。

1.2 整体分析

"整体大于部分之和"这句话是系统科学的核心观点，在所有其他科学学科中也有许多引用。这一观点最初是由亚里士多德引入科学界的，之后被众多科学家使用。有许多案例可以说明这一基本的系统论观点。我们举几个例子来说明当一个系统由互相作用的组分构成时，系统会呈现出不同于单个组分的新的性质。比如，一幅伦勃朗的油画，其价值要比所使用的画布和颜料的价值总和大得多。一个人的价值，如果你仅以他所含的 25 种元素计价的话，恐怕不会超过 25 美元，但是由于我们体内的 10^{14} 个细胞形成不同的组织一起工作，它们可以互相协调，控制许多自组织生化过程，使得我们可以运动、思考、感知、创造、认知等。同样，生态系统也是一个由许多生物体相互作用形成的有机整体。这些组分连接成一个互相协调、共同合作的生态网络，这可以用来解释适应、发育和进化，自组织，应对外界干扰的抵抗力和灵活性，甚至也包括生态系统之美。整体研究在系统生态学中的重要性将在第 14 章中详细论述。

没有一个系统能通过罗列系统的各个组分及其性质来描述系统所展现的性质，但是要想发现、理解和描述系统的这些性质，研究各个组分及其性质又是必不可少的。我们不得不通过了解树来认识整片森林。不过，如果我们能够了解生态系统是如何以系统的方式来工作的，那么就可以得出一套生态系统理论，用于预测强制函数发生具体变化时对生态系统造成的影响。目前，该理论

① ppm 表示百万分之一，即 10^{-6}。

还不足以在没有观测数据的情况下对所有情况进行预测且预测结果的误差低到可接受的程度。但是一个好的理论可以在只有较少观测的情况下给出较理想的预测结果。目前,由于生态学和应用生态学的进步,包括生态模型、生态工程、生态指标和生态信息等子学科的进步,我们对生态系统内各种反应的理解比三四十年前的更深刻。在有些研究案例中,我们仍然需要不断补充观测数据,但这种对观测的需求显然已经远远低于三四十年前。系统生态学目前的发展水平还不能和理论物理学相比,但更深入的发展一定会使其被环境管理所倚重。无论是有观测数据时的辅助或是缺乏观测数据,生态系统理论的广泛运用都势必会加速系统生态学的发展。

1.3 本书提纲

最基础且应用最广泛的科学定律可能要数热力学的第一、第二、第三定律了。生态系统和其他所有系统及其组分都严格遵循这三条定律。所有可能发生的生态过程都受这三条定律的限制或约束,即生态系统严格遵守这三条定律,这三条定律限制和决定了生态系统中的各种反应和过程。这使得我们通过综合所讨论的生态系统的已知强制函数或影响,依据三大热力学定律的相关限制条件,就可对生态系统的反应和过程进行理论预测。

三大热力学定律及其目前在生态系统中的应用将在第2章至第4章进行阐述。热力学基本概念是理解这三章内容和热力学在生态系统中的普遍应用的基础。人们通常觉得将基础热力学定律用于生态系统时晦涩难懂,但是这是最基础的部分,应该尝试去理解它所告诉我们的关于生态系统及其相互作用的信息,这是非常重要的。因此,本书用三章的篇幅来详细论述三大基本定律及其在生态学上的应用。

第5章阐述了一些所有生物都必须遵循的基本生物化学特性。所有生物组分的生物化学过程都有着惊人的相似,也就意味所有的生物体对于20~25种元素都有极为相似的需求。其中的6种元素是所有生物生存所必需的。此外,生化过程的反应速率设置了生命的其他条件。所以生物化学过程成为生态系统的又一个约束或限制因素。

尽管生态系统中的能量和物质是守恒的,所有的过程是不可逆的,所有的生物组分都必须遵守基本的生化要求,但是,生态系统仍然能够不断地发育和发展。生态系统可以通过利用开放能流以及三种生长和发育方式,在热力学和生化条件的约束下得到发展的可能性。这三种生长和发育方式指生物量的增加、生态网络复杂性的增加和信息量的增加。生态系统可以利用它的开放性获得足够的可做功能量,进而选择一条使生态系统尽可能远离热力学平衡的发展路径,系统根据当时环境下可获得的最大做功量(也被称为生态埃三极),将在限制条件下达到最大程度的生长和发育。这也是最后一条定律——生态系统选择一条发展路径使其获得最大生态埃三极(做功量),可以被认作是达尔文理论的热力学表达,这部分内容在第7章中有详细论述。第6章和第7章的内容可以归结为对生态热力学定律(ecological law of thermodynamics,ELT)的系统阐述,有时也被视为热力学第四定律。本书的第一部分涵盖了生态系统的各种限制因素,一方面,生态系统在给定的外界环境下必须遵循热力学定律和生化组成规律,另一方面,生态系统也必须通过稳定的生长和发育来保证其生生不息。各种限制因素对生态系统的限制,以及系统在有限制的情况下地不断生长和发展的能力,使得生态系统具备了7条非常基本的,也是必不可少的重要性质:

- 生态系统是远离热力学平衡的开放系统(这是热力学第二定律的直接推论);
- 生态系统具有层级结构;
- 生态系统是高度多样性的;
- 生态系统有很好的缓冲容量,使得它不易被外界的强制因素彻底改变;
- 生态系统中的各个组分组成有序网络,允许循环和反馈调节,并且保持最高效率的做功(埃三极);
- 生态系统有很大的信息容量,包含在生物体的基因组中,可以用来解释高度发达的反馈和调节机制;
- 生态系统由于具有远离热力学平衡的发达组织和结构,因而展现出系统的性质。

这七条基本性质在第8章至第14章中有详细论述。第一条性质,系统的开放性,在讲述热力学第二定律时已经涉及,因为前者与后者的结果密切相关。这七条性质都是进化的结果,都是生态系统受到环境条件、热力学三大定律的限制,以及生物化学对生命过程的约束时为了生存、生长和发育而做出的努力。

本书所述的系统生态学的整体论观点具有广泛的应用,比如解释生态学现象,用于保护生物学、生态建模、生态系统健康和可持续发展能力评估,以及生态技术等。在第15章中,将通过几个例子来论证生态系统理论用于应用生态学子学科的重要性。它是环境管理的基础,也是帮助环境管理者尽可能减少人类对不同类型生态系统和自然界的负面影响的工具箱。这个工具箱有效连接了环境管理和生态学,使得人们在制定控制污染的环境管理方案时能够将生态学以及生态系统一并考虑在内。

第8章至第15章是本书的第二部分,论述系统生态学的七条基本性质和生态系统理论在几个生态子学科中的应用。

生态系统理论可以归结为 14 条规律,在第 2 章至第 14 章中进行了论述。从某种意义上说,生态系统理论完全可以涵盖平时所观察到的生态过程,但是需要广泛的实际应用来对其进行检验,找出其中的薄弱点,并进行改进,从而形成一套更可靠的关于生态系统及其相互作用和过程的理论。

关于生态系统的性质和过程的 14 条规律是:

(1) 和其他系统一样,生态系统的物质和能量守恒;

(2) 生态系统中的物质为完全循环,能量为部分循环;

(3) 生态系统中的所有过程都是不可逆的、熵增的,并且消耗自由能(可做功的埃三极或能量);

(4) 生态系统中所有的生物组分都有同样的基本生物化学性质;

(5) 生态系统是开放系统,需要输入自由能(可做功的埃三极或能量)来维持其功能;

(6) 如果输入的自由能超出了生态系统维持自身功能的需要,过剩的自由能会推动系统进一步远离热力学平衡;

(7) 生态系统有许多远离热力学平衡的可能性,并且系统会选择使其离平衡状态最远的那条途径。

(8) 生态系统有三种生长模式:①生物量的增长,②网络的增强,③信息量的增加;

(9) 生态系统具有层级结构;

(10) 生态系统在其每一个层级都具有高度的多样性;

(11) 生态系统具有较高的应对变化的缓冲能力;

(12) 生态系统中的所有组分在一个网络中协同工作;

(13) 生态系统具有海量信息;

(14) 生态系统显示出系统的特征。

第 一 部 分
系统生态学的科学基础

第 2 章 能量和物质的守恒

太阳是地球上所有活动的终极能量来源。

没有太阳，地球上所有的一切都将死亡。

天下没有免费的午餐。

2.1 守恒定律

本章将介绍重要的守恒定律，以及与可做功的自由能有关的一些热力学关键函数。自由能和化学平衡态的关系在本章内容中至关重要。在生态学中，守恒定律可以用于理解李比希最小因子定律、生物积累效应、生物放大效应和循环过程。

热力学第一定律表述为能量是守恒的，不能被创造和消灭，通常用如下的数学形式来表述：

$$\Delta U = \Delta Q + \Delta W \tag{2.1}$$

式中：U 是能量，ΔU 是增加的能量，ΔQ 是从环境中吸收到的热量，ΔW 是环境对系统做的功。该公式表达了两种形态的能量：热量和可以做功的能量。能量的获得指的是系统从环境中获取热量或者环境对其做功。

这种对能量守恒原理的理解被称为热力学第一定律，最先由 Rumford 在 1778 年提出。他发现，在金属上钻孔会产生大量的热量。于是他假设，机械功通过摩擦转化为热。他提出热是能量的一种形式，可以从另外一种能量形式转化而来，在这个例子中就是机械能。这让 J. P. Joule 在 1843 年提出了一个关于机械能与热量转换的数学公式。

J. R. Mayer 和 H. L. F. Helmholtz 这两位德国物理学家分别发表了他们的研究结果，即当气体膨胀时，其内部的可做功的能量就会减少，减少的量与所做的功成正比。这些观察结果都指向了热力学第一定律，即能量既不能被创造，也无法被消灭。

内能的概念（dU）可以用如下公式来说明：

$$dU = dQ - dW (M \cdot L^2 \cdot T^{-2}) \tag{2.2}$$

式中：dQ = 输入到系统中的热能；dU = 系统内能的增加；dW = 系统对环境做的

功。当然,环境对系统做功会增加系统能量,如公式(2.1)所表述。

人们通常用不同的方式阐述这个重要的定律,公式(2.1)和公式(2.2)的区别不仅在于公式(2.1)用 Δ 表达,公式(2.2)用微分形式表达,而且公式(2.2)中的功是系统做的功,而公式(2.1)中的功是对系统所做的功。两个公式都用于科学论著。

能量守恒原理也可以用如下的数学形式表示:

U 是一个状态变量,$\int_1^2 \mathrm{d}U$ 是 U 从途径 1 到 2 的变化值,与途径无关。

在生态学中几乎不存在从物质直接转化而来的能量形式,但在核过程中,从物质转变为能量是可能的。爱因斯坦通过他的著名公式 $E = mc^2$ 已经能够计算出多少能量 E 可能通过物质 m 的毁灭而获取。c 为光速,约 300 000 km/s。不过,放射过程造成的质量变化在生态学中没有太大的意义。

由于生态学中不考虑核过程,物质就像能量一样,是守恒的,表示如下:

$$\text{积累} = \text{输入} - \text{输出} \tag{2.3}$$

这表明不仅能量,物质也可以用等式来表示系统与环境的交换过程。获得的物质减去向环境中失去的物质,就可直观地告诉我们系统中积累的物质的量。有时这个等式用浓度来表示:

$$\mathrm{d}C/\mathrm{d}t = (\text{输入} - \text{输出})/V \tag{2.4}$$

式中:C 为物质在系统中的浓度,V 指系统的体积。在有些情况下,浓度以单位面积的量来表达,V 就被面积 A 所替代。

如果物质守恒定律用在化合物的转化过程中,就必须将公式(2.4)变形为:

$$V \cdot \mathrm{d}C/\mathrm{d}t = \text{输入} - \text{输出} + \text{生成} - \text{变换}(\mathrm{M} \cdot \mathrm{T}^{-1}) \tag{2.5}$$

物质守恒定律广泛用于生态模型中的生物地球化学模型。就像在生态学中不考虑或极少考虑辐射过程一样,物质守恒定律可用于所有元素。公式只被用来计算有意义的元素,比如,对富营养化模型来说,所考虑的是 C、P、N,可能还有 Si(见 Jørgensen,1976a,1976b;Jørgensen 等,1978;Jørgensen,1982)。

总结:生态系统在能量和物质上的守恒意味着系统和环境之间的交换过程是可记录的,可以计算系统获得或失去的物质、能量,甚至每一种元素。

热力学第一定律也可以用普遍的人类经验来表述,即自动产生能量的永动机是不可能出现的。

2.2 其他热力学函数

功可以用很多形式来表示。如果我们假定在大气压力常数 p 下,做功带来

系统体积的变化为 ΔV,我们可以得到:

$$\Delta U = Q - p\Delta V \tag{2.6}$$

这个等式定义了一个新的概念,焓,或热容量,H:

$$H = U + pV \tag{2.7}$$

$$\Delta H = \Delta U + \Delta(pV) \tag{2.8}$$

假定理想气体定律是有效的,我们可以得到:$\Delta H = \Delta U + \Delta(nRT)$

我们通常对于系统在给定外界压力情况下(如 1 个大气压)的焓变过程很感兴趣,因为该过程伴随了许多生物化学过程。在这种情况下,体积变化所做的功(如气体的产生)不能被利用,则该系统的焓的变化就与能量变化相关。一个反应过程中的热具有生物化学上的意义。如果产生热量,这个过程就是放热过程。食物中有机物质的分解就是一个放热过程,这个过程为异养生物提供了维持生命所必需的化学能。吸热过程需要额外的热能,一个典型的吸热过程就是由磷酸盐和 ADP(腺苷二磷酸)生成 ATP(腺苷三磷酸),其生化反应过程如下:

$$\text{ADP} + \text{P} + 42\ \text{kJ/mol} = \text{ATP} \tag{2.9}$$

同样,此反应的逆过程,从 ATP 分解形成 P 和 ADP 的反应会放出约 42 kJ/mol 的热量。ATP 是生物体在细胞内的可利用能量单元,任何一个细胞中发生的生化反应都需要利用 ATP。ATP 将能量分配到不同的生物过程中,包括细胞大分子的合成、细胞膜的形成、细胞运动、膜电位、逆浓度梯度的分子转运,以及维持合适的温度以满足一些重要生态过程的需要。

反应过程中产生的热既不在恒定压力下,也不在恒定体积下,这意味着它可能会分别产生焓的变化和内能变化。如果反应过程仅包含固体和液体,那么 ΔV 通常可忽略不计,因此在作用前后热的形态没有本质的变化。一种物质的标准状态是指其在 25℃和 1 个标准大气压下的稳定状态。任何化合物的标准焓可以表示为反应所需的热,指在标准状态下从元素开始的反应和合成过程所需要的所有热量。

经典热力学介绍了至少两个基于能量的函数,一个是功(A),另一个是自由能(G)。它们被用作衡量现实条件下的热力学平衡状态的标准,这意味着温度基本不变,此外,球形热量计的体积不变,或恒温器或生态系统的压力不变。这两个函数可用如下公式来定义:

$$A = U - TS \tag{2.10}$$

$$G = U + pV - TS \tag{2.11}$$

或者写成微分形式:

$$\mathrm{d}G = \mathrm{d}U + p\mathrm{d}V + V\mathrm{d}p - T\mathrm{d}S - S\mathrm{d}T \tag{2.12}$$

由于 $\mathrm{d}U = T\mathrm{d}S - p\mathrm{d}V$,当没有化学反应的情况下,我们可得:

$$dG = Vdp - SdT \tag{2.13}$$

对于温度和体积不变时,我们得到:

$$\Delta A = \Delta U - T\Delta S \tag{2.14}$$

$$\Delta G = \Delta H - T\Delta S = \Delta U - p\Delta V - T\Delta S \tag{2.15}$$

S 在此处指熵,其定义是 $dS = dQ/T$。熵的概念通常与热力学第二定律密切相关,这将在第 3 章中详细介绍。大多数发生在实验室或生物体内的化学过程都是在温度和压力不变的情况下进行的。这意味着 $dG = -dW$。我们经常假设生态系统的各过程也是发生在温度和压力不变的状态下。据此,在热力学平衡状态下,所有梯度都不存在了。这就意味着没有做功发生。即温度和压力不变的情况下,$dG = 0$,这是能量守恒定律的一个重要结论。一般系统所处的是动态平衡而不是热力学平衡状态,在动态平衡中,所有过程的逆过程都以相同的速率进行,以保持其系统的稳态。

形成化合物的标准自由能 ΔG^0 对于计算化学平衡是非常重要的。形成一个化合物的标准自由能是其从单质合成为化合物期间所有反应所需的自由能,所有反应和产物都在标准状态下(1 个大气压,25℃)。标准状态一般是 1 个大气压,20℃或 25℃,我们经常可以在生态系统中找到这种状态。根据上述定义,元素的标准自由能为 0。自由能方程可以像热化学方程一样进行加减运算,因此,任何反应的自由能都可以通过反应产物的自由能之和减去反应物的自由能之和来得出:

$$\Delta G^0 = \sum G^0(\text{产物}) - \sum G^0(\text{反应物}) \tag{2.16}$$

G^0 可以在化学和物理手册中查到。自由能反映了恒温恒压下的化学亲和力:$\Delta G = G(\text{产物}) - G(\text{反应物})$。当自由能为零时,表示在恒温恒压下没有任何变化和反应产生净做功,因此系统处于平衡状态。

当某一个过程的化学能变化是正值,就必须有外源输入的自由能(可做功的能量)来完成反应,否则,该反应就不会发生。当自由能变化是负值时,反应可以自行发生并提供有效的净做功。系统则损失自由能(功)。

图 2.1 所示的是各种具有重要生物学意义的含氮化合物的自由能水平。蛋白质含有最多的自由能,当它被氧化成硝酸盐时,自由能被释放。图中显示了自由能级的逐级降低,从蛋白质始,依次是多肽、氨基酸、尿素、铵盐、亚硝酸盐,最终成为硝酸盐,而硝酸盐为蛋白质有氧分解的最终产物。

对理想气体的反应,平衡常数 K_p 与 $-\Delta G^0$ 之间的关系可以用下面的公式表示:

$$-\Delta G^0 = RT \ln K_p$$

对于 K_p 可以用一个例子来解释,就是 $H_2 + CO_2 = H_2O + CO$ 的平衡常数:

自由能 ↑ 蛋白质
多肽
氨基酸
尿素
铵盐
亚硝酸盐
硝酸盐

图2.1 各种具有重要生物学意义的含氮化合物的自由能水平

$$K_p = p(H_2O)p(CO)/p(H_2)p(CO_2) \tag{2.17}$$

当然，只有很少的化学反应会遵循理想气体的原则。因此有必要引入一种新的变量，叫做化学势，μ_i，其定义为：$(\partial G/\partial n_i)_{T,p,n_i}$，换句话说，就是当温度、压力和除了第 i 个组分(n_i)以外的其他所有组分的分子数都保持不变时，自由能随着 n_i 的分子数量的变化而变化。我们运用化学势，得到如下关于 dG 的公式：

$$dG = -SdT + Vdp + \sum_i \mu_i dn_i \tag{2.18}$$

或，当温度和压力不变时：

$$dG = \sum_i \mu_i dn_i \tag{2.19}$$

在热力学平衡状态下，dG=0，这表明对于某种气体在分压 p_i 下：

$$\mu_i - \mu_i^0 = RT\ln p_i \tag{2.20}$$

这里将为所考虑的物质引入一个新的函数，逸度f。逸度可用如下公式定义：

$$\mu_i - \mu_i^0 = RT\ln f_i/f_i^0 \tag{2.21}$$

一个标准状态就是理想气体在标准状态下的单位逸度。这样可以建立起一个关于平衡常数的表达式，该平衡常数不仅可用于真实(非理想)气体，也可用于任意状态下的物质。如果我们假设过程为 $aA + bB = cC + dD$，可以得到：

$$K_f = \{C\}^c\{D\}^d/\{A\}^a\{B\}^b \tag{2.22}$$

这里{}表示逸度，公式(2.21)和公式(2.22)可以引导出：

$$-\mu_i^0 = RT\ln K_f \tag{2.23}$$

这表示在很多实际的计算中可以用浓度(气体压力)来很好地代替逸度。对于溶液而言，可以用浓度乘以活性系数来获得逸度，活性系数可以在经验公式中找到。在水溶液中，当所有溶解性物质的总浓度小于 1 g/L 时，逸度系数接近 1.00。这意味着逸度在海洋生态系统中需要另外计算，因为那里的盐度通常大于 1 g/L。

这里需要强调的是，这些平衡常数、标准热量以及自由能的热力学计算也同样适用于在生态系统中发生作用的生化过程。

我们区分出许多不同的能量形式，但所有的形式可以被描述为广延量乘以强度量。表2.1列举了不同能量形式的广延量和强度量。

当广延量从一种强度量的一个水平变到另一个水平上时,做功发生。功=广延量×两个不同水平的强度量差异。能量是守恒的,这就意味着能量从一种形式变化为另一种形式。

一个系统内的能量经常被定义为“做功的能力”。这种定义和第2章中将介绍的热力学第二定律有分歧。这里假设系统转变到强度量为零的状态时,所做的功就等于系统所含的能量。但是,热能不同于其他能量形式,想要完全利用其进行做功是不可能的。在卡诺循环中,热能被用来做功,使一个较热的系统转变为一个较冷的系统。做功的效率变为$(T - T_0)/T$,这就意味着要使热能完全做功,就需要$T_0 = 0$,如果不投入超过卡诺过程所获得的功,0 K是不可能达到的。第2章将讲述热力学第三定律,同时将深入讨论在0 K情况下能量转换的限制。

表2.1 不同能量形式下的广延量和强度量

能量形式	广延量	强度量
热	熵(J/K)	温度(K)
膨胀能	体积(m^3)	压力($Pa = kg \cdot m^{-1} \cdot s^{-2}$)
化学能	物质的量(mol)	化学势(J/mol)
电能	电荷量(C)	电压(V)
势能	质量(kg)	(重力)(高度)(m^2/s^2)
动能	质量(kg)	0.5(速度)^2(m^2/s^2)

注:势能和动能可以合起来称为机械能。

2.3 李比希最小因子定律

守恒定律有一个环境方面的主要结论就是,如果我们不考虑核过程,就可以对所有91种天然元素运用簿记原则。这意味如果生物量增长所需要的某一种元素被用尽,它不可能在生态系统内被创造,而必须从环境中输入进系统。大部分生物所必需的元素有20~25种。当某种元素在生态系统中的存量极低,和某种生物生长所需的量相比,近乎耗竭时,这种生物的生长必然会停止。

这种对于某种生长元素的需求并不是一个恒量,也不是一个固定的浓度。表2.2给出了淡水植物(鲜重)所含物质的平均浓度。在表中,例如,以鲜重计,磷的浓度为0.08%,这就是说,如果干物质占10%,那么平均磷含量就是0.8%。大部分植物的磷含量(干重)约在0.4%~2.0%之间。这意味着当环境中没有更多的磷,而植物体中的可用磷含量已经达到最低的0.4%时,植物的生长就必然会停止。

表2.2 淡水植物的平均元素组成,以鲜重计(Wetzel,1983)

元素	占植物组成的比例(%)
氧	80.5
氢	9.7
碳	6.5
硅	1.3
氮	0.7
钙	0.4
钾	0.3
磷	0.08
镁	0.07
硫	0.06
氯	0.06
钠	0.04
铁	0.02
硼	0.001
锰	0.000 7
锌	0.000 3
铜	0.000 1
钼	0.000 05
钴	0.000 002

来源:基于Wetzel,R. G., 1983. Limnology, Saunders College Publishing, Philadelphia。

环境中几乎没有与生长所需的化学组成完全一致的情况,这就意味着与决定生长限制的需求相比,总有一些元素呈最低供应量。这就是经典的李比希最小因子定律。如果环境中的某种营养物质浓度大于零,但不会造成生长,合成代谢过程和物质浓度将会呈现非限制性线性关系,如果环境中的浓度小于合成代谢水平所需的浓度,合成速率在限制浓度处就会遇到上限(图2.2a)。

李比希定律通常被用在生态模型中,计算植物(包括浮游植物)的生长速率。假定化学计量比不变,其最常用的公式是:

$$生长速率 = \mu_{max}PS/(PS + k_p) \tag{2.24}$$

如果两个营养物质都构成限制,那么就可以用下面这个公式:

$$生长速率 = \mu_{max} \cdot \min(NS/(k_n + NS), PS/(PS + k_p)) \tag{2.25}$$

式中:μ_{max}是最大生长速率,k_n 和 k_p 是米氏半饱和常数。PS 和 NS 分别是溶解活性无机磷和溶解性无机氮的浓度。假设磷和氮(可能还有碳和硅)以一个给定化学计量比的速率被吸收。许多生态过程都可以用米氏方程来描述。

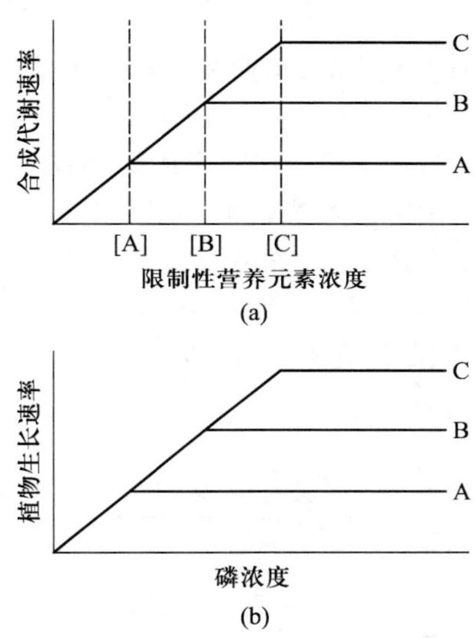

图 2.2　(a)合成代谢速率和限制性营养元素的浓度之间的普适关系。在限制浓度处,合成过程以受限制的速率进行。图中是同一种营养物质的三种限制性浓度[A]、[B]和[C],以及三个相应的限制速率 A、B 和 C。(b)李比希最小因子定律在植物生长中的体现。以磷(P)浓度对生长速率作图,在没有限制的情况下,生长速率和磷浓度呈线的关系。当除磷之外的物质浓度形成限制时,再高的磷浓度也不会提高生长速率。图中 A、B 和 C 分别表示除磷之外的三种不同元素的生长限制浓度

如果是复合限制因子在起作用,那么,即使某一种元素浓度增加,也不会影响生长(图 2.2b)。李比希最小因子定律是物质守恒定律的直接结论。

图 2.3 是米氏方程(2.24)的作图。以硝化速率对氨浓度作图。氨通过微生物氧化形成硝酸盐就遵循上述公式,其化学过程如下:

$$NH_4^+ + 2O_2 \longrightarrow NO_3^- + H_2O + 2H^+ \tag{2.26}$$

例 2.1

在湖泊管理中,人们经常会讨论哪一种营养物质是浮游植物生长的限制因

子,从而可以此控制富营养化(由于过高的营养物质浓度而导致浮游植物初级生产力过高)。一般而言,浮游植物体内的氮浓度是磷的7倍。假设有一个湖泊,进入湖泊的农业排水中,氮浓度是磷的25倍,排放到湖泊的工业废水中,氮浓度是磷的4倍,在这种情况下,工业废水和农业排水之间的比例 R 为多少时,磷不会成为限制性营养元素?如果工业废水中的氮浓度是磷的3倍时,R 又应该是多少?

解

假设当磷为限制性营养元素时,工业废水和农业排水之比为RS。与RS相对应的 R 值为:

$$4R + 25 = 7(R + 1) \quad 得 \quad 3R = 18;R = RS = 6$$

当比值超过6时,磷为限制性元素,当比值小于6时,氮为限制性元素。当工业废水中的氮浓度是磷的3倍时,公式如下:

$$3R + 25 = 7(R + 1) \quad 得 \quad R = RS = 4.5$$

当比值超过4.5时,磷为限制性元素,当比值小于4.5时,氮为限制性元素。

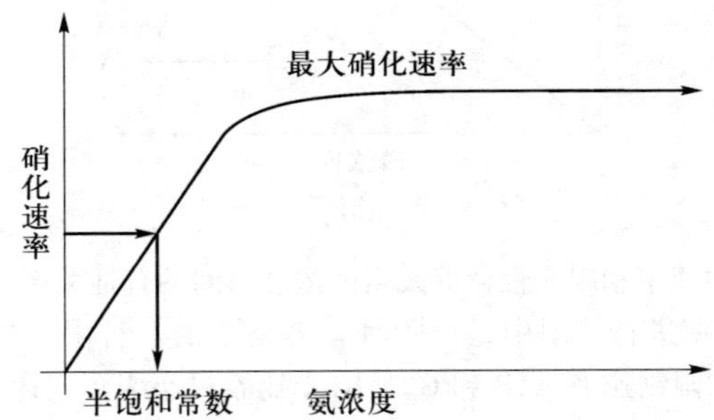

图2.3　米氏方程的图示形式。这个例子显示的是硝化速率和反应物(氨)浓度的关系。在磷限制的情况下,浮游植物生长速率对无机活性磷浓度,也会得到同样的图

例2.2

植物将太阳能转化为化学能的过程遵守热力学第一定律(见图2.4)。将图2.4中的内容写成能量平衡公式。

解

太阳能输入 $=1.97\ GJ \cdot m^{-2} \cdot a^{-1}$ = 被吸收的太阳能 +(被反射的太阳能 + 蒸发所消耗的太阳能)

被反射的太阳能 + 蒸发消耗的太阳能 $=1.95\ GJ \cdot m^{-2} \cdot a^{-1}$

被吸收的太阳能 $=0.024\ GJ \cdot m^{-2} \cdot a^{-1}$

被植物吸收的太阳能 = 总生产量 = 植物组织生长所需的化学能 + 呼吸作用消耗的热能

植物组织生长所需的化学能 = 净生产量 = 0.020 GJ · m^{-2} · a^{-1}

呼吸作用 = 植物维持远离热力学平衡状态的结构所消耗的能量 = 0.004 GJ · m^{-2} · a^{-1}

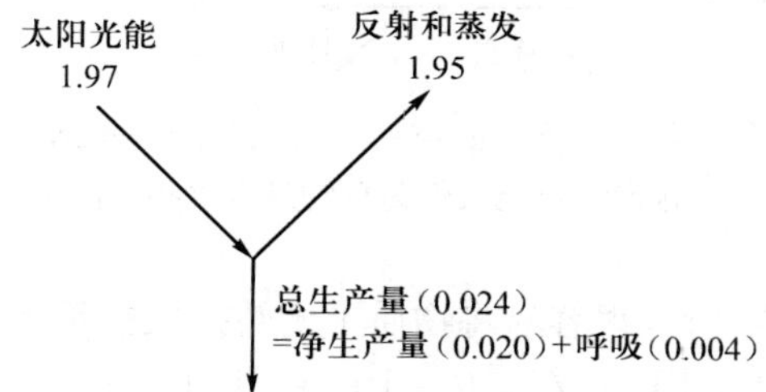

图 2.4 美国密歇根州一处多年生草本植物群落对太阳能的利用情况。单位为 GJ · m^{-2} · a^{-1}

2.4 生物积累和生物放大

图 2.5 显示了物质守恒定律在依赖食物作为能量来源的异养生物中的应用。摄取的食物减去未消化利用的部分，再加上从水和空气中获得的物质（对大部分生物来说是氧气）就是所有的输入。输出包括自然死亡、排泄物和被下一个营养级的生物作为食物的部分。生长相当于积累，等于输入减去输出。图 2.5 强调并不是所有的可获得的食物都被利用，被生物体利用的食物量指被消化吸收的食物量，这部分食物要么作为氧化和呼吸所使用的能量源，要么用于生长和被排泄出去。对于不同生物或不同的食物来源，其食物被消化吸收的比例也不同，平均而言，约 2/3 的食物会被吸收利用。

通过食物链的物质流可以通过物质守恒定律来描绘。对于食物链上的一个营养级，所摄取的食物包括用于呼吸的部分、消化的食物、未消化的食物、排泄物以及包括繁殖在内的生长。

如果生长和繁殖被看作是净生产，那么可以写成如下等式：

$$净生产量 = 利用的食物 - 呼吸 - 分泌 - 排泄 \quad (2.27)$$

净生产量和摄食量之比被称作净效率。净效率取决于若干因素，但通常仅 10% ~20%

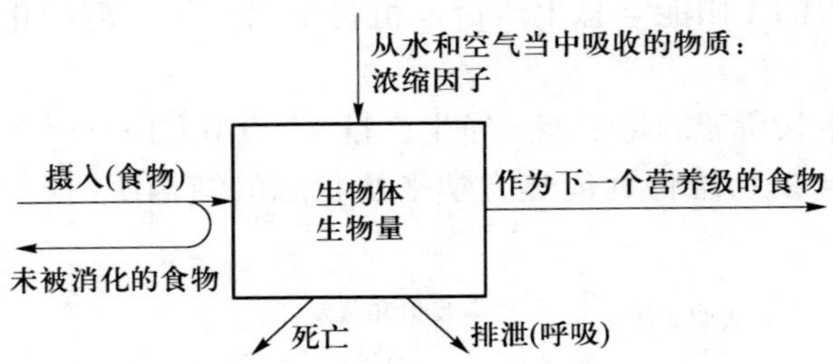

图2.5 物质守恒定律在一个生物体上的应用。输入部分为摄入的食物减去未消化的食物,输出部分为动物的死亡、排泄和可能被作为食物进入食物链的下一个营养级

食物包含化学能,所以很容易将物质平衡转换成能量平衡(见图2.6)

$$F = A + \mathrm{UD} = G + H + \mathrm{UD} + \mathrm{EX}, (\mathrm{M} \cdot \mathrm{L}^2 \cdot \mathrm{T}^{-2}) \quad (2.28)$$

式中:F=所摄取的食物转换成能量(焦耳)= 被利用的食物,A=被动物吸收的能量=被消化的食物,UD=未被消化的食物或粪便的化学能,G=动物生长使用的化学能,H=呼吸的热能,这是生物体用于维持自身结构远离热力学平衡所需的能量,EX=排泄出的食物残渣。

这些理念和公式(2.9)以及图2.5和图2.6所表现出的物质守恒定律是一致的。生物量可以被转化为能量,这也是在食物链中的真实流转过程。具有生态学意义的能量流动也具有相当的环境学意义,可以根据能量流动来计算生物放大效应。在整本书中,每一个生态模型都会用一个STELLA框图来作为其概念框图。构建框图所用到的各组分见图2.7。

通常,生物体对有毒物质的吸收与食物有很大的不同,生物体对食物的吸收率一般在67%左右,而对重金属的吸收率只有5%~10%,对有机毒物的吸收则取决于K_{ow}(有机物在辛醇中的溶解度和在水中的溶解度之比),比如DDT和PCB的吸收率高达90%以上。

生物吸收的有毒物质可能来源于食物,也可能来源于水或者空气。生物体内有毒物质的浓度与水或空气中的浓度之比被称作浓缩因子。食物中的有毒物质不太容易通过呼吸和排泄被排出体外,因为它们与食物内的正常物质相比,更难以被生物体降解。正因为如此,它们的净效率比食物中的正常物质高,有些化学物质,如包括DDT和PCB在内的氯代烃类会造成生物积累——即生物体内的有毒物质浓度高于其在食物、水或者空气中的浓度。如果我们考察整个食物链,一个营养级作为下一个营养级的食物来源,那么有毒物质含量就会通过食物链被放大,这一现象称为生物放大效应,表2.3以DDT为例进行了解释。DDT及其他氯代烃类的生物放大效应尤其明显,因为它们都溶解在脂肪组织中,生物体对它们的降解能力极弱,只能缓慢地通过排泄将它们排出体外。

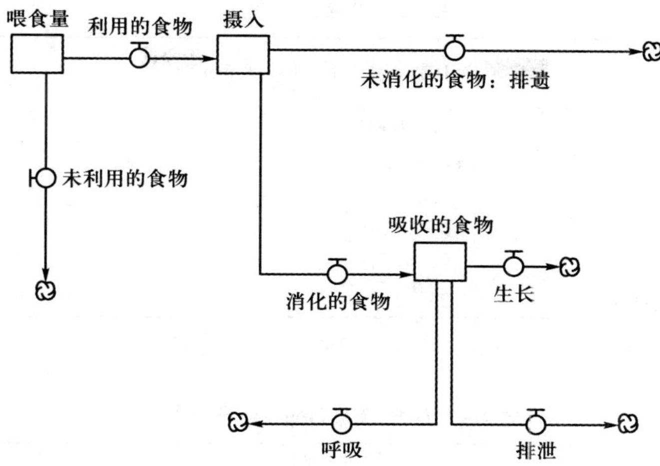

图2.6 在可获得的食物中,有的被食用了,也有些可能没被食用。被食用的那部分中,有的可能被消化了,也有些可能没被消化。被吸收的食物被用于生长、呼吸(维持自身结构远离热力学平衡状态)或排泄。此图采用 STELLA 软件中的一些符号,方框代表状态变量,带阀门的通道代表过程

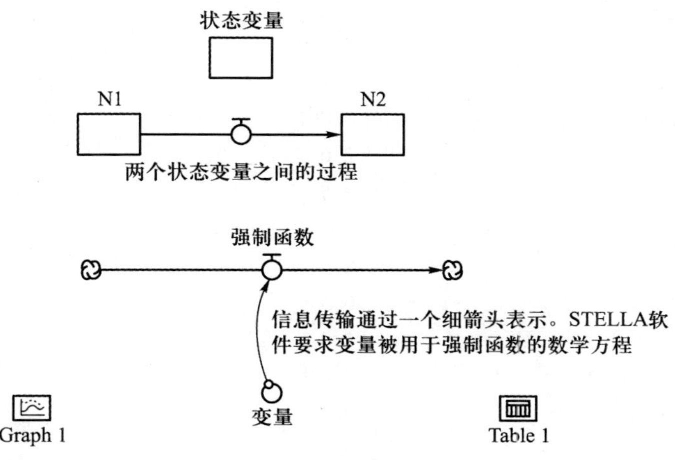

图2.7 构建一个 STELLA 框图所用到的组分:状态变量、强制函数、过程、信息指向和辅助变量。运行结果可以是表格,也可以是图。框图对于解释生态系统的动态过程是很有用的

这也可以解释为什么在鱼类中观测到的农药残留量随着鱼的体重增加而增加。人类是食物链的最后一环,在人体脂肪内检测出的 DDT 浓度也相对较高(见表2.4)。

表 2.3 生物放大效应

营养级	DDT 浓度(mg/kg(干重))	放大倍数
水	0.000003	1
浮游植物	0.0005	160
浮游动物	0.04	~13 000
小型鱼类	0.5	~167 000
大型鱼类	2	~667 000
以鱼类为食的鸟类	25	~8 500 000

来源:Woodwell,G. M., *et al.*, *Science*, 156, 821 - 824, 1967。

表 2.4 DDT 浓度(mg/kg(干重))

大气	0.000004
农耕土壤	2.0
淡水	0.00001
海水	0.000001
草本植物	0.05
大型水生植物	0.01
浮游植物	0.0003
陆生无脊椎动物	4.1
海洋无脊椎动物	0.001
淡水鱼类	2.0
海洋鱼类	0.5
鹰、隼	10.0
燕子	2.0
草哺乳动物	0.5
肉哺乳动物	1.0
人类的食物(植物类)	0.02
人类的食物(肉类)	0.2
人体	6.0

假设没有死亡,且生物体不会被作为下一个营养级的食物来源,那么,我们可以对生物体内的有毒物质建立如下方程:

$$dTx/dt = (日)摄取量 - kTx \quad (2.29)$$

(日)摄取量指每天从食物、水和空气中获得的有毒物质。Tx 是生物体内有毒物质的含量,可以 g 为单位。

$$在稳定状态时: dTx/dt = 0; 或\ kTx = 摄取量;$$

$$或\ Tx = 摄取量/k \quad (2.30)$$

$$\text{有毒物质的浓度} = \text{Tx}/\text{生物量} \tag{2.31}$$

在考虑生物体生长的情况下，生物量可以看作一个随时间变化的函数。

如果我们考虑生长，则得到以下等式：

$$\mathrm{d}W/\mathrm{d}t = aW^b - rW^d \tag{2.32}$$

根据异速生长原则，我们可以查到（见 Peter，1983）：$b \approx 0.67$；$d \approx 0.75$。第8章将详细介绍异速生长原则。

从水中吸收的有毒物质可以写成 $\mathrm{CF} \cdot C_\mathrm{w} \cdot \mathrm{d}W/\mathrm{d}t$，CF 为有毒物质的浓缩因子，$C_\mathrm{w}$ 是水或空气中的有毒物质浓度。假设 CF 是基本是一个常数，从环境介质中吸收的有毒物质与生长速率成正比，以维持 CF 值。

$$\text{摄取量} = aW^b \cdot C_\mathrm{f} \cdot \mathrm{eff} \tag{2.33}$$

式中：eff 指有毒物质的利用效率（重金属利用效率在 0.05 ~ 0.1 之间，DDT 和 PCB 的在 0.9 以上。假设排泄是生物体在有毒物质摄入后的一级反应，用 exc 作为排泄系数（1/d），可得到：

$$\text{排泄量} = \mathrm{exc} \cdot \mathrm{Tx}$$

现在可以将等式（2.29）改写为：

$$\mathrm{dTx}/\mathrm{d}t = \mathrm{BCF} \cdot C_\mathrm{w} \cdot \mathrm{d}W/\mathrm{d}t + aW^b \cdot C_\mathrm{f} \cdot \mathrm{eff} - \mathrm{exc} \cdot \mathrm{Tx} \tag{2.34}$$

$C_\mathrm{org} = \mathrm{Tx}/W = f$（时间），$C_\mathrm{org}$为有毒物质在生物体内的浓度。

以上公式可用来计算生物积累效应，在计算生物放大效应时，需要重复考虑生物积累效应。

例 2.3

一条食物链有四个营养级。每一个营养级对摄入食物的利用率为 2/3（干重）。单位时间内，每个营养级摄入的食物量分别为 10、2、1 和 0.36，以 kg/24h 为单位。每 24 小时的呼吸作用大概占到生物量的 20%。第一营养级所摄取的食物中，有毒物质的含量为 2 ppm，其 90% 会被四个营养级所吸收。在单位时间内，四个营养级对有毒物质的排泄速率为 0.01。

计算稳定状态下，有毒物质在四个营养级中的浓度，并解释生物放大效应。

解

在稳定状态下，每个营养级的输入 = 输出，即被吸收的食物 = 提供给下一个营养级的食物所需要的生物量 - 被呼吸掉的生物量（= 生物量 × 20%）。已知被吸收的食物和下一个营养级所利用的食物，可知生物量是两者差异的 5 倍。那么：

第一营养级生物量 = 5（10 × 2/3 − 2）= 23.5

第二营养级生物量 = 5（2 × 2/3 − 1）= 1.7

第三营养级生物量 = 5（1 × 2/3 − 0.36）= 1.55

第四营养级生物量 = 5 × 0.36 × 2/3 = 1.2

计算每一个营养级有毒物质含量的公式与此相似(单位为 ppm × kg = mg)。

有毒物质的传递可解为:吸收量—排泄量(= 0.01 × 该营养级的有毒物质含量)—通过食物传递给下一个营养级的含量(= 摄食量 × 有毒物质在该营养级中的浓度)。假设每个营养级中有毒物质含量分别为 $X1$、$X2$、$X3$ 和 $X4$,有毒物质在营养级中的浓度 = 有毒物质含量/生物量。

第一营养级中有毒物质量 = 0.9(10 × 2) = 18 mg = 0.01$X1$ + 2$X1$/23.5 = 0.097$X1$ 或 $X1$ = 195 mg。第一营养级中有毒物质浓度 = 195/23.5 = 8.7 ppm (mg/kg)。第二营养级中有毒物质量 = 0.9(2 × 8.7) = 15.7 mg = 0.01$X2$ + $X2$/1.7 = 0.6$X2$ 或 $X2$ = 26 mg。第二营养级中有毒物质浓度 = 26/1.7 = 15 ppm(mg/kg)。第三营养级中有毒物质量 = 0.9(1 × 15) = 13.5 mg = 0.01$X3$ + 0.36$X3$/1.55 = 0.24$X3$ 或 $X3$ = 56 mg。第三营养级中有毒物质浓度 = 56/1.55 = 36 ppm (mg/kg)。第四营养级中有毒物质量 = 0.9(0.36 × 36) = 11.7 mg = 0.01$X4$ 或 $X4$ = 1170 mg。第四营养级中有毒物质浓度 = 1 170/1.2 = 975 ppm(mg/kg)。生物放大效应为:8.7→15→36→975 ppm (mg/kg)。

2.5 生态系统和生态圈中的循环

人类对可再生资源的利用速度高于资源的再生速度,这就意味着可再生资源量在不断减少。人类对不可再生资源的利用速度比开发其替代品的速度更快。不断减少的可再生资源和不可再生资源显示地球已经处于不可持续的发展之中。《布伦特兰报告》中的可持续发展也有类似的意思:可持续发展指的是人类的后代可以像他们的前辈一样在地球上生活和发展。

> 生态系统不使用不可再生资源,而是在内部进行元素循环。这意味着生态系统并不总是具备生长所需的资源(第 2.3 节已经开展相关讨论)。然而,在这种情况下,生态系统可通过调整对资源消耗的速率来满足长期的要求,与此同时,循环持续不断。

人类也在循环使用一些不可再生资源被,比如铁,但 100% 的循环是不可能的,因此,虽然和循环速率相比,消耗的速度会慢些,但不可再生资源必然在不断减少。

生态系统中生物体所需的上述 20 ~ 25 种元素始终在循环,其中 6 种是地球上的生物所必需的——C、H、O、N、P 和 S,它们的循环对自然界尤其重要。图 2.8 给出两个例子,分别是湖泊中的磷循环和氮循环。这两个例子中包括了氮和磷的无机形式(活性无机磷、氨和硝酸盐),还包括了浮游植物、浮游动物、鱼类、沉积物和碎屑物中的氮和磷。磷循环包括沉积物孔隙水中的磷。碎屑物的矿化作用会终止循环,但沉积物会以磷酸盐的形式释放出磷,以氨的形式释放出氮。循环过程亦繁亦简。图2.8显示的食物链仅以营养盐、浮游植物、浮游动物和鱼类为代表。浮游植物可以不同的浮游植物类群为代表,比如固氮种类、硅藻等。固氮作用和反硝化作用在图中均得以体现。磷循环和氮循环这两张图几乎是平行的,图中两种循环所包含的反应过程的数量也几乎是一样的。大致包括如下的过程:①营养盐的摄取,②光合作用(太阳辐射能转化为浮游植物中的有机物质),③牧食,④牧食过程中产生的粪便,成为碎屑物,⑤鱼类对浮游动物的捕食,⑥捕食者产生的粪便,成为碎屑物,⑦粪便的沉降,⑧碎屑物的矿化作用,⑨浮游植物和碎屑物的沉降,⑩捕鱼,⑪沉积物中的矿化作用,⑫扩散过程,⑬、⑭和⑮系统与环境的磷、浮游植物和碎屑物的交换(输入和输出),⑯、⑰和⑱浮游植物、浮游动物和鱼类的死亡,⑲沉积物向水中释放磷。请注意氮循环包括硝化过程,即氨经过氧化成为硝酸盐。

元素一直在整个生态圈中循环。对于地球的可持续发展而言,构成整个循环的各个组分中,元素含量没有明显变化是至关重要的。图2.8显示了全球的碳循环和氮循环。全球碳循环已经出现不平衡,由于我们消耗化石燃料的速度远远快于化石燃料形成的速度,二氧化碳积累在大气层中。这就是众所周知的温室效应,人们认为它导致了气候变化,根据现在的能源政策,到21世纪末,可能使全球温度升高2~5℃。全球的氮循环也呈现出不平衡,原因是我们将大气中的氮大量地变成为氮肥,在施肥的过程中随着农业排放进入地表水,导致水体富营养化(过高的初级生产力导致的一系列水质问题)。

只有减少化石能源的使用量,转而寻求使用风能和太阳能等可再生能源,才可有效地解决全球碳循环的不平衡问题。对于氮循环的不平衡,要么减少农药的产量,但因为全球人口的持续增长,这一做法的可能性很小,要么通过对废水和农业污水的处理,防止氮进入水圈。利用人工湿地和自然湿地生态系统,为处理农业污水提供了一个高性价比的解决方案。通过这些处理方法,硝酸盐和氨变成氮气,释放到大气中。在景观层面,不同湿地类型构成的组合被认为可以有效减少进入水圈的氮。

所有全球循环或生态系统循环中的不平衡都需要被解决,解决方案也要遵循守恒定律。物质和能量不可能被消灭(或创造),只能被转化,这意味着应该用其他不会引起全球循环不平衡的能量形式来替代当前的能源。化石能源会引起二氧化碳在大气中的积累,应该被其他能源形式所取代,废水和农业污水中的氮应该被转化为在大气中无害的氮气,大气中的氮气含量高达78%(体积分数)。

附录给出了地球上的各组分,要避免全球循环产生不平衡,就要确保其含

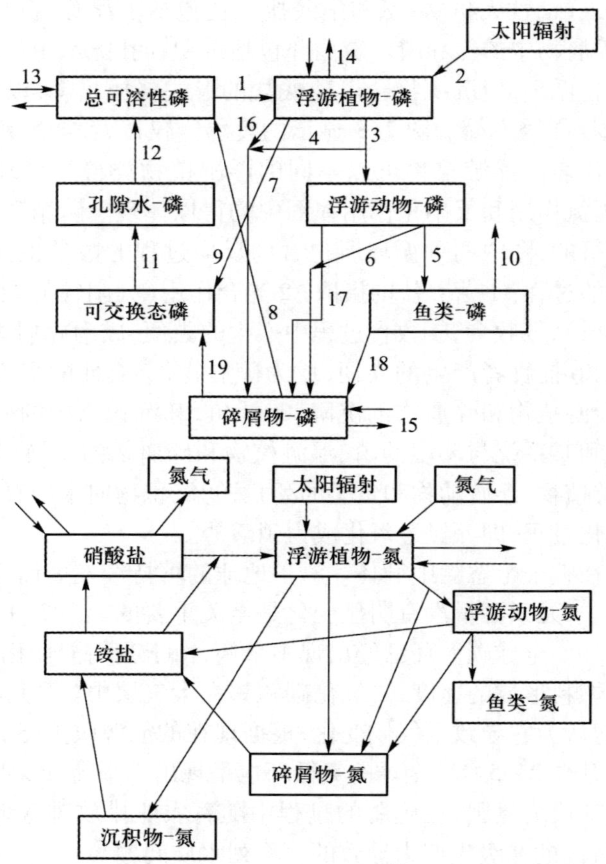

图2.8 以简单的食物链(营养盐—浮游植物—浮游动物—鱼)所表达的湖泊中磷循环和氮循环的各个过程。循环以碎屑物的矿化和沉积物中氮的释放为终结(Jørgensen 和 Bendoricchio, 2001)

量水平尽可能在未来保持不变。

2.6 生态系统中的能量流动

生态模型聚焦于生态系统中的能量流或物质流,因为这些流决定了系统的进一步发展和生态系统体现出来的特征。能流的通路可以和金属导线上的电流做类比。驱动力 X 被摩擦力所抵消,摩擦力几乎与流速 J 成正比,因此,具有如下力的平衡关系:

$$X = R \cdot J \tag{2.35}$$

R 是阻力,公式(2.35)看起来类似于欧姆定律。$L=1/R$ 被看作是电导率,公式(2.35)可以被改写成如下等式(Onsager,1931,他认为 $L_{ij}=L_{ji}$,即从 i 到 j 的电导率和从 j 到 i 的电导率是一样的):

$$J = L \cdot X \tag{2.36}$$

生态过程可以用相同的方式来描述,比如一个种群 N 的新陈代谢 J(一个流速)(新陈代谢速率的驱动力):

$$J = L \cdot N \tag{2.37}$$

生态系统还有在热动力的驱动影响下的物质流。在食物链中的食物流是一种通量,单位为生态系统中单位时间内每平方米的碳。有机质和生物量的浓度梯度产生驱动力。

生态系统的发育和互相作用牵涉到的不仅是已经提到多次的能流,物质和信息也在其中起到了重要的作用。图 2.9 中显示了物质、能量和信息的三角形概念图。能量的传递离不开物质和信息,物质的传递也不可能脱离能量和信息。这意味着在生态系统网络中不仅有物质循环,也存在着能量和信息的循环。能量和信息的关系在之后的章节中有更详细的讨论。更高层次的信息伴随了对物质和能量的更深层次的利用,这会导致生态系统远离热力学平衡状态而进一步发展,详见第 6 章和第 7 章。

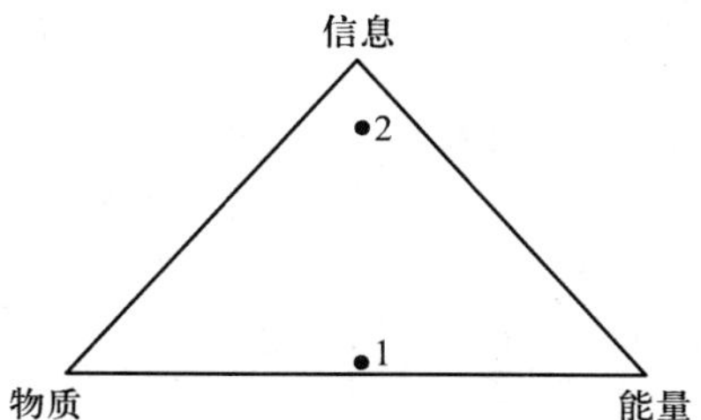

图 2.9 物质、能量和信息的三角形概念图。过程 1 指的是物质和能量的输入,比如,有机碎屑物。过程 2 指的是新物种携带基因及其信息并迁移,其伴随着物质和能量的输入,不过如图中所示,相对次要

E. P. Odum 已经描述过生态系统从初级状态发展到成熟状态的发育过程,这是在自我设计能力的持续作用下产生的结果(E. P. Odum,1969,1971)。表 2.5 列出了两种系统状态下的显著区别,注意其中主要的差别在于信息的水平。随着生态系统的发展,其信息量不断增加,因为生态系统囊括了所有环境变化的集成。因此,系统的发展是以遗传信息为背景的,使得系统和环境的信息产生相互作用。这其中就有个体对环境的重要反馈作用,所以个体进化只可能发生在一个不断进化的环境中。两个系统状态中的不同之处还在于熵与埃

三极。埃三极的概念将在第 3 章进行讨论,熵的定义见前文,是来源于热能的广延量。

表 2.5 系统在初始状态和成熟状态下的差异(Odum,1969)

性质	早期状态	较晚和成熟的状态
A. 能量		
P/R	$\gg 1 \quad \ll 1$	接近于 1
P/B	高	低
产量	高	低
比熵	高	低
单位时间熵产量	低	高
埃三极	低	高
信息量	低	高
B. 结构		
总生物量	小	大
无机营养	生物外源性	生物内源性
生态多样性	低	高
生物多样性	低	高
格局	接近无序	高度有序
生态位分化	宽	窄
个体体型	小	大
生活史	简单	复杂
矿物质循环	开放	封闭
营养盐交换速率	快	慢
寿命	短	长
C. 选择和稳态		
内部共生	未发育	已发育
稳定性(对抗外部干扰)	低	高
生态缓冲容量	低	高
反馈控制	低	高
生长形式	快速生长	反馈控制生长
生长策略	r - 对策者	K - 对策者

图 2.10 说明了系统在早期状态和成熟状态下能量利用的差异。在早期状态下，生物量比较小，这时系统只能捕获较少的太阳辐射能，反过来说，只需要较少的能量就可以维持系统（呼吸）。相反，成熟的系统可以捕获更多的太阳辐射能，但也需要更多的能量用于维持。在这两种状态下，都有一部分的太阳能会被反射掉。

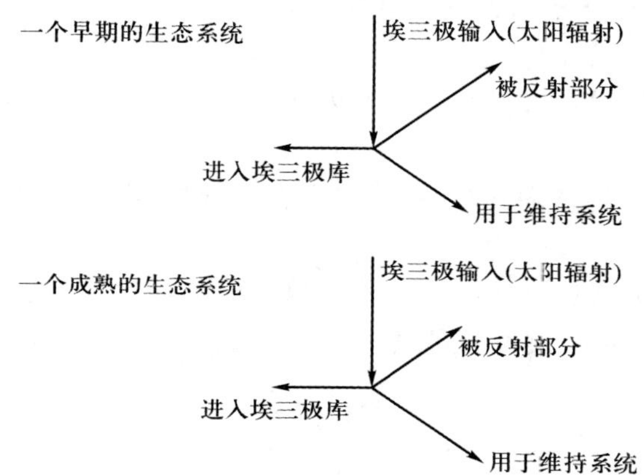

图 2.10 系统在早期和成熟状态下利用能量的情况比较。箭头大致代表了能量利用。在成熟的系统中，被反射掉的太阳光较少，但与此同时，被用于形成新生物量的太阳辐射能也较少，也就是说，对埃三极储备的补充较少（埃三极和生态埃三极将在第 3 章具体介绍，它被用来度量用于生长的太阳能的量）。成熟的系统包含更高的生物量，因此需要更多的能量来用于维持，即更多的能量被用于呼吸

物质和能量的守恒定律为“纯粹”的物质和能量设定了进一步发展的限制，而信息却（几乎）不受任何限制地放大。这些限制汇总产生了限制因子的概念，限制因子在生态系统中具有重要的意义，在系统生态学中也是，第 2.3 节有相关阐述。Patten 等（1996）推测过一个没有守恒定律的世界将会是怎样的。万物变化毫无章法，无中生有之事时常发生，数学计算变得毫无意义，最后得出的结论是，如果说有一条科学定律比其他定律更基础的话，那可能就是物质和能量的守恒定律。

表 2.5 中列出的所有属性可归结为如下三类：

- 生物量的增长
- 生态网络的增强
- 信息量的增加

后文还会谈到这些属性的归类，因为它们非常重要，通过运用适当的热力

学函数,抓住生态系统生长和发育的关键要素,就可以描述系统生长和发育的可能性以及生态系统对于干扰的反应。这是系统生态学的焦点所在。

例 2.4

就三种生长模式,为每一种模式列举至少三条 Odum 所述的属性,至少列举三条属性,它们同时属于两类或三类生长模式

解

(1) 生物量的增长,包括:P/R、P/B、产量、总生物量、无机营养、单位时间内的熵增。

(2) 生态网络的增强,包括:格局、生态位分化、生活史、矿物质循环、反馈控制。

(3) 信息量的增长,包括:信息、生态和生物多样性、寿命。

埃三极、内部共生、缓冲容量、稳定性和生物体体型等属性涵盖了两类或三类生长模式。

自然系统中的一个主要设计原则就是能量的反馈,从能量库发生的反馈可作用于能量输入通路,这是能量接受库对输入源的贡献(H. T. Odum,1971)。根据这一特点,完善的能流可以加强过程,做有用的功。反馈使得环路可以自我调整。H. T. Odum(1988)提出,应在环境甚至生态管理中,广泛运用生态系统的自我组织功能。

本章小结

(1) 我们将热力学第一定律既用于能量,也用于物质,在不考虑生态学中的辐射过程时,该定律不断被用于生态系统中的能量和物质的转换、生态过程和反应。**物质和能量是守恒的。**

(2) 守恒定律解释了为什么一种元素、某个因素,或一种重要的物质(比如水)会成为生长的限制因子。对于活的生物体,其生长需要不同元素和化合物的组合,这些元素和化合物一旦用尽,生长就会不可避免地停止。

(3) 能量和物质在生态系统中的保守性,使得我们可以记录系统和环境之间的交换过程,计算系统所获取或失去的能量和物质。不考虑生态系统元素转换中的核物理过程时,这种簿记可以进一步应用于每一种元素。

(4) 大部分在实验室、生态系统或生物体中发生的化学过程都是在恒温和

恒压下进行的。吉布斯自由能 G 表示在恒温和恒压下的功。即 $dG = -dW$。根据定义，在热力学平衡状态下，所有梯度都会消失，也就是说没有任何做功产生。

（5）形成化学物质的标准自由能 ΔG^0 对于计算化学平衡非常重要。形成一种物质的标准自由能是组成该物质的所有单质在形成过程中发生反应所需要的自由能，且所有的产物和反应物都处在标准状态下。由于标准状态一般设为20℃和1个大气压，即生态系统的普遍条件，自由能公式可以像热力学公式一样被加减，也就意味着任何反应的自由能都可以被计算，即产物自由能的总和减去反应物自由能的总和：

$$\Delta G^0 = \sum G^0(\text{产物}) - \sum G^0(\text{反应物})$$

（6）自由能被认为是恒温恒压条件下的化学亲和性：$\Delta G = G(\text{产物}) - G(\text{反应物})$。当自由能为零时，表明在恒温恒压下没有任何变化和反应产生净做功。系统处于平衡状态。当某一个过程的化学能的变化为正值，就必然有净做功能量（自由能）输入系统以促成该反应，否则反应不可能发生。当自由能变化为负值，反应可以自发进行，并提供有效的净做功，这些功可用于系统和环境的其他地方。

（7）在理想气体反应中，平衡常数 k_p 和 $-\Delta G^0$ 的关系可写作如下公式：$-\Delta G^0 = RT\ln k_p$。

（8）生长和其所需元素的浓度、其他因素/化合物之间的关系可以用米氏方程来表达：

$$\text{生长速率} = \mu_{max}(PS/(PS + k_p));$$

或，在双限制因子情况下：

$$\text{生长} = \mu_{max} \cdot \min(NS/(k_n + NS), PS/(PS + k_p))$$

（9）不同能量形式的强度量和广延量

能量形式	广延量	强度量
热	熵（J/K）	温度（K）
膨胀	体积（m^3）	压力（$Pa = kg \cdot m^{-1} \cdot s^{-2}$）
化学能	物质的量（mol）	化学势（J/mol）
电能	电荷量（C）	电压（V）
势能	质量（kg）	（重力）（高度）（m^2/s^2）
动能	质量（kg）	0.5（体积）^{2}　（m^2/s^2）

注：势能和动能可以合起来称为机械能。

(10) 生物对有毒物质的吸收与对食物的吸收通常有很大的差异,对食物的吸收一般在67%左右,对重金属的吸收在5% ~10%左右,对 K_{ow} 值(有机物在正辛醇中的溶解度和在水中的溶解度之比)很高的有机毒性物质(例如DDT和PCB)的吸收,可以达到90%甚至更多。这可解释生物积累效应和生物放大效应。通过守恒定律可进行相关的计算。

(11) 生态系统不会使用不可再生的资源,但是,生态系统中发生着元素的循环。物质、能量和信息在生态系统中不断循环。

练习题/思考题

(1) 一个湖泊接受300 000 m^3 农业排水,其中含氮11 mg/L,含磷0.2 mg/L。该湖泊同时接受废水排放150 000 m^3,其中含氮30 mg/L,含磷10 mg/L。湖泊有富营养化的问题,浮游植物的氮浓度是磷浓度的7倍,从废水中移除多少磷可以使磷成为限制性元素?

(2) 请指出电能、化学能和热能等能量形式的广延量;请指出压力能、热能和动能等能量形式的强度量。

(3) 一条包括了四个营养级的食物链。每一个营养级对摄入食物的利用率为2/3(干重)。单位时间内,每个营养级摄入的食物量分别为20、3、1和0.3,以kg/24 h为单位。每24小时的呼吸作用大概占到生物量的20%。第一个营养级所摄取的食物中,有毒物质的含量为3 ppm,其85%会被四个营养级所吸收。在单位时间内,四个营养级对有毒物质的排泄速率为0.005。计算在稳定状态下,有毒物质在四个营养级中的浓度;并解释生物放大效应。

(4) 请说明生态系统中微量金属是如何循环的。

(5) 1.372 g尿素在弹式热量计中燃烧并释放出的净热量为5.00 kJ/K。观察到温度升高2.95 K。请问1 mol尿素在1个大气压下燃烧时,其体积会改变多少?以kJ/mol为单位,其焓变是多少?

(6) 蓝绿藻可以固氮,该过程是一个氮气和水之间的反应,形成的氨和氧气。形成1 mol水(气体)和1 mol氨(气体)的标准自由能分别是228.6 kJ和16.6 kJ。根据定义,元素的标准自由能为0。请计算这一过程的标准自由能和平衡常数。

(7) 在哺乳动物体内,蛋白质分解产生的能量低于蛋白质燃烧产生的能量,这是为什么?

(8) 在正常海平面分压为0.00039个大气压和298 K温度下,合成二氧化碳所需的自由能是多少?标准状态下合成二氧化碳所需的自由能为394.4 kJ。

第3章 生态系统:生长和发育

无序是你所不知的信息。

有序是你所知的信息。

生态系统会生长和发育,但受到热力学定律和生物体中生物化学规律的约束。生态系统有三种生长形式:生物量的增长,生态网络的增强和信息量的增加,这三种生长形式涵盖了 H. T. Odum 所提出的生态系统发育的所有属性。要理解生态系统如何能在受限制的情况下进行生长和发育,就需要介绍新的热力学概念:最大功率、能值和埃三极(包括技术上和生态上的,合称为生态埃三极)。

3.1 最大功率原理

Lotka 在1956年提出了最大功率原理。

他提出,系统所采取的发育设计是将有用的能流最大化,用于系统的维持和生长,H. T. Odum 用这一原理来解释了关于生态系统的许多结果和过程(Odum 和 Pinkerton,1955)。与此相似,Schrödinger(1944)指出系统组织得以维持就是依靠从环境中获得秩序。Boltzmann(1905)认为,为了生存的斗争就是争取获得可做功的自由能,这一说法与最大埃三极原理非常接近,该原理将在本章中有具体介绍。Boltzmann 的理论也可以解读为:系统能够从给定的环境中获得尽可能最多的自由能,即尽可能远离热力学平衡状态。这样的系统会获取最多的可做功的生物地球化学能量,得到最大功容(可做功能量的存储),并能够维持其存在。这一论点接近于初步的生态热力学理论(ELC,见第6~7章)

电流的功率是电压和电流的乘积。类似的,J 和 X 的乘积是功率,见公式(2.35)和公式(2.36)(Odum,1983)

一个生态系统中,有机物在生物量中的累积可被定义为生态潜能 E,等于每单位碳在过程中被释放出来的自由能差 ΔG。因此,生态潜能是有机物浓度和生物量的一个函数。

生态潜能和生态通量(dC/dt)的乘积与功率的量纲相同:

$$功率 = E \cdot J = \sum \Delta G \cdot \mathrm{d}\, C/(C \cdot \mathrm{d}t) \qquad (3.1)$$

式中:C 是生物量的浓度,用碳来测定,此处的功率是在单位时间内转化为自由能的生物量浓度的增量。

请注意最大功率原理聚焦的是流量,在公式(3.1)中就是生态通量(dC/dt)乘以可以做有用功的分量(即 $\Delta G/C$)。因此,一个生态系统的最大功率就是系统中可做功能量的流量总和。

Odum(1983)定义最大功率原理是有效功率的最大值。这意味着公式(3.1)通过将所有对总功率有贡献的有效功率求和,可以被用于生态系统层面。无效功率不在汇总的范畴内。有效功率和无效功率的不同之处将在第6章和第7章里再做讨论,因为对有效功率的强调是理解 Odum 原理并利用它来解读生态系统诸多性质的关键。

Brown 等(1993)和 Brown(1995)以更多的生物学术语重新阐述了最大功率原理。根据其解释,最大功率原理是能量向功的转换(与有效功率一词一致),这决定了成功和适应。许多生态学家曾经错误地假设自然选择趋向于提升效率。如果这是正确的,那么放热过程永远不可能被进化出来。和两栖类和爬行类动物相比,释放热量的鸟类和哺乳类实在是非常低效。它们以很高的消耗速率将能量用于维持较高的恒定体温,然而,这可以让它们不受环境温度的制约而维持高代谢水平(Turner,1970),这已成为生存策略中的一个显著优势。

Brown(1995)将适应定义为繁殖功率(dW/dt),意为可以被转换为功而进行繁殖的能流。和 Lotka 和 Odum 的观点相比,这一对最大功率原理的解释与最大埃三极原理(即前面提到过的 ELT)更为一致,该原理将在第6、7章里解释。

在一本名为 *Maximum Power—The Ideas and Applications of H. T. Odum* 的书中,Hall(1995)对最大功率做了清晰的解释,这一原理已经被 H. T. Odum 应用到了生态学中。这一原理认为,功率或者说有效功的输出被最大化了——但既不会是效率上的最大化,也不会是速率上的最大化,而是产生最有效能量(=有用功)的最高效率和最高速率之间的权衡。图形阐述见图3.1。

Hall 用了 Warren (1970)做的一个有趣的半自然实验来解释该原理在生态学上的应用。不同溪流中会有不同数量水平的捕食性克氏鲑。当鲑鱼的密度很低时,每条鲑鱼都有充足的无脊椎动物作为食物,它们获取单位食物量所花的能量很少。当鱼的密度很高、食物变得相对较少时,每条鱼都必须花更多的

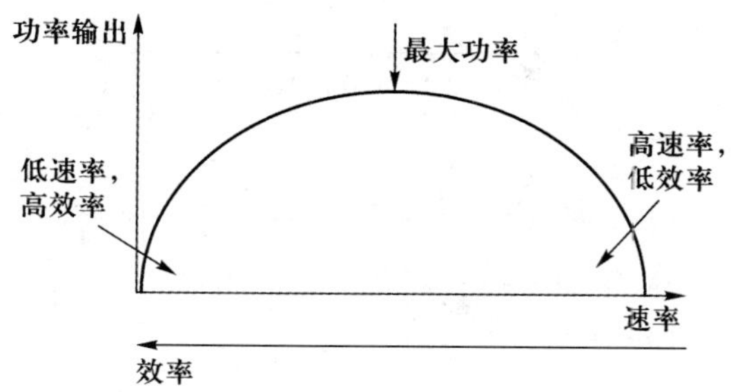

图 3.1 最大功率原理认为一个生态系统的发育是一个速率和效率相互权衡的过程，即单位时间内输出的最大功率

能量去找寻食物。鲑鱼的最大生产量是当鱼群密度处于中间时，也就是说当鲑鱼密度处于该中等水平时，它们可以最好地利用食物。

Hall(1995)还提到了另一个实验。落叶林在潮湿气候下，叶面积指数(leaf area index，LAI，单位地表面积的树叶面积)通常在 6 左右。这样一个指数就把最大功率假设应用到了光合作用净能量产出上。更高的叶面积指数可以产生更高的生物量，但是这样的效率反而更低，因为多出来的叶面积呼吸消耗的能量比其产生的更多。呼吸和体积成正比，大约相当于叶面积的 1.5 次方。当叶面积比 6 更低时，观测到的功率比在中间值 6 时要低。

例 3.1

植物光合作用(photo)所能生产的生物量与其叶面积(A)成正比(系数 $p=0.7$，单位为 1/d)，叶面积决定了植物可以捕获多少太阳能。即 photo $=pA$。请注意这里的 A 不是指叶面积指数(LAI)。呼吸作用(resp，系数 $r=0.2$，单位为 1/(d · m))，这是用于维持叶片结构所需的能量(让其远离热力学平衡状态)，大约是面积的 1.5 次方，因此 resp $=0.2\times A^{1.5}$。建立一个公式来找出最适叶面积 AO。用 STELLA 构建一个关于 A 增长的模型。

解

$$dA/dt = pA - rA^{1.5}$$

AO 意味着 $dA/dt=0$ 或 $pA=rA^{1.5}$，所以 $\mathrm{AO}=(p/r)^2$

$$\mathrm{AO} = 12.25\ \mathrm{m}^2$$

STELLA 模型框图为：

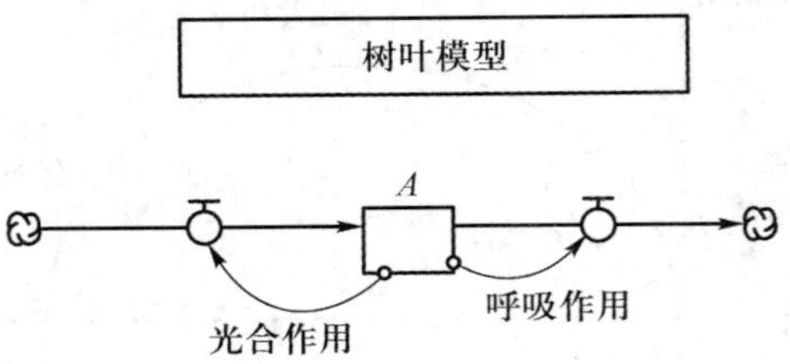

从模型运算的结果来看,图中 A 的稳定状态值对应 AO = 12.25 m^2。LAI = 6(LAI 是一棵树投射在地面的阴影面积),每棵树平均为 2.04 m^2,所以被叶面积 12.25 m^2 所除,得出叶面积指数为 6 的结果是合理的。

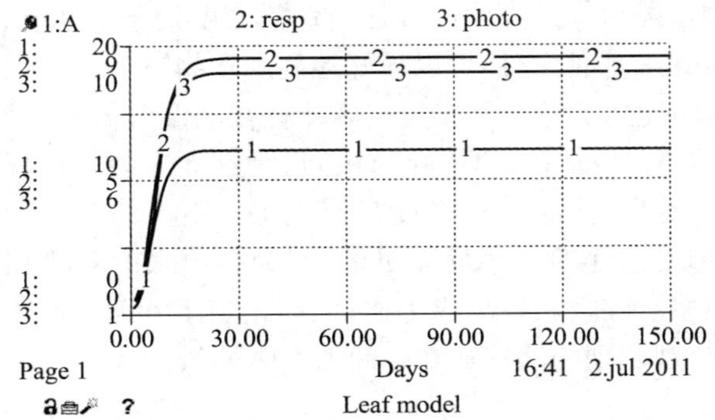

更大的叶面积可以捕获更多阳光,但是为了维持树叶的结构,植物也要消耗更多的能量,比捕获的能量更多。从另一方面来说,一个更小的叶面积所需要用于维持结构的能量也较少,但是能够捕获的太阳能也更少。AO = 12.25 m^2 是两个可能性相互权衡后的结果。

根据 Gilliland(1982)和 Andresen(1983),相同的概念可应用于常规的化石燃料的能效上。任何一台热机,比如汽轮机,其效率上限由卡诺效率决定。一台蒸汽机可以达到 80% 的燃烧效率,但是这只能当它在极低速运转的情况下实现。很明显,谁也不会想要一台运转速率接近于无限低速的机器,不管它可以有多高的能效。事实上,现代蒸汽机的工作效率一般只有不到 40% 左右,大概是卡诺效率的一半。

实际的案例显示最大功率原理体现了世界的不可逆性,这将是下一章的核心内容。最高的效率势必是在内部完全可逆的情况下实现,意味着所有的不可逆性都只在系统的外部发生,系统内部不存在不可逆的过程。这样的一个系统将会运转得无限缓慢,对任何一个内部完全可逆的系统来说其功率等于零。如果我们想要提高其做功的速率,势必就要提升其内部的不可逆性从而降低其效率。最大功率就是在内部完全可逆性和非常高速的完全不可逆过程之间的一种权衡。

生态系统的功率可以通过叠加系统中的有效能流而获得,生态模型是一个有用的工具,可以描述生态系统的生态网络中的能流(或物质流)。一般来说,我们会把流速率放到模型中,虽然它们通常不像状态变量表述得那么确定。

例 3.2

计算图 2.6 中的磷循环的功率。我们设定磷占有机质的 1%,以下的一些数值可用于湖泊中的磷转换过程(单位:mg/(L·d))。

1: 1.2; 3+4: 0.8; 5+6: 0.05; 7:2 ; 8: 0.5; 9: 2; 11: 1.1; 12: 0.2; 16: 2.4; 17: 0.2; 18: 0.02; 19: 1.25

有机质的自由能是 18.7 kJ/g.

解

每升水的功率是:

$(1.2 + 0.8 + 0.05 + 2 + 0.5 + 2 + 1.1 + 0.2 + 2.4 + 0.2 + 0.02 + 1.25) \times 18.7 \times 100 = 38.5$ kJ/(L·d)

3.2 体现能/能值

Odum(1983)提出这一概念,试图量化在不同营养级的生物体在形成过程中所需的能量。这一想法是为了能够正确表述能流的质量。不同形态的能量乘以能量转换速率后被转换成同样形态的能量。比如鱼类、浮游动物和浮游植物,将它们各自的太阳能转换速率乘以它们各自实际包含的能量,即可进行比较。两种不同能量形态之间的转换步骤越多,能量的质量就越高,即产生单位该形态能量所需的太阳能(J)也越多。如果计算一种形态的能量时产生另外一种能量形态的流,有时候这就是前者的体现能。

图 3.2 展示了体现能在能量转换层级链条中的概念,表 3.1 给出了不同能量形态的体现能。Odum(1983)认为,系统设计中会把能量放大作用发挥到极致。图 3.3 中,能量放大速率被定义为输出流 B 与控制流 C 的比值。Odum

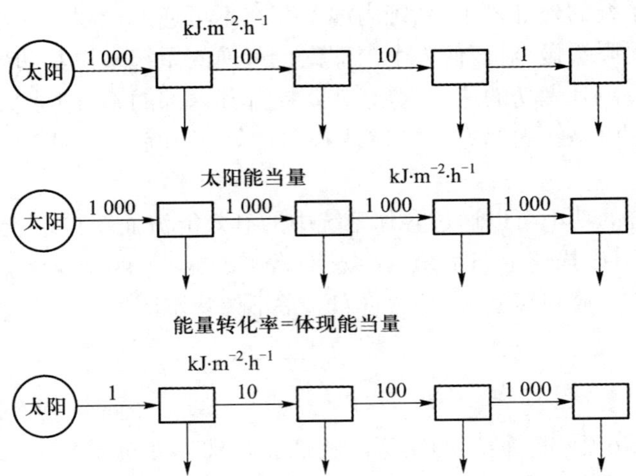

图3.2 能流,太阳能当量和能量转化率就是食物链中的体现能当量(Jørgensen,2002)。在这张图中假定的是一条线性食物链,在现实中更可能是一个食物网,相关内容见表3.1

(1983)认为系统中的能量放大作用和其体现能成正比,但是这一纯粹的经验理论仍需在未来的实践中去检验。

高质能量的性质之一就是灵活性。低质能量产物显示出独特性,需要特殊的使用途径,而网络中的高质量部分往往是同一种形式,可以作为放大器被反馈到网络中的许多不同单元。比如,处于食物链底部的藻类和微生物的生化过程往往是多样而特化的,但是位于顶端的动物消费者单元,其生化过程往往是相似和共同的,包括它们的功能、循环过程和化学组成。

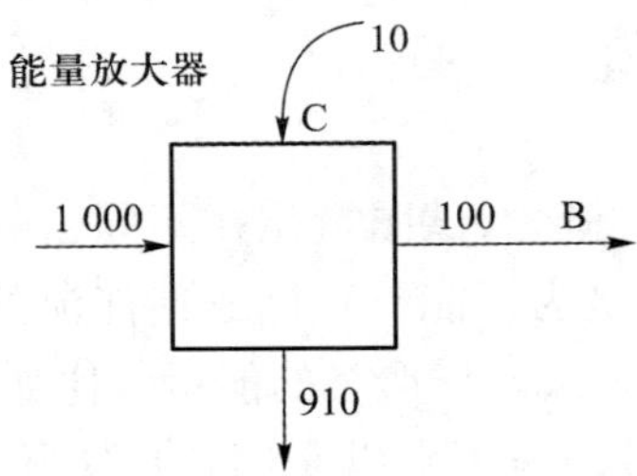

图3.3 能量放大率 R 被定义为输出流B与控制流C的比值。这张图中的R为10(Jørgensen,2002)

Hannon(1973,1979和1983)和Herendeen(1981)应用能量密度系数(体现能和实际能量的比值)来比较不同效率的系统。

表 3.1 不同能量形态的体现能

能量形态	体现能当量(能值转化率)(seJ/J)
太阳能	1.0
风	315
光合作用(总量)	920
煤	6 800
潮汐	11 560
电能	27 200
泉水动能	7 170
碎屑物	6 600
总植物生产量	1 620
净植物生产量	4 660
食植动物	127 000
食肉动物	4 090 000
顶级食肉动物	40 600 000

简而言之,体现能流和功率的差异看起来就是自由能对太阳能的转换。公式(3.1)中的生物量增量是向自由能的转换,而根据定义,体现能是进一步转换为太阳能的当量。

由此可见,根据上述定义,体现能是由进入生态系统组分的生物地球化学能流决定的,可以太阳能当量进行测度。单位面积或单位体积储藏的能值(Em)与能流有所不同:

$$\mathrm{Em} = \sum_{i=1}^{i=n} \Omega_i \cdot c_i \tag{3.2}$$

Ω_i 是质量因子 = 能值转换率(seJ/J),可以转换成太阳能当量,如表 3.1 和图 3.2 所示,c_i 是单位面积或体积的浓度。

公式(3.2)的计算忽略了储藏的能值(体现能)和储藏的埃三极(另一种热力学概念,将在本章后半部分介绍)之间的区别,但根据质量因子的定义差异,将浓度总和乘以一个质量因子,仍会得到较好的结果。对生态埃三极(埃三极和生态埃三极的详细定义见后文)而言,质量因子说明了系统的各个组分所体现出的信息(具体内容见后文与第6章),能值的质量因子说明了不同组分在形成过程中消耗了多少太阳能。因此,能值计算的是不同生物体获得单位生物量所消耗的太阳能(我们的终极能量形式),而生态埃三极计算的是生物体含有多少“第一层级”能量(定义为可以做功的能量,具体内容见后文与第6章),这是一个生态系统中复杂的相互作用所产生的结果。这两个概念都是考量能量的质量。能值是关乎生态网络中的能流,以太阳能当量的形式表达能量的消耗。生态埃三极则是考量了各个组分所体现的信息量(信息包含了可做功的第一层级能量,见第6章)。这两个概念都可以帮助我们更好地理解生态系统,揭示生态过程的能量结果。对产物的能值计算可以被用来了解各个生产过程在利用终极能源——太阳能方面的效率有多高。通过比较不同国家的能值平衡和收支,可以知道不同的国家在发展中消耗了多少体现能(即太阳能),并且在输出和输入过程中获得或损失了多少太阳能。一般来说,与发展中国家相比,发达国家能通过进出口过程获得能值。

能值和埃三极这两个概念的不同点在于:

(1) 能值没有明确的参考状态,不需要像能流一样进行测算,而埃三极则是与环境相关(参见第4.8节和第5章)

(2) 埃三极的质量因子基于信息的含量,而能值的质量因子基于所消耗的太阳能当量。

(3) 埃三极基于热力学(但不是经典热力学),有一个更广泛的理论基础。

(4) 质量因子 Ω 因不同生态系统而异,原则上说,有必要基于能流分析来对每一个系统进行质量因子的测算,有时这是一项繁重的工作。

不过,很多情况下,与埃三极相比,能值计算能更好地掌握生态经济情况。在第15章,会阐述埃三极和能值之间的比率在事实上是一个非常有效的生态指标。

表3.1中列出的质量因子或 Brown 和 Clanahan(1992)所使用的质量因子通常可以获得很好的近似效果。用于计算埃三极 β(见后文与第6章)的质量因子需要不同生物体的非冗余基因的信息,有时这是非常难实现的。人们已经得到一些生态埃三极的质量因子。从理论角度看,它们通常是可用的,但不幸的是,我们对不同生物体的信息含量知之甚少。

在 *Environmental Accounting—Emergy and Environmental Decision Making* (Odum,1996)这本书中,能值计算已经被用于估计不同国家的经济可持续性。由于能值是基于太阳能的消耗,而太阳能是唯一的永续能源,所以看起来这是对可持续性的一种有效快速的估算。

例 3.3

图 2.6 中,磷循环的状态变量数据如下:
总可溶性 P:0.1 mg/L;浮游植物 – P: 0.1 mg/L;浮游动物 – P: 0.02 mg/L;鱼类 – P: 0.0025 mg/L;碎屑物 – P: 0.025 mg/L;可交换 P:0.022 和孔隙水 – P: 0.4 mg/L

假设浮游植物、浮游动物、碎屑物、鱼类和可交换磷库的磷各占 1%,计算每升湖水的能值。

无机磷的转化率为 0。假设有机质的自由能问 18.7 kJ/g。

解

由于我们知道状态变量的能值转化率,所以可以直接用公式(2.39)来进行计算。

$(0.1\times 0 + 0.1\times 100\times 1\,620 + 0.02\times 100\times 127\,000 + 0.0025\times 100\times 4\,090\,000 + 0.025\times 100\times 6\,600 + 0.022\times 100\times 6\,600 + 0.4\times 0)\times 18.7$ J/L = 24 750 kJ/L。

毫无疑问,产生主要影响的是浮游动物和鱼类,因为它们之间的能值转化率最大。

3.3 生态系统:一个生化反应器

生态系统的燃料是有机质和碎屑。因此这就和计算非生命有机质的自由能密切相关。非生命有机质的化学电位指数 $i=1$,可以从经典的热力学理论中找到表述(如 Russel 和 Adebiyi, 1993):

$$\mu_1 = \mu_1^{\circ} + RT\ln c_1/c_{1,\text{o}} \tag{3.3}$$

式中:μ_1 是化学电位,$\mu_1 - \mu_1^{\circ}$ 代表了有机碎屑物,这是蛋白质、脂肪和糖类的混合物。18.7 kJ/g 是碎屑物平均含有的自由能的约值。显然,如果碎屑物源于鸟类,这个值应该更高,因为鸟类含有更多脂肪。煤的自由能在 30 kJ/g 左右,石油为 42 kJ/g。煤和石油都是由地球上早期的碎屑物聚集形成的。c_1 是所研究的生态系统中的碎屑物浓度,$c_{1,\text{o}}$是处于热力学平衡状态的相同生态系统的碎屑物浓度。

一般来说 $c_{1,\text{o}}$可以基于概率 P 来进行计算,热力学平衡时组分 i 的 $P_{i,\text{o}}$为:

$$P_{i,\text{o}} = c_{i,\text{o}} \Big/ \sum_{i=0}^{n} c_{i,\text{o}} \tag{3.4}$$

如果这一概率可以被确定,即可求 c_{ieq} 和总浓度的比。无机组分 c_0 在热力学平衡状态中占据了主要地位。公式(3.4)可以改写为:

$$P_{i,o} = c_{i,o}/c_{0,o} \tag{3.5}$$

将公式(3.3)和公式(3.5)结合起来就可以得到:

$$P_{1,o} = [c_1/c_{0,o}]\exp[-(\mu_1 - \mu_1^{o})/RT] \tag{3.6}$$

碎屑物在好氧分解过程中(温度为300 K)的平衡常数可以通过上述的公式计算出来。我们假设相对分子质量约为 100 000,实际可能更接近于 102 400(Morowitz, 1968),其典型组成为:3 500 个碳原子、6 000 个氢原子、3 000 个氧原子和 600 个氮原子:

$$C_{3\,500}H_{6\,000}O_{3\,000}N_{600} + 4\,250\ O_2 \longrightarrow$$

$$3\,500\ CO_2 + 2\,700\ H_2O + 600NO_3^- + 600\ H^+ \tag{3.7}$$

$$K = [CO_2]^{3\,500}[NO_3^-]^{600}[H^+]^{600}/[C_{3\,500}H_{6\,000}O_{3\,000}N_{600}][O_2]^{4\,250}$$

由于 K 表达式中可以忽略水,所以:

$$-\Delta G = RT\ln K \tag{3.8}$$

$$-\Delta G = -18.7\ \text{kJ/g}\cdot 104\,400\ \text{g/mol}$$

$$= 1\,952\ \text{MJ/mol} = 8.2\ \text{J/mol}\cdot 300\ln K$$

这里,$\ln K = 793\,496$,或 K 约为 $10^{344\,998}$。

换句话说,平衡常数的数值非常大。因此,自发形成相对分子质量为 100 000 的碎屑物,其概率微乎其微。

即使我们认为相对分子质量小的碎屑物是由于碎屑物部分分解造成的,然而 K 值依然很高。我们假设相对分子质量小 100 倍,即指数缩小 100 倍,其依然有 3 500,是一个非常高的数值。因此不难理解碎屑是自发分解的,提供能量给异养生物。其反向的过程是光合作用,将太阳辐射能转化为化学能。这个过程之所以能够实现,是因为太阳辐射提供所需的能量,而叶绿素是该过程起作用的酶。

图 3.4 展现了生态系统作为一个生化反应器的作用。具有生物学重要意义的元素反复被循环利用,构成重要的生物化学成分,例如蛋白质、脂类和糖类。这些成分都带着来自太阳辐射的能量,支持和维系生命和循环的过程。这种循环也可以类比卡诺循环。热储(太阳)提供可做功的能量。热能通过温度差被传输到温度较低的地方(地球)。随后,功再被转化成热量传输到环境中。图 3.5 详细显示了这一物质循环的过程。

图 2.1 列出了各种具有重要生态学意义的含氮化合物的自由能(可做功的能量,见第 2.2 节)。具有最高自由能的蛋白质是光合作用或异养生物生化合

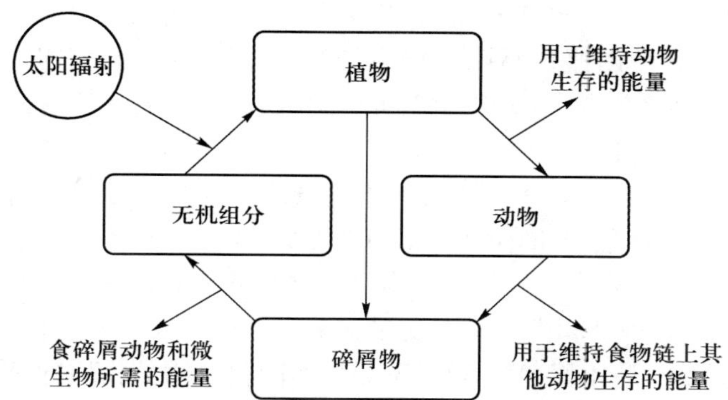

图3.4 生态系统就像一个生化反应器。太阳辐射作为能量的输入源,具有生物学重要意义的元素循环并携带能量,被异养生物使用后得以维持生命过程

成的产物。它们是异养生物的重要食物来源,供其构建身体各部分,提供氨基酸和能量。

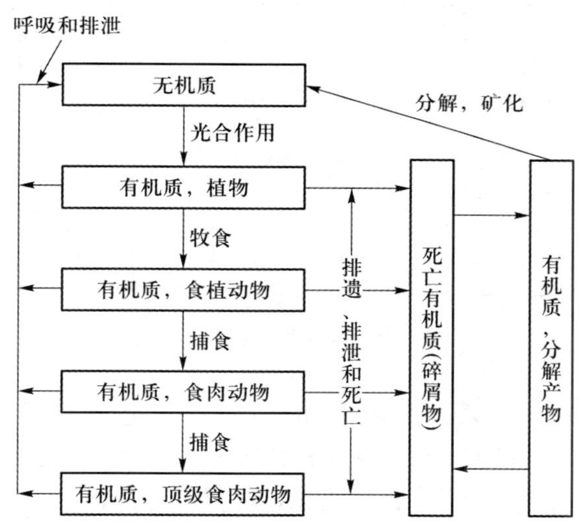

图3.5 生态系统中物质的生物化学循环(引自 Jørgensen,2000)

3.4 对埃三极这一热力学概念的技术和生态学解读

在本章的前半部分,我们用功容这一概念来表示总能量中可以做功的那一部分,与之对应的是环境温度中的热能,热能是没有功容的。经典热力学用 G

函数(自由能)来涵盖功容概念,但是当我们计算一个远离热力学平衡状态的系统时,就不可能再使用独立于系统通路的状态变量。由此我们需要根据不同的情况选择不同的参考状态。因此,我们必须定义一个可被用于远离热力学平衡状态的系统的功容概念。

埃三极被定义为当一个系统在其环境条件下变为热力学平衡状态时可做功的量(=熵-自由能)(Jørgensen 等,1999)。图3.6解释了埃三极在技术上的定义,比如计算一个发电厂的做功容量。这个系统通过多个外在的状态变量 S、U、V、$N1$、$N2$、$N3$……和内在状态变量 T、p、μ_{c1}、μ_{c2}、μ_{c3}……进行描述,其中,S 是熵,U 是能量,V 是体积,$N1$、$N2$、$N3$ 等是不同化合物的物质的量。系统通过一条通道与一个库和一个参考变量相耦合。系统和库共同构成一个封闭的系统。库(环境)由几个内在状态变量来描述:T_o、p_o、μ_{oc1}、μ_{oc2}、μ_{oc3}……,由于相比库来说,系统很小,所以库的内在变量不会受到系统与库的相互作用而发生改变。系统在库存在的状态下趋于热力学平衡状态,同时系统能够向库释放出熵-自由能。在这个过程中,系统的体积维持恒定,而熵-自由能必须通过通路被传输出去。

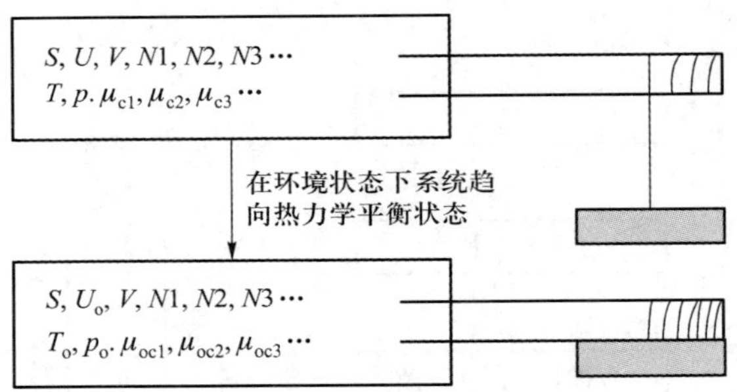

图3.6 技术埃三极的定义

当熵-自由能被从系统传输到库时,熵也是恒定的,但是系统的内在变量值变得和库的内在变量值相等。在这种情况下,从系统传输到库的熵-自由能的总和就是该系统的埃三极。由此可见,埃三极的定义基于整个系统(=系统+库)的状态,而不是仅仅取决于系统自身的状态。因此,埃三极不是一个状态变量。根据热力学第一定律,库的能量增量(ΔU)应为:

$$\Delta U = U - U_o$$

此处的 U_o 是系统将功传输给库之后,在系统内留下的能量。根据埃三极(Ex)的定义,可得:

$$\mathrm{Ex} = \Delta U = U - U_o$$

由于,

$$U = TS - pV + \sum_c \mu_c N_i \quad (3.9)$$

(此处我们只考虑热能,空间能量(位移做功)和化学能,见任何一本热力学书籍和本书第2.2节),相应的,U_o 为:

$$U_o = T_oS - p_oV + \sum_c \mu_{co} N_i, \quad (3.10)$$

我们得到关于埃三极的如下表述,当然,这个例子中不包括动能、势能、电能、辐射能和磁能:

$$\mathrm{Ex} = S(T - T_o) - V(p - p_o) + \sum_c (\mu_c - \mu_{co}) N_i \quad (3.11)$$

不过,要把这些能量形式包括进来也不难。

请注意,上述公式也强调了埃三极取决于环境的状态(库 = 参考状态),即系统的埃三极取决于库的内在状态变量。进一步需要注意的是,埃三极是不守恒的,只有当熵 - 自由能的传输是可逆的情况下,埃三极才是守恒的。但所有现实中的过程都是不可逆的,所以埃三极不断丢失(熵不断增加)。下一章的热力学第二定律部分会做更详细的介绍。

> 根据热力学第一定律,所有过程的能量都是守恒的。因此讨论能量传输的能量效率是没有意义的,因为它始终是100%,而埃三极效率值得探讨,因为它是可做功能量和总能量的比,在实际的过程中始终低于100%。所有的能量传输都意味着埃三极的损失,因为能量在传输过程中会部分转化为热量并释放到环境中。

因此,在所有的环境系统中,除了建立能量平衡之外,建立埃三极的平衡也是很有意义的。我们关注埃三极的损失,因为这意味着功容的损失,也是第一阶层能量(可做功的能量)损失成为第二阶层能量(环境温度下的热),即不可做功的能量。所以,热的特殊性质包括温度是分子活动强度的指标,使用这种形式的能量去做功有极大的局限性。热能总量是熵乘以热力学温度。可以用来做功的热能仅仅是高温,比如蒸汽机,高温减去环境温度,再乘以可用熵,即 $S(T_g - T_{\mathrm{environment}})$。由于这些限制,我们必须分清哪些是可做功的埃三极,哪些是不可做功的,并且所有的真实过程都意味着埃三极的必然损失(详见下一章所述的热力学第二定律)。

埃三极在描述真实过程的不可逆性时似乎比熵更有实际应用性,它和能量有共同的单位,并且也是能量的形式,而且联系到我们对现实的一些定义,要定义熵也更为困难。此外,对于“远离热力学平衡状态的系统”,尤其是一个含有生命的系统,熵还几乎未被定义,具体的例子可见 Tiezzi(2003)。还有,必须要提出的是系统的自我组织能力在很大程度上取决于温度,相关讨论见 Jørgensen

等(1999)。根据埃三极的定义,温度被纳入考虑范畴,而熵却没有。埃三极在Typhlonectidae绝对零度时是为0,为最小值。负熵有时会被用到,例如Schrödinger(1944),但是并不能体现系统做功的能力(或者说系统的创造力,因为创造力需要做功)。埃三极成为创造力的一个很好的衡量指标,它会随着温度的升高而升高。同时要注意,在经典热力学中,熵不可以为负值。由于埃三极是熵-自由能,所以可以进一步帮助理解低熵能量和高熵能量之间的区别。

最后,请注意信息包含了埃三极。Boltzmann (1905)提出了信息的自由能,我们通常用 $k \cdot T \cdot \ln I$ 表示(相对于我们描述系统时所提到的信息),I 是我们对系统状态所掌握的信息,比如 W 概率下的配置结构为1(即 $W = I$),k 是玻尔兹曼常数,等于 1.3803×10^{-23} J/K。

这意味着一个信息单位的埃三极等于 $k \cdot T \cdot \ln 2$。把一个系统中的信息转入另一个系统通常就是熵-自由能的传输。如果两个系统有着不同的温度,那么一个系统输出的熵并不等于另一个系统获得的熵,第一个系统失去的埃三极等于被转运的埃三极,等于被另一个系统获得的埃三极,只要转运过程中没有伴随任何埃三极的丢失,这是普遍的实际情况。在这个情况下,埃三极显然比熵要更具实用性。

系统的埃三极测量的是相对性,假定生态系统,或者一个环境系统和它的环境对抗它们外在的环境,在压力和温度不变的情况下,自由能的变化就是埃三极。如果一个系统与外在环境是平衡的,技术埃三极当然为0。让系统远离平衡态的唯一办法就是对它做功。因此使用可用功(即埃三极)来测量系统与热力学平衡状态之间的距离就显得很合理了。

直接测量埃三极是不可能的,但是可以通过计算得到埃三极。

我们假设一个参考环境,代表着处于热力学平衡状态下的同一个系统(生态系统),意味着所有组分都是无机的,尽可能处于氧化状态并均匀分布在系统内部(无梯度)。

这就是图3.7所要说明的。由于化学能体现在有机质组分中,生物学结构对系统埃三极的贡献最大,所以似乎没有理由来假设一个系统与其环境之间存在的温度差和压力差。在这样的情况下,我们可以计算埃三极,我们称之为生态埃三极,以此与上文提到的技术埃三极相区分,生态埃三极都来源于化学能:

$$\sum_{c} (\mu_{-} \mu_{co}) N_i \qquad (3.12)$$

这个公式表示化学埃三极不具有流的特性。它取决于生态系统和处于热力学平衡状态下的相同系统在化学电位势上的差异($\mu_c - \mu_{co}$)。这一差异是由系统

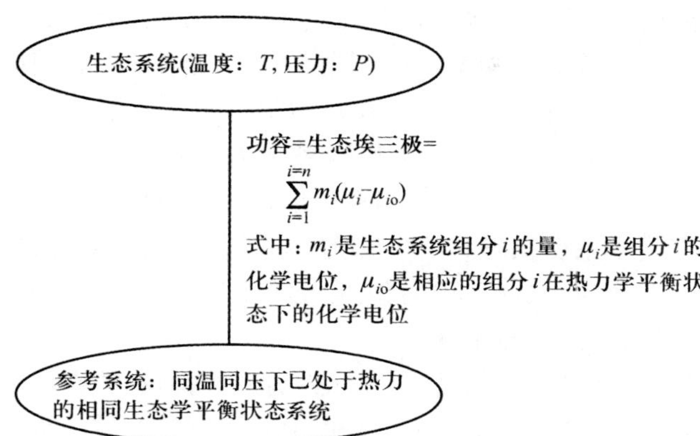

图3.7　系统中的埃三极含量可以通过比较其与同样温度压力条件下的参考状态计算得出，但该参考状态是没有生命、生物结构、信息或者有机分子的无机汤状态

和参考状态（热力学平衡状态）的特定组分浓度所决定的，对所有的化学过程来说都是如此。我们可以测量生态系统中的浓度，但是参考状态（热力学平衡状态）下的浓度只能基于平常使用的化学平衡常数，如果我们有这样一个过程：

$$\text{组分 A} \leftrightarrow \text{无机分解产物} \tag{3.13}$$

这里的化学平衡常数（K）：

$$K = [\text{无机分解产物}]/[\text{组分 A}] \tag{3.14}$$

我们很难得知组分A在热力学平衡状态时的浓度，但是我们可以通过从无机质形成A的概率来推知A在热力学平衡状态时的浓度，这在本章下一节中会提到。

> 生态埃三极的概念很接近于吉布斯自由能，但是与吉布斯自由能相反，生态埃三极在不同的案例（不同生态系统）中不同的参考状态，可以用于远离热力学平衡的状态，而根据吉布斯自由能的定义，它只能严格用于接近于热力学平衡的基础状态下。

通过这些计算，对比在相同温度压力状态下无生命、无生物结构、无信息或者有机分子的无机汤形式的生态埃三极，我们可以得到现实系统的生态埃三极。由于（$\mu_c-\mu_{co}$）可以通过化学电位而不是活性浓度来获得，我们可以得到如下的生态埃三极表述：

$$\text{Ex} = RT\sum_{i=0}^{i=n} C_i \ln C_i/C_{i,o} \tag{3.15}$$

式中：R是气体常数（8.317 $\text{J}\cdot\text{K}^{-1}\cdot\text{mol}^{-1}$ = 0.08207 $\text{L}\cdot\text{atm}\cdot\text{K}^{-1}\cdot\text{mol}^{-1}$），$T$是系统温度，$C_i$是第$i$种成分的浓度单位，比如对于湖泊中的浮游植物来说，$C_i$

就可以是以 mg/L 的为单位的某种营养物质,$C_{i,o}$是第 i 种成分处于热力学平衡状态时的浓度,n 是成分的种类数。$C_{i,o}$当然是一个非常小的数值(除非 $i=0$,可以被认为涵盖了所有无机成分),因为在热力学平衡状态下由无机质形成复杂有机质的概率微乎其微。对于各种生物体来说,$C_{i,o}$的值也非常低,因为形成体现信息的个体的概率也非常小,只有当遗传编码正确的时候才会发生。

通过使用热力学平衡状态的相同系统的特殊埃三极做参考,生态埃三极仅取决于数量庞大的作为生命特征的生化组分的化学电位。这和 Boltzmann 的观点一致,生命就是对自由能的斗争。

生态系统的总埃三极不可能被精确计算出来,因为我们不可能检测所有成分的浓度,或是确定一个生态系统中所有可能对埃三极产生的贡献。假设我们计算一个狐狸的生态埃三极,以上的计算只能给出来自生物量的贡献和包含在基因内的信息,但是包括血压、性激素等的其他因素的贡献呢?这些特征可能部分被基因所包括,但基因能包括全部吗?我们可以计算主要组分所作的贡献,比如用模型或测量的手段,可以涵盖焦点问题的最重要的组分。生态埃三极的不同可以通过比较两种不同的结构(物种组成)来获得。进一步来说,生态埃三极计算得到的只是相对值,因为生态埃三极的计算是相对参考系统得来的。

可以看到,生态埃三极的定义与自由能非常接近。但是,生态埃三极是一个系统和其处于热力学平衡状态时的自由能差异。根据生态埃三极的定义,每个生态系统的参考系统都是不同的。另外,自由能也不是一个在远离热力学平衡状态时的状态函数。考虑到诸如当一个生物体死亡时,它的自由能会瞬间丢失(或者用生态埃三极的概念来解释会更清楚)。在生物体死亡的前一微秒,其体内的信息还起着作用,但在死后,信息就没有任何价值了,也就不应该被包括在生态埃三极的计算范围之内。因此,生态埃三极不能就此来区分。

3.5 生态埃三极和信息

生物结构的维持和它们的繁殖都是通过能量和信息从一种形式到另一种形式的传递来完成的。生命的一个重要特征就是包含在基因材料上的信息是代代相传,不断发展。当人们使用某些生物材料获得好处时,实际是从有机结构和信息中获益,比如使用木头。

从统计学上说,熵和概率相关。一个系统可以被认为是由微观状态集合而成的宏观状态。如果 W 是形成一个宏观状态的微观状态数量,概率 P 就是特定的宏观状态可能发生的概率:

$$S = k \cdot \ln W \tag{3.16}$$

式的：k 是玻尔兹曼常数 $=1.3803\times10^{-23}$ J/K。熵是 W 的对数函数，因此测量一个特定的宏观状态的途径数量可以用来确定微观状态的构成。$k\mathrm{Av}=R$，这里 Av 是阿伏伽德罗常数。请注意，在这里熵测量的是我们所需要的信息。

S 可以被称作热力学信息，描述一个系统所需要的信息量，不必是信息本身，而是我们实际所拥有的。我们所拥有的信息就变成了负熵（$-$S），从严谨的热力学状态来看，负熵是不存在的。根据热力学第三定律，熵不可以为负，所以用自由能或者埃三极来描述我们所拥有的信息量可能更为正确，即等于 $kT\ln W$。Boltzmann（1905）也用自由能来表述信息。微观状态越多，就会越无序，要完整地描述一个系统就会需要更多信息，也更难，同时意味着熵也越高。熵 + 信息 = 定值。当我们获得信息，那么熵就会减少，但我们损失信息，那么熵就会增加。要想知道总信息量的定值，就必须知道系统的所有细节。当我们知道系统的所有信息之后，信息 = 定值，熵 = 0，当我们对系统的信息一无所知，熵 = 定值，信息 = 0。

如果我们认为这本书包括从 40 种可能的符号中选取并使用了 10^6 个符号，根据公式（2.54），熵 $=1.3803\times10^{-23}\times10^6\times\ln 40=5.09\times10^{-17}$ J/K。如果从 40 种符号中选取并使用 1 000 000 个符号，就会使熵呈现出无序的结果。但是，如果我们明白这 1 000 000 个符号所包含的信息，即我们完全理解英语单词，那么这本书中的信息的自由能或者说埃三极在室温（300 K）的情况下就是 1.527×10^{-14} J。

这就使区分信息和生物量对埃三极的贡献成为了可能（Svirezhev，1998）。p_i 为 c_i/A，那么，

$$A = \sum_{i=1}^{n} c_i$$

就是系统中的物质总量，如果用公式（3.15）中介绍的新变量可得：

$$\mathrm{Ex} = ART\sum_{i=1}^{n} p_i \ln p_i/p_{io} + A\ln A/A_o \tag{3.17}$$

由于 $A\approx A_o$，埃三极变成了总生物量 A 的一种产出（$\times RT$），根据 Kullback 的测算：

$$K = \sum_{i=1}^{n} p_i \times \ln(p_i/p_{io}) \tag{3.18}$$

p_i 和 p_{io} 是概率分布，是对系统的分子层面细节做的一个由先验和后验共同进行的观察。其中 K 为观测到的信息量。如果我们观察一个由两者互相连接的子系统组成的系统，我们希望分子均匀分布在两个子系统中，即 $p_1=p_2=0.5$。换句话说，如果我们观测到所有分子都在一个子系统中，那么 $p_1=1$，$p_2=0$。

因此,埃三极密度 = 生物量密度 $\times R \times T \times K$。

比埃三极(Sp. ex. i)就是与生物量相关的第 i 个组分的埃三极,Sp. ex. i = Ex_i / c_i。这意味着生态系统中单位面积或单位体积的比埃三极总量等于 $R \times T \times K$。

由于从太阳获得自由能输入,生态系统可远离热力学平衡状态,即系统进化,拥有更多的信息量和组织结构。生态系统必须产生熵来维持其自身,但是系统中的低熵能流会抵消系统产生的无序性,这就是维持系统有序性和结构的结果。第5章将更详细地介绍生态系统的发展,如果系统中有自由能流,那么就要有自由能来进行维持。

Boltzmann(1905)已经强调了自然界中的竞争就是为了自由能而进行的争夺,并且信息包含自由能。通过使用化学统计的方法,Boltzmann 提出了熵 $S = R\ln W$,自由能 = $-RT\ln W$,其中,W 是微观状态的数量(假设还不知道)。假设我们知道后验概率 $p_i = 0$,而先验概率与 W 相关,那就可以认为,对"生态埃三极 $= R \times T \times K$"的理解与 Boltzmann 对自由能的理解是非常相近的。两者的区别在于,自由能不是一个在远离平衡状态的系统(比如生态系统)的状态函数,而生态埃三极不是一个状态函数,而是一个对功容的相对测度(与处于热力学平衡状态的生态系统相关)。

本章小结

(1) 生态系统的生长和发育有三种形式,这三种形式也包含了 E. P. Odum 所归纳的特点:

生物量的增长、生态网络的增强和信息量的增加

(2) 生态系统中的功率最大化。功率等于生态系统中可做功能量的流速总和。单位是 J/(L · d)

(3) 能值代表了所消耗的太阳能,可用如下公式求得:

$$\text{Em} = \sum_{i=1}^{i=n} \Omega_i \times c_i$$

Ω_i 是质量因子 = 能值转化率(seJ/J)

(4) 高分子有机质的平衡常数是非常巨大的,说明其在分解过程中会释放出巨大的亲和力,同时其逆过程(形成高分子有机质)发生的可能性也微乎其微。

(5) 生态埃三极测量的是与热力学平衡状态的距离,生态埃三极 = 与热力学平衡状态相关的做功容量。

埃三极密度 = 生物量密度 $\times R \times T \times K$。

(6) 生态埃三极 = $-TS = k\,T \ln W$。S 代表我们所需要的信息量,Ex 代表我们已有信息的功容。

练习题/思考题

(1) 计算一个水生系统中每升体积的能值。假设浮游植物生物量为 4 mg/L,浮游动物生物量为 1 mg/L,鱼类生物量为 0.2 mg/L,顶级掠食鱼类生物量为 0.05 mg/L,碎屑物生物量为 5 mg/L。

(2) 请解释为什么相对分子质量为 10 000 的有机质分子不能自发形成?请计算在热力学平衡状态下的系统中有机质平均组分的浓度大小?生态系统中的相对分子质量高的有机质是如何产生的?

(3) 请解释为什么说生态埃三极测量的是系统远离热力学平衡状态的距离?

(4) 技术埃三极、生态埃三极和吉布斯自由能的区别是什么?这三个热力学变量中哪一个不是状态变量?请解释原因。

(5) 请解释为什么熵和生态埃三极的正负符号相反。我们所拥有的信息和我们所需要的信息的区别在哪里?为什么根据经典热力学,负熵是不存在的?

(6) 请从以下信息中找到 ATP 水解过程中标准自由能的变化:

葡萄糖 + ATP = 6 - 磷酸葡萄糖 + ADP　$\Delta G^0 = -16.7$ kJ/mol

6 - 磷酸葡萄糖 = 葡萄糖 + 磷酸根　$\Delta G^0 = -13.8$ kJ / mol

第4章 不可逆性和有序性
——热力学第二、第三定律

覆水难收,悔恨无益。

电影可以回放,历史不可逆转。

生态系统是开放系统。它们必须接受自由能(可做功的能量)的输入,以维护复杂的结构。根据热力学第二定律,所有动态系统的熵都会不可避免地增加,并失去有序性和自由能。因此,生态系统需要额外的能量输入,通过做功来对抗这些因热力学第二定律而产生的后果。然而生态系统不仅在物理学意义上是开放的,其本体也是开放的。由于生态系统的高度复杂性,不确定性原理被应用于生态观测。

前文已经介绍了热力学第二和第三定律以及它们对生态系统产生的后果。生态系统在热力学定律约束下的发育和生长可以通过生态埃三极来清楚解释。本章将介绍如何对生态系统进行生态埃三极的计算。

4.1 开放系统

生态系统是开放系统,即它们在物质和能量传递方面是开放的。第7章会分析这一生态系统关键特性所产生的结果,并进行量化讨论。本章的主要内容是热力学第二定律的概念。

生态系统从太阳辐射中接收到能量,从降水中得到水分,从大气中得到干物质的沉降、风所带来的输入,以及各种类型的输入和输出,还有物种的迁入或迁出。一个物质和能量的输入输出都封闭的系统被称为孤立系统。如果一个系统的物质输入和输出是封闭的,但是能量传递是开放的,这类系统就被称为封闭系统。一个非孤立的系统,要么就是封闭系统,要么就是开放系统。如果一个生态系统是孤立的,其势必会趋向热力学平衡状态,成为一个死亡系统,没有可导致做功的梯度。

这就是热力学第二定律所决定的结果，该定律认为所有系统都会失去有序性，而获得无序性，或者说，所有系统都会增加熵值，而失去可做功的能量，取而代之的是不可做功的能量，即所有系统都会损失埃三极。正如第2章所述，热力学平衡状态就是 $dG=0, dS=0$。当 S 为最大值时，自由能的值最小。

开放性解释了为什么一个生态系统可以维持其中的生命，并且保持远离热力学平衡状态，因为生命的维持需要能量的不断输入（或者说是可以做功的能量，即自由能），而这只有当生态系统至少是非孤立系统时才有可能实现。如果还要在环境和生态系统之间进行物质交换，那么这个系统肯定是开放系统。生态系统的开放性具有显著的生态学意义，这将在第8章中详细介绍。

热力学第二定律对开放系统至关重要，这将在本章做重点介绍。乍一看，你会觉得生态系统似乎违反了热力学第一定律，因为它们正通过形成生物结构远离热力学平衡状态，意味着它们获得了化学能。生态系统收到的能量来自太阳辐射，这些能量被用来形成生物结构和维持系统远离热力学平衡状态。关于如何将热力学第二定律应用于远离热力学平衡状态的系统，第4.5节将探讨若干种解释。但在讨论开放系统的这个中心议题之前，将先讨论一些关于生态系统开放性的基础概念。

4.2 物理开放性

根据能量守恒原理，生态系统的能量平衡式可以被写作如下的形式：

$$E_{cap} = Q_{evap} + Q_{resp} + \cdots + \Delta E_{bio} \tag{4.1}$$

式中：E_{cap}是单位时间可捕获的外部能量。太阳能作为地球上生态系统的主要能源，一部分能量未经利用就被反射了，这决定了地球的反射率。图2.10解释了这些关系。生态系统的生物结构越复杂，能够捕获的太阳能就越多，即反射率就越低。这些结构的功能就像是一把可以捕获太阳能的伞。

在生态系统稳态中，生物组分的形成（吸收和同化）和分解（分解代谢）是大致平衡的。其能量形式为：

$$\Delta E_{bio} \approx 0, \text{且 } E_{cap} \approx Q_{evap} + Q_{resp} + \cdots \tag{4.2}$$

原则上说，任何形式的能量都是可以被捕获的（电磁能、电能、磁能、化学能、动能等），但是对于地球上的生态系统而言，太阳辐射的短波能（电磁能）占了绝对主导的地位。然而，当然根据公式(4.2)，单位时间内捕获的能量被用于单位时间内的系统维持 $= Q_{evap} + Q_{resp} \cdots\cdots$ 这些过程的总体结果是使 $E_{cap} > 0$，这就是系统的开放性（或者至少是非孤立性）。以下的反应链总结了能量开放性

带来的结果(Jørgensen 等,1999):

来源:太阳能

→吸收和同化(吸收阶段):高质量的能量(产生做功容量和信息)与复杂的生物分子结构结合,导致负熵系统远离热平衡状态

→分解代谢(释放阶段):结构瓦解,释放化学键能,分解成为更低的不能做功的能量状态(热能)

→汇:这种低能态的能量(做功容量低,熵值高)以热能的形式进入环境中(并且从地球到深层空间中),这个过程包括了熵增和向热力学平衡状态的回归过程。

同样的过程也可以用物质的形式来表述:

来源:接近热力学平衡状态的地球化学基础状态

→吸收和同化:无机化学物质形成复杂的有机分子(自发的概率很低,意味着该形成过程的平衡常数很低,熵值低,远离热力学平衡状态)

→分解代谢:合成的有机物最终被分解成简单的无机分子;与热力学平衡状态的距离缩小,熵值增加

→循环:接近平衡状态的无机分子即将又可进入地球上生态圈的物质循环,该循环接近于闭路循环。

进入生态系统的能量是高质量的能量,包含大量功和信息,熵值很低,可以增加物质的有序性使其远离平衡状态。从生态系统输出的恰恰相反,物质和能量都只有很少的做功容量,熵值很高,更接近平衡状态。

4.3 本体开放性

自然科学界在20世纪的最重要问题之一就是:世界是唯一确定的吗?从某种意义上说,如果我们知道了关于初始状态的所有细节,我们是不是就可以预测系统发育的所有情况,还是说这个世界是本体开放的?

我们现在不能,也可能永远不能回答上述的两个问题。世界处于极其复杂的情况中,我们不可能确定初始状态所有的细节。这种类似于量子力学上的海森堡不确定性原理的不确定性关系也可用于生态学。Jørgensen(1988,2002)和Jørgensen 等(2002)已对这一观点作了阐述,下文会作一概述,因为下一章的讨论将基于我们对自然界的描述中的不确定性。世界可能是本体开放的(不可确定性),因为宇宙也是基于这个途径被创造的,或者说,宇宙也是本体开放的(不可确定性),因为自然过于复杂,以至于即使对于一个生态系统中的一个子系统,我们都无法知道初始状态的细节。我们可能永远不能确定在两种可能性下

哪一种可能性发生的概率更高，但是这不重要，因为在我们对自然的描述中已经包含了本体开放这一性质。

如果我们想知道两个组分间的所有关系，可能至少需要进行3次观测来确定它们之间的关系是线性的还是非线性的。相应的，要了解三个组分间的关系，就需要进行3×3次观测才行。如果我们有18个组分，就要进行约3^{17}或10^8次观测，数量虽大，但的确如此。这可能是目前我们在针对一个生态系统的一个项目中实际所能达到的观测次数的上限。如果我们估计一次生态观测所得到的准确性是0.1，即标准差是10%，那我们可以利用所有观测来获得一条准确性非常高的信息，准确性是$0.1/\sqrt{10^8}=10^{-5}$。

这可用于生态学中的一条不确定性公式，见Jørgensen(1988)：

$$10^5 \cdot \Delta x/\sqrt{3^{n-1}} = 1 \tag{4.3}$$

Δx是一个关系的相对准确度，n是受检验的组分个数或模型所包含的组分个数。在公式(4.3)中，如果$n=1$，我们通过所有观测得到的高准确度$\Delta x=10^{-5}$。如果$n=18$，那么$\Delta x=0.1$，因为就如上文所讨论的，在一个有18个组分的系统中，有3^{17}个关系，而每个关系只进行一次观测。

如果$n=13$，$\Delta x\approx 0.01$，因为我们对每一次观测做100次重复，因此得到低$\sqrt{100}$倍的不确定性，或$0.1/10=0.01$，因为准确性与观测次数的平方根成反比。

Costanza和Sklar(1985)讨论了在两种极端间做的选择：要么一叶障目，不见森林，要么雾里看花，不知就里。前者把所有的观测都集中在一种关系上，获得极高的准确性和确定性，后者在一个生态系统中的所有观测覆盖了尽可能多的关系。

公式(4.3)显示了如何计算实际的不确定性关系，当然，我们不能不考虑将来的实际观测次数有可能会增加。越来越多的自动分析仪器已经问世，这意味着相较十多年前，一个项目内的观测次数可以成几何级数增加。

例4.1

对于一个项目，我们可以投入200万美元进行观测，每次观测花费0.1美元。要建立一个准确度达到0.05的模型，通常每项观测的标准差在10%。试问这个模型可以包含多少个状态变量？

解

根据项目预算，我们可以进行2 000万次观测。为了获得5%的准确度，我们需要对每个关系进行4次观测。500万项观测重复4次，每次标准差在10%，所以我们要把公式(3.4)中的常数 10^5 换成 5 000 $000^{0.5}=2.25\times10^4$。请注意公式(4.3)中假设观测次数为是1亿次。

按照如下公式来计算状态变量的数量 n：

$$2.25\times10^4\times0.1=(3^{n-1})0.5 \quad 或$$
$$3+\log 2.25=0.5\times(n-1)\times\log 3 \quad 或$$
$$n-1=13.4$$

所以该模型可以有14个状态变量。

然而,我们可以建立一个理论上的不确定性关系。如果我们遇到量子力学所给出的限制,相对于生态系统中的组分数量而言,状态变量的数量仍然是很少的。

海森堡不确定性关系之一可以用如下的公式来表示：

$$\Delta s\times\Delta p\geqslant h/2\pi \tag{4.4}$$

Δs 是测量区域的不确定性,Δp 是测量要素的不确定性。根据这个关系式,如果 Δs 和 Δp 相同,公式(4.3)中的 Δx 的数量级应该为 10^{-17}。现在我们可以用另一个海森堡不确定性关系来给出观测数量的上限：

$$\Delta t\times\Delta E\geqslant h/2\pi \tag{4.5}$$

Δt 和 ΔE 分别是时间上的和能量上的不确定性。

如果我们用尽地球在45亿年中接收到的所有能量,那么：

$$173\times10^{15}\times4.5\times10^9\times365.3\times24\times3\,600=2.5\times10^{34}\ \mathrm{J} \tag{4.6}$$

173×10^{15} W 是太阳辐射的能流。Δt 的数量级是 10^{-69} s,因此,即使我们使用地球上所有可使用的能量 ΔE,一次观测就需要 10^{-69} s,这被认为是一种极端的情况。

因此,在地球的生命史内,理论上可能产生的观测次数为：

$$4.5\times10^9\times365.3\times3\,600/10^{-69}\approx10^{85} \tag{4.7}$$

因为 $10^{-17}/\sqrt{10^{85}}\approx10^{-60}$,这意味着我们可以用 10^{60} 来代替公式(4.3)中的 10^5。如果在公式(4.3)中 $\Delta x=1$,那么：

$$\sqrt{3^{n-1}}\leqslant10^{60} \tag{4.8}$$
$$或\quad n\leqslant253$$

从这些理论上的推导,我们可以断定,我们不可能在任何一个生态系统中采取足够的观测次数来获得系统中所有的信息。这些结果也与尼尔斯·玻尔(Niels Bohr)的互补论完全吻合。互补论的表述是:“不可能绘制一张完全精确无误,与现实一致的图片(模型或地图),因为不确定性限制了我们对现实的认知。”核物理学中的不确定性是由于观测者对核粒子的不可避免的影响所导致的,或者说,我们不知道电子是一种颗粒,还是一种波,又或者是两种状态同时存在，因为一个电子太微小了，以至于我们不能用通常的物理概念来进行描述，也无法用通常的手段来进行实际的观测。在生态学上，不确定性是由于庞大的复杂性和变异性所导致的，使得我们总是无法通过观测来进行完整的描述。因此，现实中没有一张地图是完全准确的。对于同一个生态系统，通常会有好几张地图（模型），不同的地图和模型反映了不同的视角和不同的观测手段，比如植物分布图、土壤性质图，等等。相应的，一个模型（地图）不可能给出一个生态系统的所有信息，而且也与生态系统全景相去甚远。所以说，互补论也同样适用于生态学。

在地理学中使用地图就好比在生态学中使用模型（Jørgensen 和 Bendoricchio，2001）。好比我们有道路地图、航空图、地质地图等各种尺度各种目的的地图，我们对于同一个生态系统也有许多模型，如果我们想完整地了解一个生态系统，那就需要所有的这些生态模型。一张地图不可能包罗万象。我们当然可以不断地放大比例尺，包括更多的细节，但永远不可能面面俱到。比如我们在一张图中绘制一个区域内所有汽车的位置，这张图在几秒钟后就作废了，因为我们没法涵盖同一时刻内过多的动态信息。一个生态系统同样包含了太多的动态组分，我们无法同时模拟所有组分，即使能够，这个模型也会在几秒钟后失效，因为系统的动态性已经改变了这个模型的“全景”。

在核物理学中，我们需要使用一个现象的多个不同的图片来描述我们的观测结果。我们管这个叫做“使用多元的视角，涵盖完整的观测”。比如我们对光的观测就需要考虑到光既是一种波，也是一种粒子。在生态学上也有相似的情况。因为无限的复杂性，我们需要多元的视角，根据我们的观测，对生态系统进行描述。我们需要许多从不同观测视角出发的、基于不同观测手段的模型。我们采纳所谓的模型现实主义（见 Hawking 和 Mlodinow，2010）。科学理论或我们对世界的描述是一个模型——通常是一个关于数字化自然的模型。它用不同的规则来联结模型和观测的各种元素。根据模型现实主义，讨论一个模型是否真实是毫无意义的，只需要关心它是否与我们的观测结果一致即可。如果两个模型都与观测结果一致，就很难说哪一个更接近于现实。我们需要根据情况，看哪一个模型使用起来更方便，就选择哪一个（见 Hawking 和 Mlodinow，2010）。

> 除了物理上的开放性之外，在人类认识世界的过程中还有一种认知上的开放性。发表于 1931 年 1 月的哥德尔（Gödel）理论强有力地阐述了这一认知上的开放性。这一理论认为数学或逻辑系统（例如相对于客观实体的纯认知系统）是不可能用它们自己的框架结构来进行验证，只有从外部进行验证。一个逻辑系统是不可能由其自身（从其内部）来决定其是否正确。这就要求从系统外部来进行观测，这意味着认知系统也必须是开放的。

我们可以区分有序和随机的系统。许多有序的系统有可供鉴别的特征,例如系统的过程不只是各组分的总和,而是大于各组分的总和。Wolfram (1984a, 1984b)称之为不可简化的系统,因为如果减少对部分组分行为的观测,就无法揭示它们的性质。要想了解系统行为,就必须观察整个系统,因为系统中的每一个组分都依赖于其他组分的直接或间接关联。不可简化系统的情况与哥德尔理论相一致,根据该理论,我们永远不可能对世界做出一个完整的,全面的,详尽的,可理解的描述。大部分的自然系统都是不可简化的,而对它们的认识却受到科学的内在还原论的深刻影响。

根据哥德尔理论,有序性的体现也是不可能从系统的内部被观测的,只有从系统的外部进行观测。这就应了古谚所云:“你不可能从一棵树看出整片森林”,意味着如果你仅仅是把树作为森林中孤立的单元来看,你就不可能准确观察整个森林系统,一片森林是以树为单元协作而成的系统。这意味着旨在描述有序的自然系统的自然科学只对开放系统有意义。要对一个孤立系统做科学描述,比如运用算法来描述适用于孤立系统的观测和有序性原理,这是不可能的。另外,一个孤立的实体系统迟早会达到热力学平衡状态,意味着不再具有有序性,而只有随机性——熵达到最大值,由于系统内部均质化了,梯度消失,系统中就不再有埃三极和生态埃三极。由此可以推断,一个孤立的认知系统如果不从外部获得补充,最终必然从内部崩塌。托马斯·库恩(Thomas Kuhn)对科学革命的结构所作的解释似乎是在认识论中做类似于热力学第二定律的比拟。

这表明我们不可能描述所有开放系统中的所有细节(Jørgensen 等,1999)。对一个系统而言,唯一巨细无遗且与系统一致的解释就唯有系统本身。进而言之,我们永远不知道一个随机的系统或子系统到底是有序的还是随机的,因为我们没法找到描述其有序性的算法。我们也不知道这种算法是否存在,或是否能通过更多的努力而找到。模型和建模的挑战就在于根据对于生命的定义,在明确的范围内,找到一个对真实状态的简化描述(Patten 等,1997)。Patten 等(1997)认为,一个对生命有用的定义就是所有活的生物体都可用于建模。一个模型总是一个简化的与系统部分特征相一致的描述,但没有一个模型可以给出一个完整的或完全一致的描述。因此,可以断定,对于任何完整系统来讲,我们都需要无穷多的不同模型来给出一个完整的、详尽的、可理解的、与系统相一致的描述。此外,由于我们的局限性,我们也不可能计算和阐述我们所有的想法和概念,而只是对开放的自然系统进行一个有用的描述。我们对于自然的感知超过了可计算和可解释的范畴。不过,虽然我们不能解释系统中的所有细节,我们仍然有可能去设想一个不可简化(开放)的系统。这就解释了模型在处理适者生存(“主题”,Patten 等,1997)时的应用性和实用性。这也强调了模型在最好的情况下也就只能涉及所针对系统的诸多方面中的一个或几个。如果我们借用 Patten 等(1997)对于生命的定义:生命就是可建立模型的——这意味着世界上所有的生物体和物种的进化都只基于其部分特性,受到感性和理性认知上的局限,这种特殊的认知产物和模型由此而建立。模型总是不完美的,但是足以保证其生存和延续,如果不能做到这两点,那么灭绝就是这个失败模型所付出的代价。

根据哥德尔的理论,只有从开放系统的外部才能对系统给出一个科学的描述。自然科学从根本上无法应用于孤立系统(宇宙由于其扩张被认为是开放的系统)。我们永远无法得到一个完整的、详尽的、全面的、与开放系统一致的描述,只能建立部分的,在众多方面中只涵盖了一个或几个的描述(模型)。

由于生态系统庞大的复杂性,我们无法知晓其中的所有细节。当我们不能知道所有细节时,我们就不能完全描述出这个系统的初始状态,以及决定生态系统如何发育的过程——如上所述,生态系统是不可简化的。生态系统不是唯一确定的,因为我们不能为给出一个唯一确定的描述而提供所有的观测。或者就像 Tiezzi(2002)描述的那样:生态系统就像玩骰子。这表示我们对于生态系统发育的描述必须考虑到各种可能性。这与混沌理论和突变理论相一致(Jørgensen,1992, 1994a,1994b,2002)。Ulanowicz (1997)作了一个专题,是关于系统为了生存而开放的必然性原因——开放为在发育过程中创造新的通路制造了可能,而新的通路是在一个非唯一确定的世界中生存和继续进化的关键。他这么做是为了证明如果我们目前对因果关系的概念没有修正的话,就无法洞悉进化过程。Ulanowicz 和 Abarca-Arenas(1997)和 Ulanowicz 等(2006)用偏好性概念来讨论因果关系。一方面,我们可以将生态系统的发展与内在和外部因素的变化结合起来,另一方面,由于我们缺乏对所有细节的了解,导致我们对发展的预测具有不确定性,我们不能对生态系统的发展给出唯一确定的描述,我们只能指出哪一个偏好和哪一种发展方向可能会占主导的地位。

结论:生态系统是一个实体开放的系统。它是不可简化的,由于其庞大的复杂性,使得我们不可能知道所有的细节信息,我们只能指出其发展的偏好性和方向。生态系统不是唯一确定的系统。不过,我们对生态系统了解得越多,我们就能越准确地描述不同影响因素将对生态系统产生什么样的影响,导致何等的发育结果。

4.4 生态系统中的热力学第二定律

让我们首先看一下结论,我们已经了解了很多孤立系统和开放系统之间的差异,因此更好地理解了热力学第二定律在生态系统这种开放系统中的应用

(Jørgensen 等,1999)。

如果生态系统是孤立的,就没有能量或物质可以与系统外界进行交换。系统会自发降低它们最初储存的埃三极(在环境温度下失去做功能量,变成热能),增加熵,相应的,就会失去组织的有序性,增加其组件和微观状态的随机性。这个耗散过程会在平衡状态时终止,即在平衡状态时不可能有进一步的行为和变化。物理上的表现最终将是崩塌,成为众所周知的"无机汤",内含分解产物,均匀分散在整个系统中。各种类型的所有梯度都将清除,系统会马上以一个稳定的固定形态被冻结起来。生物系统中高能的化学成分在面对骤然的系统孤立之后会自发分解成为高熵复合物。这个过程会逐渐发生,熵会愈来愈高,并且最终因为氧气的存在而成为高氧化态的无机残渣混合物——二氧化碳、水、硝酸盐、磷酸盐、硫酸盐,等等。在没有新的低熵能量输入的情况下,这些简单的成分几乎无法合成生命过程所需的复杂分子。因此,一个孤立系统在最好的情况下也只能在有限的时间内维持其中的生命,比其从孤立状态到达平衡状态的时间还要短。这一情况可以和一个世纪前热力学第二定律刚被提出时物理学家所观察到的宇宙"热寂"相比拟。如今,由于宇宙膨胀,我们对热寂产生质疑(见 Jørgensen,2008)。然而,热力学平衡是所有从环境中孤立出来的物理过程的全球吸引子。达到热力学平衡后,就没有再发生变化的可能。在这种冷冻的情况下,时间也变得没有意义,因为没有任何可参照的变化来确认时间的流逝。我们无法观测它的性质,只能进行推测,因为观测会在系统和观测者之间产生某些交换。在那个状态下,没有任何内在过程,因为没有梯度来引发过程。有的只是永远的寂静,没有干扰,也无法被干扰,一切静止不变。系统将永远完全静止在热力学平衡状态。因此,在这种特别的情形下,孤立系统在现实中只能是纯粹的抽象概念,无法展现时间变化,也不可能提供实际的观测。首先这是一种物理学意义上的"黑洞",其次也是我们的系统和其环境的结合体的对立面,而系统及其环境是系统生态学的核心模型。据我们所知,世界上没有一个生态系统会以一个孤立系统的状态存在。

一个开放系统的熵变(dS_{system})包含了来自于环境的外因作用($d_eS = S_{in} - S_{out}$)和内因的作用(d_iS),内因作用取决于系统的状态,根据热力学第二定律,d_iS 必是正值(Prigogine,1980)。Prigogine(1980)用熵的概念和热力学第二定律解释何为远离热力学平衡状态,这是从外部对经典热力学的阐述,但是他只是用了一部分的概念。Tiezzi(2003,2006)把熵作为一个非状态变量,与经典热力学的做法不同,这使得熵这个概念可以应用于远离热力学平衡状态的系统。

根据 Prigogine 和 Tiezzi 的观点,熵的平衡有三种可能性:

$$dS_{system}/dt = d_eS/dt + d_iS/dt > 0 \tag{4.9}$$

$$dS_{system}/dt = d_eS/dt + d_iS/dt < 0 \quad (4.10)$$

$$dS_{system}/dt = 0 \quad (4.11)$$

在第一种可能性中,系统会失去有序性。只有当 $-d_eS > d_iS > 0$ 时,系统才会获得有序性(第二种可能性)。这意味着如果在一个系统中有序性被创造出来($dS_{system} < 0$),那么,d_eS 必须 <0,因此 $S_{in} < S_{out}$。

> 要在一个系统中创造有序性,系统的熵输出必须大于输入,这意味着系统必须是一个开放的系统,起码得是一个非孤立系统。

第三种可能性(公式(4.11))对应了一种稳定的状态,Ebeling 等(1990)用如下的两个公式来计算能量(U)平衡和熵(S)的平衡:

$$dU/dt = 0 \quad 或 \quad d_eU/dt = -d_iU/dt = 0 \quad (4.12)$$

$$dS_{system}/dt = 0 \quad 或 \quad d_eS/dt = -d_iS/dt = 0 \quad (4.13)$$

通常热力学的过程是等温等压的。这就使得我们可以用自由能解释第三种可能性(公式(4.11)至(4.13)):

$$d_eG/dt = Td_iS/dt > 0$$

这意味着要维持一个系统的现状,就需要不断地输入自由能来补偿损失的自由能以及维持过程所产生的热耗散,即呼吸作用和蒸腾作用。如果系统不能接收到足够的自由能,熵将增加。如果系统的熵持续增加,系统就会接近热力学平衡状态,即死亡。这与 Ostwald (1978)所述相一致,如下:

> 如果没有自由能或可做功能量的输入,生命就不可能存在。

生命过程中产生的熵可以通过三种途径输出:① 将热释放到环境中,② 与环境进行物质交换,③ 系统中的生化过程。第一种可能性(热传递)尤为重要。

来自于太阳的约 10^{17} W 能流确保了地球上的生命的维持。太阳的表面温度是 5 800 K,地球表面的平均温度是 280 K。单位时间内地球对于开放空间的熵输出为:

$$10^{17}\ \mathrm{W}\ (1/5\,800\ \mathrm{K} - 1/280\ \mathrm{K}) \approx 4.10^{14}\ \mathrm{W/K} \quad (4.14)$$

相当于 $1\ \mathrm{W \cdot m^{-2} \cdot K^{-1}}$。

由于生态系统是非孤立的,它可以维持低熵的化合物浓度来对抗第二定律的梯度消耗。生态系统持续收到来自外部的自由能或负熵(还未释放的潜在的熵,见 Schrödinger(1944)),以补偿由热力学第二定律决定的系统内部产生熵增($d_iS > 0$)。在地球上,太阳辐射是自由能、负熵或低熵能量输入的主要来源。输入的能量是低熵的,而输出的能量是高熵的。

所有的有序结构都需要低熵来维持,因此,对于一个系统来说,要维持结构或提升其内部的有序性,就必须接收外源的低熵能量输入。这里,结构就是信息论中所述的空间和时间上的有序性(Eriksson 和 Lindgren,1986),具体内容见第6章。普利高津(Prigogine)用耗散结构来形容自组织系统,由此来表示这样的系统通过消耗能量(产生熵)来维持它们的组织(有序性)。因此有了如下的结论:

> 由于所有系统都遵循热力学第二定律,其本质是耗散结构。为了弥补耗散过程,它们需要低熵能量的输入,以维持或产生更多内部的组织结构,这可用信息量进行测度。因此,所有真实系统必须是开放的,或者起码是非孤立的。

和所有真实系统一样,生态系统都具有上述的全球吸引子状态,即热力学平衡状态(见 Jørgensen 等,2000)。它们通过开放性,从环境中获取低熵或携带信息的物质,以避免出现热力学平衡状态。这种吸收同化过程会防止和弥补分解代谢带来的结构退化,这两个过程相互对立。请注意,平衡"吸收子"代表着一种静止和不应的状态,对于开放的或者是非孤立的系统而言,这只是一种被动的衰退(Jørgensen 等,1999)。这种形式通常用来表示那些主动趋向于稳态的系统。虽然这个说法广为人知,但我们不同意这种说法,并以此来区别稳态和平衡态。

就上文所说的,稳态是一个强制状态(非零输入);没有任何的吸引力。没有一个强制函数的制约就不能达到或维持。持续进行的稳态可能会出现平衡,但是远离热力学平衡的,稳态是通过能量和物质的稳定输入来维持的。我们将平衡状态视作一个零输入状态。通常只有在数学模型中才存在局部吸引子,而在自然中不存在这样的状态。稳态是强制状态,不要与非强制的平衡态相混淆,平衡态是系统在缺乏输入情况下所处的状态。真实世界里,唯一存在的自然吸引子是非强制的热力学平衡状态,它是全球性的。

4.5 应用于开放系统的热力学第三定律

在生态系统达到能量平衡时,热力学第一定律通常被应用于生态系统。当然热力学第二定律也被用于生态系统,尤其是当我们考虑生态系统为了维持远离热力学平衡状态而产生的熵增问题。本节将关注热力学第三定律在生态系统中的应用,这种应用更为间接和理论性。

> 热力学第三定律较少为人所知,它指的是纯净化合物的熵 S^0 为0,两种纯净的晶体复合物在热力学温度0 K时发生化学反应,其熵变 ΔS^0 也为0。记住,温度度量的是分子运动的速度,0 K所对应的即是没有任何分子运动。第三定律表明,由于 $S^0=0$(绝对有序),且 $\Delta S^0=0$(没有无序性产生),这意味着在绝对零度时,无序性不存在,也不可能产生。

但是当温度 >0 K 时，就会出现无序性($S_{system}>0$)，并可能不断产生($\Delta S_{system}>0$)。第三定律定义了熵增(ΔS_{system})以及热力学温度(T)之间的关系：

$$\Delta S_{system} = \int_0^T \Delta c_p \, d\ln T + \Delta S_o \tag{4.15}$$

式中：Δc_p 是化学反应产生的热容量增量。由于有序性在绝对零度是无条件发生的，因此排除了进一步反应的可能。

不过，有序性也会在更高的温度时产生并被维持。这已经被强调过数次，对一个生态系统来说，必须将产生的热能(熵)排到环境中去，并从环境中接受低熵的能量(太阳能)，不断形成新的结构来弥补分解退化的结构。那么下一个显而易见的问题就是：能量的源和汇是否足以启动耗散结构的形成？该结构可作为熵增过程的来源。

回答是肯定的。可以用简单的模型和基础的热力学理论来解释(见 Morowitz，1968)。

> 他展示了一个从源到汇的能流如何形成一个系统内部组织并建立元素循环。当然，组织类型取决于很多因素：温度、元素形态、系统初始状态和组织结构发展的时间等。如上所述，这正是系统的特征，即一个开放系统的稳定状态不包括化学平衡。

当能流穿过生态系统时，会导致组织(耗散结构)的产生，这个有趣的例证中，所关注的是由原始大气层中的无机成分形成有机物质的可能性。自 1897 年以来，人们做了许多模拟实验，试图解释地球上的第一个有机物质是如何从无机物质形成而来的。所有的实验结果都指出，能量与混合气体反应，形成了大团的随机合成的有机物质。最有趣的实验可能就是 1953 年 Stanley Miller 和 Harold Urey 在芝加哥大学做的，这个实验展示了通过电击 CH_4、H_2O、NH_3 和 H_2 的混合物，可以形成氨基酸，该混合气体和原始大气的组成十分相近，见图 4.1。

普利高津(Prigogine)和他的同事也阐述了开放系统在能流穿过的情况下展现出自组织行为，且开放系统被认为是耗散结构。由无机物质形成的复杂有机复合物就是自组织的典型例子。这样的系统通过不断向外输出熵而得以保持其组织状态，但同时也依赖外部的自由能的通量，以维持其组织，这已在前文提及并强调。根据热力学第二定律，这些耗散结构会不可避免地发生耗散。只有自由能的输入可以补偿组织的耗散。Glansdorff 和 Prigogine(1971)认为，耗散结构远离平衡时的热力学关系最符合非线性关系，即自催化正反馈循环。

有了这个必要条件，简单的能流通过系统就提供了充分条件，确保可以产生有序性。太阳表面温度与地球表面温度的差异为地球提供了保证。如上所述，Morowitz(1968)认为通过系统的能量足以产生循环，这是生命系统之有序过

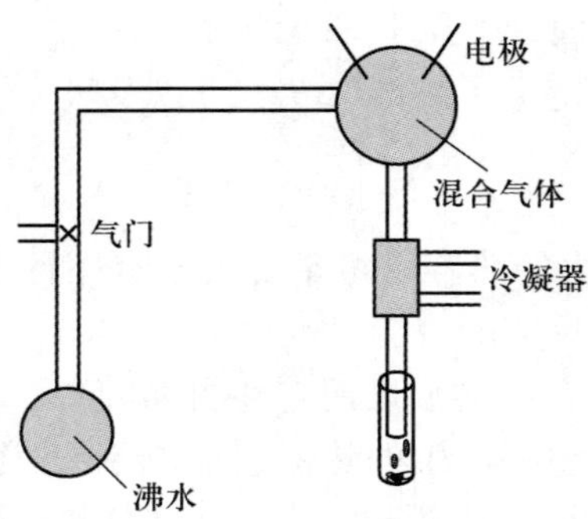

图4.1　Stanley Miller 和 Harold Urey 用来模拟原始大气反应的设备

程的先决条件。

从另一个方面来说,一个处于0 K的系统没有任何创造的潜力,因为在这样一个温度条件下,不会发生任何的能量消耗。高于2.726 ± 0.01 K的温度是产生有序性的前提,而2.726 K是外层空间的温度。在0 K时,世界是死寂的,因为温度是原子速率的衡量标准。所谓的当所有原子像一个原子一样,以同样的方式运动,就产生了所谓的波色-爱因斯坦冷凝物。这是波色和爱因斯坦在20世纪作的预测,但直到最近才在接近0 K的实验中得到证实。

根据定义,原子速率在0 K时为零,因此也没有任何不确定性。这解释了根据海森堡不确定性公式(4.4)提出的不确定位置。在0 K时,没有任何结构、梯度和复杂性。不可能产生熵,因为物质均匀分布,没有形成任何形式和结构。没有无序性产生,因此也没有熵。系统处于完全有序和完全无序的矛盾之中,前者是因为物质占据了所有空间,后者是因为每一处空间都被物质所占据,即发生了完全耗散。在0 K时,不可能发生任何新事物,没有差异(梯度),没有结构,甚至没有物理活动,因为所有速率都是零。万物死寂,甚至连光也停止了。时间变得毫无意义,因为时间是由变化的速率决定的,但是这里没有任何变化。

这些0 K时的极端情况解释了熵这一概念的意义。一方面,熵是我们为了有序性、结构、组织和创造力所必须付出的代价,反过来说,如果没有熵,有序性、结构、组织和创造力都将不复存在。

进一步来说,这解释了热力学第二定律背后的含义。因为热是一种能量形式,它是所有其他能量形式转变产生的,并且要100%把热能转变为功是不可能的,这就需要一个从T到0 K的温度差,即我们将0 K视为一个库,虽然这是不可能实现的,因此:

根据热力学第二定律,可做功的能量在环境温度下必然会产生损失而成为热能,这部分能量是不做功的。这一条件是我们和所有生态系统都必须接受的,换句话说,时间(和所有反应)都是不可逆的。所有的过程都会损失埃三极或做功容量。

4.6 耗散结构和生态埃三极

由于生态系统是非孤立系统,所以熵随时间(dt)的变化可以分解为生态系统与环境之间发生交换产生的熵通量,以及生态系统内部的不可逆过程(如扩散、热传导和化学反应等)产生的熵变,见第3.4节。熵的公式(4.9)可以用埃三极来表述:

$$\mathrm{Ex}/dt = d_e\mathrm{Ex}/dt + d_i\mathrm{Ex}/dt \qquad (4.16)$$

$d_e\mathrm{Ex}/dt$ 代表输入系统的埃三极,$d_i\mathrm{Ex}/dt$ 是系统维持所消耗的埃三极(负值)。

公式(4.16)表明,系统只有通过不断的主动输入埃三极($d_e\ \mathrm{Ex}/dt>0$),以补偿系统内部埃三极的消耗,才能够维持自身的非平衡稳态。如果 $d_e\mathrm{Ex} > -d_i\mathrm{Ex}$,那么系统会出现埃三极盈余,可以利用其来构建更多的有序性,或者如Prigogine(1980)所述:构建更多的耗散结构。因此系统会进一步远离热力学平衡状态。进化史表明,从长远看,生态圈一直处于这种情况之中。在春季和夏季,生态系统的典型情况是:$d_e\mathrm{Ex} > -d_i\mathrm{Ex}$。如果 $d_e\mathrm{Ex} < -d_i\mathrm{Ex}$,生态系统就不能维持已经建立起来的有序性,会向热力学平衡状态的方向靠拢,即失去有序性。对于生态系统而言,这种情况会发生在温带气候的秋冬季,环境的扰动也会产生类似情况。

因此,除了建立能量的平衡之外,建立埃三极的平衡也是很有意义的。我们需要关注埃三极的损失,因为这意味着可做功能量的损失,取而代之的是不可做功的能量,即在环境温度下释放到环境中的热能。后一种能量形式也可以被称作为无反应能(anergy)(Cerbe 和 Hoffmann,1996)。能量是埃三极和无反应能的总和,根据热力学第二定律,所有的过程中的无反应能都是正值。

4.7 如何计算有机物和生物体的埃三极?

前文已述单位体积的埃三极表达式,见公式(3.15):

$$\mathrm{Ex} = RT\sum_{i=0}^{i=n} C_i \ln C_i/C_{io} \quad [\mathrm{M}\cdot\mathrm{L}^{-1}\cdot\mathrm{T}^{-2}] \qquad (4.17)$$

式中：R 是气体常数，T 是环境温度，C_i 是第 i 种物质的浓度，根据物质类型采用适当的单位，比如对于湖泊中的浮游植物来说就是 mg/L，或是某种营养物质也可用 mg/L。C_{io} 是第 i 种物质在热力学平衡状态下的浓度，n 是成分的种类数。对于有生命的成分来说，C_{io} 极低，因为在热力学平衡状态下形成有生命物质的概率极小。这意味着有生命的成分有很高的埃三极。C_{io} 对于生物体来说不是0，但是非常低，因为在热力学平衡状态下无机物质自发形成有机物质的概率极小。从另一方面说，无机物质的 C_{io} 很高，虽然碎屑物的 C_{io} 依然很低，但是对于生命体来已经高很多了。

Shieh 和 Fen（1982）曾建议，对于结构复杂的物质，基于元素组成来估计其埃三极。但是，这个方式的缺点在于，高级生物体和微生物如果有相同的元素组成，就会得到相同的埃三极，但实质上，形成更复杂生物体的概率要比形成微生物的小得多，即公式（4.17）中 C_{io} 浓度较低。

关于 C_{io} 估算问题的讨论以及相应的解决办法见 Jørgensen 等（1995）。对于死亡的有机物质，即碎屑物，给定指数为 1，可以从经典热力学中找到其数值平均约为 18.7 kJ/g。

对于生物组分 2、3、4……N，其概率 p_{io} 至少包括：产生有机质（碎屑物）的概率 p_{1o}，以及找到生物体中决定生化过程的正确的酶组成的概率 $p_{i,a}$。活生物体用 20 种不同的氨基酸，其体内的每个基因平均决定大约 700 个氨基酸排列（Li 和 Grauer，1991）。$p_{i,a}$ 可以从选定的生物体内的特征氨基酸序列来获得。这意味着：

$$p_{i,a} = a^{-Ng_i} \quad [-] \tag{4.18}$$

$a = 20$，是可能使用的氨基酸的数量；$N = 700$，是一个基因决定的氨基酸数目；g_i 是非冗余基因的数量。如下的两个公式可以用来计算 p_i：

$$p_{io} = p_{1o}p_{i,a} = p_{1o}a^{-Ng} \approx p_{1o} \cdot 20^{-700} \quad [-] \tag{4.19}$$

第 i 种物质对于埃三极的贡献可以通过公式（4.18）和公式（4.19）的组合来获得：

$$\begin{aligned} \mathrm{Ex} &= RTC_i \ln C_i/(p_{1o}a^{-Ng}C_{oo}) \\ &= (\mu_1 - \mu_{1o})C_i - C_i \ln p_{i,a} = (\mu_1 - \mu_{1o})C_i - C_i \ln(a^{-Ng_i}) \\ &= 18.7C_i + 700(\ln 20)C_i g_i \quad [\mathrm{M} \cdot \mathrm{L}^{-1} \cdot \mathrm{T}^{-2}] \end{aligned} \tag{4.20}$$

总生态埃三极可以通过叠加所有成分的埃三极来获得。由于碎屑物和生物体成分的埃三极贡献远高于无机质，这些物质在对照系统中的浓度极其低，因此无机质对于埃三极的贡献可以忽略不计。碎屑物（死亡有机质）的贡献为：18.7 kJ/g 乘以浓度（用单位体积的重量来表示），活的生物体的埃三极包括：

$$\mathrm{Ex}_1^{\mathrm{chem}} = 18.7\ \mathrm{kJ/g} \times C_i(\mathrm{g}\ /\ \text{单位体积})$$

$$Ex_i^{bio} = RT\ (700 \ln 20) C_i g_i = RT\ 2\ 100\ g_i C_i \qquad (4.21)$$

$R = 8.34$ J/mol,如果我们假设一个酶的相对分子质量平均为 10^5,在 300 K 时,我们得到如下关于 Ex_i^{bio} 的公式:

$$Ex_i^{bio} = 0.052\ 9\ g_i C_i \qquad (4.22)$$

这里的浓度单位是 g/单位体积,埃三极的单位是 kJ/单位体积。

整个系统的埃三极(Ex-total)为:

$$\text{Ex-total} = 18.7 \sum_{i=1}^{N} C_i + 0.052\ 9 \sum_{i=1}^{N} C_i g_i \quad [M \cdot L^{-1} \cdot T^{-2}] \qquad (4.23)$$

对于碎屑物($i = 1$)来说,$g = 0$。

表 4.1 给出了不同生物体的埃三极,用权重因子 β 表示,通过计算不同生物的单位碎屑物和单位体积或是单位面积化学埃三极的当量(埃三极密度),可以涵盖不同生物体的埃三极。

$$\text{Ex-total-density} = \sum_{i=1}^{N} \beta_i C_i \quad (\text{温度 } T = 300 \text{ K 时的碎屑物当量}) \qquad (4.24)$$

基于公式(4.20)和公式(4.22),再加上化学和生物对于计算生态埃三极的贡献,就可以计算出体现生物/遗传信息的 β 值。根据公式 4.23,碎屑物的 β 值为 1.0。假定公式(4.24)中以 g 为碎屑物的当量单位,将公式(4.26)的结果乘以 18.7,埃三极就可以用 kJ/m^3 或 kJ/m^2 表示。

表 4.1

β 值 = 相对于碎屑物埃三极的埃三极含量;

β 值 = 相对于碎屑物的生态埃三极的生态埃三极含量(Jørgensen 等,2005)

生物体	植物	动物
碎屑物	1.00	
类病毒	1.000 4	
病毒	1.01	
最小细胞	5.0	
细菌	8.5	
古细菌	13.8	
原生生物(藻类)	20	
酵母	17.8	

续表

生物体	植物	动物
		33 中生动物，扁盘动物
		39 原生动物，变形虫
		43 竹节虫目（竹节虫）
真菌，霉菌	61	
		76 纽形动物门
		91 刺胞动物（珊瑚、海葵、水母）
红藻门	92	
		97 腹毛动物门
多孔动物门，海绵	98	
		109 腕足动物门
		120 扁形动物门（扁形虫）
		133 线虫纲（蛔虫）
		133 环节动物门（水蛭）
		143 颚口蠕虫
十字花科杂草	143	
		165 动吻纲
裸子维管束植物	158	
		163 轮虫纲（轮虫）
		164 内肛动物
苔藓	174	
		167 昆虫纲（甲虫、蝇、蜜蜂、马蜂、臭虫、蚂蚁）
		191 鞘形亚纲（海鞘）
		221 鳞翅目（蝴蝶）
		232 甲壳纲
		246 脊索动物门
水稻	275	
裸子植物（包括松属）	314	
		310 软体动物门，双壳纲，腹足纲
		322 蚊子
有花植物	393	
		499 鱼纲
		688 两栖纲

续表

生物体	植物	动物
		833 爬虫纲
		980 鸟纲
		2127 哺乳纲
		2138 灵长目
		2145 类人猿
		2173 智人

生物埃三极可以从如下途径找到:① 11 种生物体的完整基因组信息;② 对于其他生物体,从各种复杂性测量与基因信息含量的回归关系中获得(Jørgensen 等,2005)。《生态模型》杂志的一些论文详细讨论了不同生物体的 β 值,但最近发表的 β 值(Jørgensen 等,2005)可能更接近于真实的 β 值。以前的 β 值普遍偏低,但是,对于两种生物体 β 值的相对关系,先前发表的与最近发表的没有太大的差异。由于 β 值被用作相对的测度,所以先前的埃三极计算结果还是有效的。相对于碎屑物埃三极的权重因子见表 4.1,这些权重因子是考虑了不同类群的质量因子和它们所含信息对埃三极的贡献之后得出的。根据 Boltzmann (1905),这是热力学信息所体现的功(W):

$$W = RT \ln M \quad (\mathrm{M} \cdot \mathrm{L}^2 \cdot \mathrm{T}^{-2}) \tag{4.25}$$

式中:M 是可能出现的所选择信息状态的数量。对于物种而言,M 与自发获得氨基酸序列的概率相反。这一生物过程体现了酶对生物过程的控制作用。

注意,β 值是基于与每克生物量相当的碎屑物的生态埃三极,因此乘以每升的生物量浓度就可以得到每升碎屑物的埃三极。因此,β 值就是比埃三极,根据第 3.5 节所述,即等于 RTK,K 是库氏(Kullbach)信息量。当假定分子量为 10^5 时,R 为 8.34 kJ/mol 或 8.34×10^{-8} kJ/g。当然还要再加上化学埃三极。如果我们想用单位碎屑物当量来取代 kJ 的话,就需要再除以 18.7。

这意味着 β 值或者说碎屑物当量的比埃三极

$$\begin{aligned} &= RTK = 8.34 \times 300 \times 10^{-8} \ln 20 \times \mathrm{AMS}/18.7 \\ &= 4.00 \times 10^{-6} \times \mathrm{AMS} \end{aligned} \tag{4.26}$$

AMS 是一个编码序列所使用氨基酸数量,且 $\ln 20 = 3.00$。

当分配的系数从 P_{io} 变为 P_i,库氏信息量涵盖了信息的获取。注意,K 是比测量值(每单位物质量)。

病毒大约编码了2 500个氨基酸。因此β值仅为1.01。已知最小的传染病病原体是短链RNA。它们可以引起若干种植物体的疾病,并且也可能传染给人类和其他动物。类病毒无法编码酶。它们的复制完全依靠宿主的酶系统。典型的类病毒有一条360个核苷酸组成的序列,只能编码90个氨基酸,但不能转译。经计算,类病毒的β值为1.000 4。当然,类病毒是否为生命物质也值得进行进一步的讨论。

用上述公式计算生态系统的生态埃三极有如下的一些弊端:

(1) 我们只能从上述的公式中获取一些近似值;

(2) 我们不知道所有生物体的非冗余基因和全套基因组的详细信息;

(3) 我们只是计算了原则上由蛋白质(酶)体现的埃三极,可能还有其他对生命过程具有重要意义的成分,应该将它们也包括在内。但是,这些成分对于埃三极的贡献可能要少于酶和酶所体现的信息,后者控制着这些其他成分的合成,比如荷尔蒙。这些成分不可以被排除在外,因为它们对系统的总埃三极是有贡献的;

(4) 我们在计算生态系统的埃三极时,没有包括生态网络的埃三极。如果我们是计算一个模型的埃三极,其网络总是相对简单的,来自于网络的信息的贡献也就变得次要,但是,真实生态网络的信息由于其高度的复杂性,比在模型中更有显著意义;

(5) 我们总是对生态系统进行简化处理,比如模型、框图或其他类似的东西。这意味着我们只计算了简化了的生态系统中的组分对于埃三极的贡献,而实质上,真实生态系统所包括的组分要远多于模型计算。

因此,通过上述计算方法得到的埃三极只能被认为是相对最小生态埃三极指数,以表明还有来自其他组分对生态系统总埃三极的贡献,虽然它们可能相对次要一些。然而,在大部分情况下,一个相对的指数也足以理解和比较生态系统中的反应,因为绝对的埃三极和反应无关,由于极高的复杂性,埃三极绝对值是不可能被确定的。在大部分情况下,对于理解生态作用,生态埃三极的变化才是真正重要的。

表4.1中的权重因子已经成功应用于很多结构动态模型,并用于最大埃三极原理的许多解释,见第6章和第7章。尽管它们的精确性还有待进一步的验证,但是这些权重因子的应用得到相对比较好的结果,看起来在模型和一些量化计算中是唯一可采纳的。微生物、无脊椎动物和脊椎动物的权重因子有显著的差异,所以即使这些因子本身有很高的不确定性也无足轻重了,因为结果相当可靠。

另一方面,从理论上看,权重因子越来越准确,其本身就是一个重要的进步,因为这使我们可以建立两个相近物种的种间竞争模型。

毫无疑问,β 值的正确估算应该基于各种生物体内控制细胞中的生命过程的蛋白质数量。如今我们已经完全知道了人类的基因组信息,携带不重复信息的基因数量不是之前所认为的 250 000 个,而是 40 000 个左右。另一方面,我们已经明确知道,人类的一个基因就控制了 700 多个氨基酸数量。基因携带的所有信息已经用于最新的计算,见表 4.1 中的 β 值。越高的信息含量表示一个基因决定的氨基酸数量越多,有些基因可决定高达 38 000 个氨基酸的排列(Hastie,2001)。表 4.1 中的 β 值可被认为是截止到目前(2011 年)的最好的计算结果。原始细胞的 β 值的最新估算结果为 5,而之前的估算为 5.8。最新的结果还显示海洋细菌 SAR 11 只有 1 354 个基因,掌控着 948 000 个氨基酸,相应的 β 值为 4.88。表 4.1 中的值为 5,非常接近正确值。

蛋白质的重要性可以通过对人类蛋白质组成的集中分析来理解。受基因决定的蛋白,即蛋白质组,这个名字强调了由基因产生的蛋白尤为重要(Nielsen,2001)。因为蛋白质组控制着生命的过程,所以我们对其有更大的兴趣,许多蛋白质组在今后可能被制成药物。酶在工业生产中的应用还只处于起步阶段,用酶来控制许多工业过程会有巨大的潜力。

例 4.2

图 2.6 中的磷循环,各状态变量的浓度如下:

总可溶性 P:0.1 mg/L;浮游植物 - P:0.1 mg/L;浮游动物 - P:0.02 mg/L;鱼类 - P:0.002 5 mg/L;碎屑物 - P:0.025 mg/L;可交换 P:0.022;孔隙水 - P:0.4 mg/L。

假设磷在浮游植物、浮游动物、鱼类、碎屑物和可交换磷库中含量为 1%,试计算每升湖水的生态埃三极,用 kJ/L 为单位。假设有机质的自由能为 18.7 kJ/g。

解

知道了各个状态变量之间的能值转换率,就可以直接应用公式(4.34)。

(0.1 × 0 + 0.1 × 100 × 20 + 0.02 × 100 × 163(轮虫类代表浮游动物) + 0.002 5 × 100 × 499 + 0.025 × 100 × 1 + 0.022 × 100 × 1 + 0.4 × 0) × 18.7 J/L = 12.252 kJ /L

蛋白质组学的研究可能是找到更好的 β 值的关键。从另一方面来说,我们对于不同生物的蛋白质组的了解程度还是非常有限的,比对于基因信息的了解更少。或许我们可以将我们对非冗余基因、DNA 含量、蛋白质组数量的有限了解和进化树综合在一起,找出一个模式来获得更精确的 β 值。对人类来说,假设细胞产生 200 000 个蛋白质组,它们平均有 15 000 个氨基酸(Nielsen,2001)。

那么得到的生态埃三极就是:$1+4.000\times AMS\times10^{-6}\approx12\ 000$,比表4.1中的数值高得多。但是,到目前为止,该计算中用到的蛋白质组个数还很不确定。表中的其他一些数值可能也会发生相似的变化,这不会影响在解释生态观测的结果和结构动态模型中应用生态埃三极所得到的相对值,我们将在之后的几章内再次提到这个问题。

人们已经找到不同生物体中氨基酸链组成酶的氧化反应的自由能 ΔG。氧化就是将其变成无机组分,如果以40亿年前的地球作为参照系统,只由水、空气和沉积物构成(见 Ludovisi 和 Jørgensen,2009)。这个测量的对象是生物体投入到信息和生命过程中的自由能。因为氨基酸和酶的肽键氧化(分解)后得到的就是参照系统中的成分,也就是生态系统成为没有梯度的热力学平衡的完全死寂状态中的成分。

图4.2是不同生物体投入到酶的氨基酸序列的自由能和 β 值之间的关系。其相关系数 >0.999 9,这一点也不令人意外,因为 β 值就是根据决定氨基酸序列的基因组计算得出的。不过,这之间紧密的关联被认为是强有力地支持了"β 值体现不同生物体信息量"的观点。生态埃三极表示的是生物体的生物量和信息的产出(列于表4.1中)。换句话说,我们最好收集不同生物体的基因组和蛋白质组信息,以获取更广泛更可靠的 β 值。

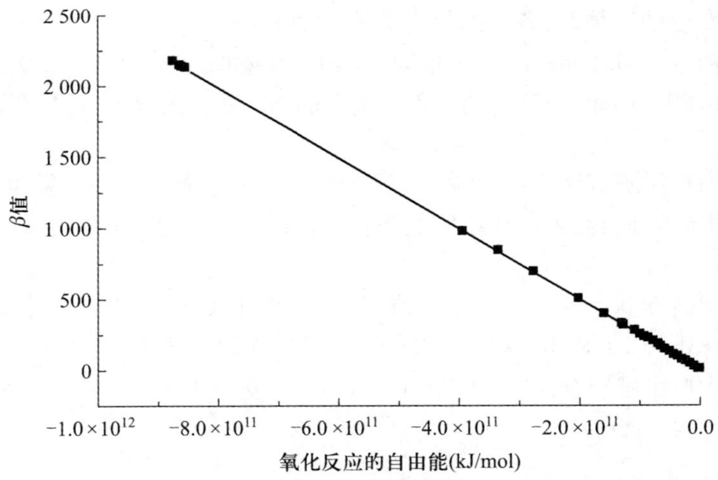

图4.2　氨基酸(以正确的排列组成控制生命过程的酶)发生氧化反应时的自由能与 β 值(见表4.1)之间的关系。通过氧化作用,一个包括了空气、水和沉积物的系统可以非常接近40亿年前地球上的平衡状态,根据生态埃三极的定义,这代表了一个死亡的均质系统(进一步的细节参见 Jørgensen 等,2010)

4.8 为什么生命系统有如此高的埃三极?

什么是生命?许多科学家都同意生命就是:

(1) 新陈代谢的能力,就是从环境中获取营养物,然后将它们从化学能量转化为其他形式的能量、有用的生物成分,并排出代谢废物。体现在基因中的信息被用以执行这些重要的生命过程。

(2) 繁殖的能力。

这两项能力必须依靠大量能够控制代谢和繁殖的(有用)信息来实现。β 值衡量的就是这些体现在生物体中的信息。

一只 20 g 的青蛙,埃三极含量为 $20 \times 18.7 \times 688$ kJ ≈ 257 GJ,而一只死青蛙的埃三极含量只有 374 kJ,虽然它们有相同的化学构成,至少在青蛙死前的一秒,其化学构成是完全相同的。区别就在于信息,或者说是有用信息的不同。青蛙死后数秒内,体内依旧含有信息(蛋白质也还没有分解完),但是这两只蛙的不同点在于:活着的青蛙有能力使用这些储存在基因和蛋白质组中的大量信息,而死去的青蛙则不能。因此,在活青蛙和死青蛙之间生态埃三极的不同就在于使用氨基酸序列中信息的能力的不同。

青蛙体内储存的信息量之高是惊人的。正确排列情况下氨基酸达到 84 000 000个,每一个氨基酸都有 20 种的可能性。每一个细胞都含有这样的信息量,而青蛙有数万亿这样的细胞,以此确保繁殖,并将这些信息代代相传,因为这些基因中保留了有利于生存的性质的组合,因此保证了进化的延续。

因为有 84 000 000 个氨基酸,所以同种之间的氨基酸序列的个体差异就变得次要了。引发差异的有可能是突变或是小的复制错误。这种变异是非常重要的,因为它可以测试哪一种氨基酸序列可以更好地保证生存和生长。这种变异也是达尔文理论的先决条件。测试将会决定对于生存和生长最有利的表征组合,相应的基因也更容易被保留下来。生存和生长意味着更多的生态埃三极,使其更远离热力学平衡状态。生态埃三极因此可以被用作热力学函数来量化达尔文理论。这就是生态埃三极应用在结构动态模型背后更深层次的意义,进一步讨论见第 7 章。

本章小结

(1) 生态系统是物理开放的系统,接受高埃三极、低熵的能量输入,用于维持生态系统远离热力学平衡状态。生态系统中的能量是守恒的,但是生态系统输出的能量与输入的能量(主要来自于太阳辐射)相比,是低埃三极、高熵的。

(2) 根据热力学第二定律,生态系统中的所有过程都必然意味着在环境温度下的埃三极损失并成为热能,也就是说,可做功的能量变为不可做功的能量。所有的过程因此会损失埃三极,产生熵,并且都是不可逆的。

(3) 由于生态系统展现给我们的巨大的复杂性,使得我们只能指出它们的发展偏好和方向。生态系统是非确定的系统,不过我们对生态系统了解得越深,就可以更清楚地预测施加在生态系统上的不同影响会产生的可能结果。

(4) 生态系统的生态埃三极密度(单位体积或是单位面积):

Ex-total-density

$$= \sum_{i=1}^{N} \beta_i c_i \quad \text{(按照碎屑物当量)}$$

$$= 1 + 4.00 \times 10^{-6} \times \text{AMS} \quad \text{(AMS 是编码序列中的氨基酸个数)}$$

因为 1 g 碎屑物包含 18.7 kJ,所以通过乘以 18.7 就可以得到以 kJ/m^3 或 kJ/m^2 为单位的结果。β 值是储存在不同生物体的氨基酸序列中的信息的自由能。

练习题/思考题

(1) 给出至少三个不同的关于热力学第二定律并且可以应用于生态学的公式。

(2) 功率和生态埃三极有很好的相关性,请解释这种关系及其作用。

(3) 有一块湿地,每平方米有 2 500 g 野生水稻、400 g 碎屑物、0.2 g 螃蟹、2 g 昆虫、0.2 g 鱼以及 0.1 g 青蛙。计算该湿地的生态埃三极密度,以 MJ/m^2 为单位。

(4) 请解释为什么活的青蛙和死的青蛙之间在生态埃三极上有巨大的差异。

(5) 请解释在北半球为什么最大生长率通常在 6 月下旬,最大生物量通常在 8 月上旬,最小生物量通常出现在 2 月上旬? 根据热力学第二定律解释这些季节的不同之处。

(6) 生态埃三极可以作为一个生态系统整体健康性的指标(见 Jørgensen 等,2010),请指出其中的合理性。

(7) 蛋白质变性的熵变标志是什么?

(8) 两个气球用一个阀门隔开,其中一个含有 1 mol 氮气,另一个则是空的,当阀门打开时,熵和自由能将会发生怎样的变化? 该过程的做功是多少?

第 5 章　生态系统的生物化学

通过分析获得特定观点，通过综合获得普适观点。

> 所有生物体的生物化学是基本一致的，这就意味着不同类型的生物体，它们的元素组成也是大同小异。本章主要讲述了生物有机体的基本结构及其组成差异，并简要介绍了以生物化学为基础的生命过程。此外，还讨论了原核细胞和真核细胞的不同之处。对于以碳为基本构成元素的生物体来说，根据生化过程的特征可以获知 8 个明确的状况。

5.1　生命系统的一个生物化学常识

> 原始细胞的生物化学过程与哺乳动物这种高等动物相比，有着惊人的相似。新陈代谢过程也基本相同。对于所有植物来说，光合作用的关键步骤也是相同的。因此，“不同有机体的元素组成十分相似”这一发现并不令人惊讶。

由于不同有机体的含水率差异比干物质组成的差异要大，因此，湿重的组成或许会不尽相同。通常，植物的干物质含量为 12.5%。这意味着表 2.2 中给出的基于湿重的不同元素的浓度会随着干物质的组成而发生变化，见表 5.1。此表中给出的组成估计适用于所有植物，甚至动物。

表 5.1　淡水植物的平均元素组成（以干重表示）

元素	植物组分（%）
氧	11.1
氢	1.4
碳	45.5
硅	9.1
氮	4.9
钙	2.8

续表

元素	植物组分(%)
钾	2.1
磷	0.56
镁	0.49
硫	0.42
氯	0.42
钠	0.28
铁	0.14
硼	0.007
锰	0.004 9
锌	0.002 1
铜	0.000 7
钼	0.000 35
钴	0.000 014

表5.1列出了19种通常可在所有生物体内发现的元素。除了这19种元素外,还有一些可能会被发现的其他低浓度的元素,例如碘和氟;在极少数几种生物体内发现了微量元素:硒、镍、钒、铬;甚至还有具有毒性的元素,如镉,镉替代锌成为酶的构成元素。正如本书第2.2节所讨论的,生物体的所有元素在原则上都可能成为生长限制因子。对于所研究的有机体来说,限制因子当然绝对是必需的,并且在合成新的生物量时,该限制因子的相对浓度比其他重要元素的低。然而,生态圈的物质组成反映出生物体的物质组成,这就意味着元素通常存在一定的比例,与表5.1中所示的相近。此外,生物体的物质组成并不是一成不变的,而是有一个变化范围。例如,大多数植物可以在0.4% ~2.0%的磷含量范围内生长。如果环境中的磷浓度高于生物体生长的需要,生物体就会积累更多的磷;如果环境中的磷浓度较低的话,生物体也能够适应并对付这种低磷环境。植物体内的浓度范围反映出它们对环境组成的适应性,这种适应性也说明某种元素的限制浓度并不是一个十分精确的数值,而是一个范围,在这个范围内,浓度越低,就越抑制生长。见第2.2节的讨论。

表5.2给出了不同生物体的碳、氮和磷的大致浓度范围,显示了:① 各物种间的浓度差异;② 大致的范围。物种间的差异不是非常显著,不过磷的浓度范

围相对较大,生化浓度低的元素一般都是如此。

表 5.2 不同生物体中碳、氮和磷的大致浓度范围(%干重)

生物类型	C(%)	N(%)	P(%)
陆生植物	36~64	0.3~6.4	0.02~1.0
底栖无脊椎动物	35~57	6~12	0.2~1.8
陆生昆虫	36~61	7~12.5	0.5~2.5
鸟类和哺乳动物	32~60	6~12	0.7~3.7
鱼类	38~52	7~12	1.5~4.5
浮游动物	35~60	7~12.5	0.5~2.5
浮游植物	35~60	5~12	0.5~2.5

5.2 向生物化学过程进化的第一步

不能排除最早的原始细胞有可能来源于太空,但是不管最初的生物化学反应发生在地球上还是外太空,我们都要试着去解释它。过去 10 年间的研究使我们有新的证据相信,地球上的生物圈可能由一颗外太空的种子发展起来。行星科学家已经认识到我们的太阳系曾经包括许多含有液态水的星球,而我们现在认为,对于以碳为基本组成元素的生命体而言,水是其关键成分。生命可能存在于木星的第四大卫星——木卫二(Sweinsdottir, 1997),或者是土星的最大卫星——土卫六,其中,土卫六富含有机组分。生物学家进而又发现微生物有顽强的生命力,能够在陨石内短暂存活。

生命过程以具有特定氨基酸序列的蛋白质为基础,要记住,只有如此,生命才能开始并继续进化。因此,我们同时需要基因和蛋白质,因为如果没有基因,正确的核苷酸序列就没法遗传给下一代;同样,如果没有控制生命过程的蛋白质,基因就失去了功能。今天,我们无法模拟最初的生化过程,至少现在还不行,但是合成 RNA 是有可能的,这个过程不会太难,因为 RNA 片段可以利用无机分子通过施加能量的方式来合成。RNA 能够复制,它的四种碱基是活性组分,能携带特定的氨基酸。最初的 RNA 和氨基酸之间的这种接触有可能发生在黏土颗粒或者泡沫表面。因此,RNA 应该能够构建多种多肽,并且这些多肽应该包含 20 种氨基酸,我们已知它们构成了对生命起决定性作用的蛋白质。在本章中,请记住:一个完整的氨基酸序列,例如多肽或者含有一个氨基酸序列的蛋白质,可以在其他有机分子的有效转换中起到酶的作用,这一点非常重要。这里有一个显而易见的问题是:为什么蛋白质由20种氨基酸组成,并且这些氨基酸普遍用于蛋白质的合成?所有用于蛋白质合成的氨基酸都是L构型,D构型从未被用于蛋白质合成。这不是一个关于相对丰度的问题。这个谜题的一个可能的答案是:氨基酸因为它们与RNA相互作用的能力而被选择用于合成蛋白质。L构型得到选择的可能性就是50%,但是一旦被选择了,就不会再改变。

第一批细胞比现在的细胞简单得多,通常被称为“原始细胞”(protocell)。不过它们容易发生突变。就原始细胞的生长和增殖而言,这些突变影响了RNA的效率、编码系统的可靠性,以及合成蛋白质的质量。De Duve(2002)认为,出现第一批蛋白质的生物体或许连细胞膜都没有,而蛋白质只有20个氨基酸那么长,这就意味着其生态埃三级为$RT\ \ln(1/20^{-20}) = 8.34 \times 300 \times 20 \times 3 = 150\ 120$ J/mol(见第4章),或根据20个氨基酸的相对分子质量约为3 000,则其生态埃三级为0.05 kJ/g。这里给出了β值(见第3章的表3.1),为$(18.7 + 0.05)/18.7 = 1.002\ 7$,对于病毒来说,小于$\beta$值。可算得生态埃三级密度为$18.7 \times 1.002\ 7 = 18.75$ kJ/g。

一个单链含有20个氨基酸的蛋白质有20^{20}种或约10^{26}种可能的排列。De Duve(2002)计算得出,数量如此庞大的排列,且99.9%的体积为备用,也仅需要$20 \times 50 \times 0.1 = 100\ km^3$。发现最佳氨基酸序列的实验在分子水平上进行,这是超纳米技术在自然界中的应用。De Duve认为,在10^{26}种不同的排列中,只有1 000种是常用的,即它们可以利用有机质来进行代谢,可以促进生物的生长和增殖。这些概率计算或许可以解释生物化学的开端。

下一步当然就是不同蛋白质相互反应并形成分子量更大的蛋白质。病毒可以编码2 000个氨基酸,而与病毒相类似的生物则是下一步。病毒的β值为1.01。在地球表面形成了适宜温度后的较短时间内(10^8年?),大约40亿年前,生命形式可能可以被描述为:可以繁殖和代谢的RNAs与蛋白质的一种组合。其埃三极密度为$18.7 \times 1.01 = 18.9$ kJ/g。

> 生物体的组成当然显示的是有机化合物,这些有机化合物通常是生命个体的基础材料。表5.3给出了作为基础材料的重要有机化合物的化学计量学性质。

比较表5.1~表5.3这三个表格,可以看到这些基础材料是如何决定生命个体的组成的。

表 5.3 作为基础生化材料的某些大分子有机物和其他有机化合物的近似百分比组成

化合物	C(%)	N(%)	P(%)	O(%)	H(%)	S(%)
蛋白质	54	17	0	20	7	2.7
胶原质	54	18	0	21	7	0.5
DNA	38	17	10	31	4	0
RNA	36	16	10	35	3	0
ATP	24	14	18	41	2	0
胆固醇	84	0	0	4	12	0
纤维素和淀粉	46	0	0	51	3	0
木质素	63	0	0	31	6	0
壳多糖	44	7	0	42	7	0
叶绿素	74	6	0	9	8	0

5.3 原核细胞

从最初的生命形式进化到原核细胞的三个重要步骤是:

(1) 由 RNA 形成 DNA。DNA 负责信息的储存和复制,RNA 则可利用这些信息合成蛋白质。这样的分工使基因重组成为可能,也使基因复制能够与细胞的分裂相协调,并同步进行。

(2) 形成细胞膜,以保护生命过程、RNA、DNA,以及蛋白质(酶)。从物理角度来说,生物膜与肥皂泡没啥太大的区别。它们都是非常薄且具有良好弹性的自封闭薄层,且主要由碳和氢组成。它们的组成分子为磷脂。细胞膜的形成是一个巨大的进步。它保护了执行生命过程的生化组分,也更容易将细胞内部物质与外部物质隔离开来,但细胞内部仍旧可以与外界进行物质交换。

(3) ATP 的引入为细胞内不同部分间以及不同生化过程间的能量交换提供了可能。ATP 可以由其他有机分子通过能量输入来合成,这是一个相对容易的过程。因此,ATP 很可能参与了前文所述的由小型蛋白质和 RNA 组成的最原始生命的生化过程。

与这三点相对应的进化过程有可能发生在距今 1 ~2 亿年前,这是一段很长的时间,特别是当我们将其与进化的后几个阶段比较时更是如此。最古老的细胞化石年龄约为 38 亿年,发现于格陵兰岛(Haugaard Nielsen, 1999)。最小细胞的 β 值约为 5.0(见表 3.1)。埃三极密度现在则高达 $18.7 \times 4.88 = 91$ kJ/g。在原始细胞内合成有机聚合物的自由能流密度值大约为 0.02 $\mathrm{J \cdot kg^{-1} \cdot s^{-1}}$。

在生命形成初期,大气中没有氧气,这种状态一直持续到约 23 亿年前。此时,大气中的氧气含量由于光合作用开始升高,在数亿年后,才达到了适于好氧生物生存的浓度值。正是蓝藻导致了这个重要的大气组成变化。对厌氧生物来说,氧气具有致命的毒性,但是一些新的生命形式——好氧微生物,却可以经受住氧气的考验。

在35~20亿年前的这段时间内,涌现出各种利用不同生化过程的原核细胞,尤其是通过氧化有机物,为细胞提供能量。此外,包括新陈代谢过程在内的生化过程变得更加精确。一些科学家认为细菌是生命世界里的超级明星,因为它们具有高繁殖率。第4章的表4.1所示的β值8.5代表了发育最完善的原核细胞,这可以追溯到距今约20亿年前。相应的埃三极密度为18.7×8.5=159 kJ/g。

5.4 真核生物

真核生物比原核生物大得多。它们是相当复杂的生物体,由许多不同的部分组成,并且每个部分具有不同的功能。它们有具高度组织性的内含物,被称为细胞质,还有一个中心核,被称作细胞核。线粒体含有细胞的呼吸酶。细胞质是大部分生化过程(包括蛋白质的合成)的发生场所,细胞核掌管了遗传操作。真核生物具有良好的组织系统,可以在细胞分裂时将DNA精确复制成两份。这个过程叫做有丝分裂,远比原核细胞的简单分裂更加复杂和精确。真核生物可以进行有性繁殖,在这个过程中,两个细胞的DNA次序被打乱,进而形成新的组合。这就显著增加了单位时间内可检验为具有更好适应性的组合的数量。有性繁殖所带来的近乎无限的各种可能性为一个正在改变的世界增加了变数。由于受到生存环境变化的限制,一个成功的基因型若在遗传给下一代时不发生改变,就不能继续保持其成功。若单纯依靠无性繁殖,物种的遗传适应性是十分有限的,一旦其表型灵活性被超越,就几乎不能再期望其适应今后的变化。有性繁殖可能带有一定风险,但是至少会产生新的基因组合,并可能扩大耐受性的范围。有性繁殖的代价较高,所以失败的风险也很高。每个个体都需要遇到另一个同伴,或者两个配子,精子和卵子,必须融合为一个单个细胞——受精卵。受精卵必须含有可发育的基因组合,这个组合总是有风险的,即新的基因型或许无法支持新个体的发育。为了生存,每个后代都需要对其生长和繁殖的环境具有高度的适应性。当产生大量后代时,它们或多或少会有所不同,有一些将在不断变化的世界中生存下去,并且这个概率也会有所增加。不过这个途径产生了浪费,需要亲本付出巨大代价。有些组合,有些新的基因型将不可避免地比亲本更难适应环境。无性繁殖避免了所有这些风险和代价,或许在一个一成不变的环境中是更加有利的。因此,我们可以认为,由生存环境的持续变化所产生的限制是进化发生的先决条件。

基因突变和遗传重组产生的变化逐步累积,加上一些其他历经多代的机制,就会产生新物种。细胞被极其复杂多样的外壳包围着,这些外壳由多种不同物质构成,多数为蛋白质、糖类,或者二者的结合。最后,需要说明的是真核生物在直径上是原核生物的 10 倍,在体积上是原核生物的 1 000 倍。如果不是发生了由原核生物向真核生物的演变,今天的生命世界里将只有细菌。

任何一本微生物的教材都对原核生物和真核生物细胞的巨大差别做出了详细的阐述。表 5.4 对这些不同点进行了总结。原核生物演变为真核生物大约发生在 23 亿年前,那时大气中的氧气浓度刚开始上升(de Duve, 2002)。真核生物的化石可以追溯到 21 亿年前(Madsen, 2006)。线粒体是真核细胞的化工厂,它的形成有可能是一个细胞对另一个细胞的侵入,进而开始了一个生化合作过程。

虽然真核生物可分为厌氧生物和好氧生物,但好氧生物显然是真核生物的祖先。这意味着演变的最初阶段有可能发生在大气中的氧气含量开始上升之前(有关讨论详见 de Duve, 2002)。

典型的早期真核细胞是酵母菌和硅藻,它们代表了约 18 ~ 15 亿年前最高级的生命形式。由原核生物到真核生物的进步是大跨度的,很可能 β 值约为 13 ~ 14的古生菌是连接原核生物和真核生物的过渡类型。真核生物的 β 值至少为 18 ~ 20。这意味着其平均埃三极密度约为 $18.7 \times 19 = 335$ kJ/g。

5.4 原核生物和真核生物之间的显著差异

	原核生物	真核生物
大小	1 ~ 10 μm	10 ~ 100 μm
细胞核	没有。染色体区域叫做核仁	细胞核通过细胞核膜与细胞质分开
细胞内组织	通常情况下,没有膜将各细胞器分开,也没有支撑性的细胞内框架	显著不同的细胞器,比如细胞核、具有细胞骨架的细胞质、线粒体、内质网、高尔基复合体、溶酶体、色质体
基因结构	没有内含子;有一些多顺反子的基因	内含子和外显子
细胞分裂	简单	有丝分裂或减数分裂
核糖体	大 50 S 亚单位和小 30 S 亚单位	大 60 S 亚单位和小 40 S 亚单位
复制	无性重组	遗传重组
组织	多为单细胞	多为多细胞,伴有细胞分化

来源:据 Klipp, E., et al., Systems Biology in Practice: *Concepts, Implementation and Application, Wiley-VCH Verlag GmbH., Weinheim, Germany*, 2005, p. 21。

细胞的大小及细胞分裂是由细胞与外部环境之间的物质交换和能量传递决定的。球形细胞从环境中吸收的基质与细胞表面积$4\pi r^2$成正比，r为球形半径。从细胞表面到细胞内的运输是以快速的主动运输方式进行的，因此细胞表面的基质浓度为0。可以认为朝向细胞表面的物质流是恒定的，假设dis为从细胞中心向细胞表面方向的距离，浓度梯度随着dis的增加而下降，指数为-2，即$dC/d\text{dis} = k\ \text{dis}^{-2}$。这就意味着某个dis处的浓度可求：$C(\text{dis}) = C(1 - r/\text{dis})$。细胞表面的吸收率为表面的梯度$C/r$乘以面积，即：

$$\text{吸收率(mol/s)} = 4\pi CDr \tag{5.1}$$

式中：D是扩散系数，C是环境中的基质浓度。被吸收的基质量应该与需求相适应，而需求与细胞体积成正比，并可用下述公式表达：

$$\text{需求(mol/s)} = f4\pi r^3/3。 \tag{5.2}$$

式中：f表示单位体积对基质的需要。通过这些公式就有可能找到r的最大值，记为r_{max}。如果$r > r_{max}$，则需求大于吸收率。最大的细胞体积将符合需求和吸收之间的平衡，因此可以表示为$(3DC/f)^{0.5}$。

细胞的熵产生与新陈代谢成正比，因此也与体积成正比，而熵的流出则与表面积成正比。如果细胞长得太大，那么熵流失太少而无法抵消所产生的熵，细胞就会死亡。结果一个细胞分裂为两个细胞，总体积得以保持，同时表面积也增加了。细胞分裂使细胞在增长的同时维持了熵的平衡。

例 5.1

16℃淡水中的氧含量与大气中的氧含量相当，其值约为0.3 mol/m^3。氧气是细菌活动的限制因素，活性细菌的代谢需要约21 $mol/(m^3 \cdot s)$的氧气，其摩尔扩散系数为$2.1 \times 10^{-9}\ m^2/s$。问：淡水细菌的体积为多大呢？

解

$$\text{细胞半径最大值} = (3DC/f)^{0.5} = (3 \times 2.1 \times 10^{-9} \times 0.3/20)^{0.5} = 9.5\ \mu m$$

5.5 生命过程所需的温度范围

生态系统的能量是以太阳光子流的形式输入的。这种小部分能量的方式（$= h\nu$，其中h是普朗克常数，ν是频率）说明埃三极最初只能在最低等级——分子水平上被利用。合适的分子或原子必须被输送到可建立有序性的地方。固相的分子扩散作用异常缓慢，即使在室温下也是如此。同样温度下，液相的分子扩散速度比固相的快约 3 个数量级。气相的扩散系数相比液相的又提高了 4 个数量级。这就意味着液相和气相中有序性(或者相反的过程,混乱)的产生速度远高于固相。因此可推断,要想以最快速度建立有序性,所需的温度应大大高于外太空温度 2.726 K。就固体、液体和气体中的扩散作用而言,气体扩散保证了最快速的物质传递。然而,对地球上以碳为基本构成元素的生物体来说,所需的许多分子都不以气态形式存在,尽管液相扩散的速度慢得多,但这对生物有序性过程异常重要。

随着温度的上升,扩散系数显著增加。对于气体来说,扩散系数随温度变化约为 $T^{3/2}$(Hirschfelder 等, 1954),其中,T 为热力学温度。这样一来,我们需要寻找高有序性的生命所在的系统,且其温度远高于 2.726 K。生化合成代谢过程(重要的复杂生命物质,如酶和荷尔蒙,都是通过生物化学作用而形成)速率有很强的温度依赖性(Straskraba 等, 1997)。特异反应酶的出现可能减弱了温度对反应的影响,这些酶是在合成代谢中形成的蛋白质。对于一系列生化反应来说,热力学温度 T 和反应速率系数 k 之间的关系可以用下述公式表示(该公式可在任意一本物理化学教科书中找到):

$$\ln k = b - A/R \cdot T \tag{5.3}$$

式中:A 是活化能,b 是常数,R 是气体常数。酶可以减少反应活化能(分子发生生化反应时所需的能量)。我们已经知道,大部分生物过程也是温度依赖型的,例如生长和呼吸。因此,从生化和生物动力学来说,生态系统的温度需要远高于 2.726 K。

在当前"室温"下,地球上低熵能源的高效利用与地球上生命的化学物质的化学稳定性息息相关。大分子物质易于发生热变性。其中,蛋白质对热效应最为敏感,而蛋白质的持续变性会导致生物体需要不断更新氨基酸。根据生物化学计算,一个成年人一天内合成并消耗蛋白质的量约为 1 克蛋白质氮/千克体重。这相对于一个正常体温的成年人,其蛋白质的日更新速率为 7.7%。因此,过高的生态系统温度(高于 340 K)会显著加快崩溃过程。

> 基于上述考量,对于地球上我们所熟知的以碳为基本组成元素的生物体而言,260 ~ 340 K 的温度变化范围或许是最适合它们发生发育的。

酶可以减少反应所需的活化能,这使我们可以了解在这一温度范围下发生的基本生化反应,而不需要考虑温度较高时容易发生的高降解速率。换句话说,在这种温度范围下,合成代谢和分解代谢可以相互平衡。

5.6 生命所需的自然条件

通过第2~4章所阐述的热力学第一、第二、第三定律,我们可以推断,从无序状态中创建有序生命过程(或者更针对特异的化学有序性而言,指从无机物合成复杂有机物和有机体)所需的条件。同时,这三章也总结了四个生命所需的条件。下面增列生物化学条件,以完善生命,进而是生态系统的存在条件。

(1) 系统必须是开放的(至少不是孤立的),且能够与环境进行物质和能量交换;

(2) 进入系统的低熵能流和埃三极必须是可以利用的;

(3) 高熵能(将功转化为热时产生的热量)流出是必需的(这就意味着系统的温度必然会超过2.726 K);

(4) 在系统中,能量(功)转换为热的过程中所产生的熵(或者埃三极消耗)是维持有序性的必要消耗;

现在我们可以依据温度对生化过程的影响来提出第五个条件:

(5) 物质传输速率不能过低。这就意味着液相或气相过程也参与其中。较高的温度不仅产生更好的物质传输效果,还会提高反应速率。温度升高还意味着大分子的快速分解,并因此转向分解代谢。因此,以碳为基本元素的生命所需的温度区间预计约为260~340 K。

分子水平的生化反应速率是由系统温度和提供给系统的埃三极决定的。层级结构确保了分子水平上的反应和可利用的埃三极能够被下一级别——细胞水平所利用,以此类推,覆盖整个层级结构:分子→细胞→器官→生物体→种群→生态系统。每个水平的维持都有赖于它与外界进行能量和物质交换的开放性。更高水平的速率取决于分子水平上众多反应的总和,并进而受限于反应链中最慢的那个过程:向基本单元提供的能量和物质→代谢过程→废弃热量和废弃物质的排泄。这三步骤中的第一个和最后一个限制了反应速率,并取决于开放程度,开放程度可根据基本单元与环境之间可用于交换的面积与体积比。上述分析基于异速生长法则,第8章将会对其进行详细阐述。

除上述五个条件外,有必要再附加几个生化条件。首先,地球上以碳为基本构成元素的生命需要有大量的水来传递两个重要的元素,氢和氧。水可以作为溶剂溶解含有其他需要元素的化合物(如下);水也是一种在一定温度下具有稳定扩散系数的化合物,其比热容可以缓冲温度波动产生的变化,并且具有合适的蒸汽压,可确保关键化合物具有适当的循环(纯化)速率。

如章节5.1所示,地球上的生物由25种元素组成。其中一些元素在生命过程中出现的量很少，我们不能排除在宇宙中的某个其他星球上它们会被其他元素所替代。例如，一些金属离子被用作辅酶，还通常是某些高分子有机化合物的重要组成部分。其他离子或许可以在生化过程或者化合物中发挥类似的作用。另一方面，很难想象，如果没有那些常量元素，以碳为基本构成元素的生物会怎样，比如用于氨基酸的氮和氨基、用于ATP的磷和磷脂，以及用于合成某些重要氨基酸的硫。

因此，我们将额外的决定生化过程的条件（限制）总结为以下两点：

（6）唯一溶剂——对于我们所知的地球上的生命形式而言，水的大量存在是其形成的前提条件；

（7）对于形成以碳为基本构成元素的生命而言，氮、磷、硫和一些金属离子的存在是绝对必需的。下一章将就此做进一步阐述。

最后第八个应该添加的条件如下：前七个条件必须在相当长的时间里维持在合理的范围内。如果一个生物体形成了一个有利属性，基因可能确保这个属性遗传到下一代，并且代代相传。自发产生（复杂的）生命形式的概率太低了，就算从大爆炸开始算起，时间都不够充足。因此，生命形式的发展是一步一步完成的，进一步的发展建立在之前已有的进步上。一个更高级的性质在最初形成时可能涉及了多个机制，但不可否认的是，随机的试错过程也格外重要。这就意味着以碳为基本组成元素的生命不是一蹴而就的。地球上的进化史表明，自打有了适宜的温度和充足的水源，从溶解在水中的无机物质到第一批具有能保证持续发展（进化）的原始基因的活细胞，这一过程用了大约1亿年甚至更长（Madsen，2006）。Minik Rosing最近在格陵兰依苏阿（Isua）发现了浮游植物之后的化石（Madsen，2006）。经鉴定，化石的年龄约为38亿年，这也是流星停止大规模撞击地球后的1亿年左右，而流星大规模撞击地球是地球诞生后最初的6～7亿年中的标志性事件。大量已发表的理论解释了这一发展过程是怎样分多个步骤发生的：无机物质通过低熵能量的通流形成了有机分子（与图4.1相比较）、有机分子形成高分子有机化合物、发生自我催化反应、复杂的有机分子被随机吸附在黏性颗粒上，以及在已发表理论中描述的其他过程。对本文而言，这些理论中哪一种是正确的，并不重要。重要的是，只有上述提到的七个条件能在长时间内得到满足，才可能产生第八个条件。

（8）从无机物质到生命是一个漫长的形成过程，可能需要1亿年甚至更长，所以，七个条件必须在合适的范围内保持相当长的时间，甚至可能超过了1亿年。

在火星探险任务完成后，便有了关于火星会否或已经存在生命的争论。很显然，目前上述第1～7个条件并未在火星上实现。火星上的气候过于恶劣，且水的含量远不能满足形成生命的需要。然而，有很多迹象表明，在较早以前，火星曾有更加温暖和湿润的气候。这样看来，上述七个条件可能已经满足过了，而问题就在于："这些条件维持了足够长的时间吗？"如果将来的火星探险任务表明确实是这样的，那么很明显接下来的问题就是："如果上述八个条件（第八个关于足够时间的条件当然必须包括在内）都满足，生命难道真的就是自组织过程的结果么？"我们可以推测，只要温暖潮湿的环境维持了足够长的时间，在火星的早期阶段就已经出现过原始生命。但是从单细胞生物（或许是原核生物）到地球上我们已知的越来越复杂的生物，这一进化过程在火星上不可能实现，因为气候改变了，并且水也消失了。最新的火星陨石研究几乎让人们确信火星上曾经存在微生物。最近的火星地质学研究进一步表明，火星在形成的初期曾有足够的水量，这一点也为火星上曾经存在生命形式提供了证据。关于这种微生物现在是否仍旧存在，还是一个悬而未决的问题。火星探险任务在将来或许会揭开这个谜题。

在我们的太阳系中还有可能存在生命的星球就是木卫二，它是木星的一个卫星（Sweinsdottir, 1997）。木卫二的特点是被冰覆盖。这就意味着该星球上存在足够量的水，即形成生命形式的一个重要条件得到了满足。一些学者（Sweinsdottir, 1997）指出，在木卫二上发现生命形式的可能性比火星高。当然，木卫二得到的阳光会很少，其表面温度可能会很低，但是在木卫二上，海洋底部的火山活动非常频繁。这就可以为形成和维持生命形式提供低熵能量。

上述八个条件是维持生命和生态系统的必要条件。

问题在于这八个条件对于创建生态系统来说是否足够。我们已经知道地球上的生命或许是在极端条件下形成的，但这可能还不能解释在地球以外的星球上发现生命的问题。已有研究（Morowitz, 1968）显示，流经一个系统的能量可建立有序性，例如会形成至少一个物质循环和能量传递途径。一个可做功的低熵能量或者埃三极流入系统后将如何使系统远离热力学平衡，即建立更多的结构和次序？下一章将就这一问题做详细解释。我们可以认为这是一条自然法则，但这却是另外一个问题：是否这个结构和次序就是生命？它将需要所有八个条件。

5.7 生态化学计量学

在最初约20亿年的时间里，生物化学过程由进化所决定。进化是分步骤进行的：从简单有机物发展到更加复杂的有机物，再到非常复杂的形成最初生命形式的聚合有机物，进一步发展成为原核细胞，然后是真核细胞。其中大量的生物化学反应包括：有机物质降解后成为能量来源；形成蛋白质并以酶的形式控制生命过程;形成重要的生化分子,比如激素、携带能量的 ATP 和辅酶;通过光合作用将二氧化碳和水合成为糖类;合成结构性化合物并形成细胞膜、皮肤细胞、牙齿、骨骼等。所有这些过程都可以描述为完全或者基本符合化学计量学的化学过程。这就说明生物以及它们的细胞遵循化学计量学理论。方程(3.7)就是一个例子:

$$C_{3\,500}H_{6\,000}O_{3\,000}N_{600} + 4\,250\ O_2 \rightarrow 3\,500\ CO_2 + 2\,700\ H_2O + 600\ NO_3^- + 600\ H^+$$

上式描述了一种典型的高分子有机物质如腐殖质的降解过程。假定一个相对分子质量为 102 400 的分子是形成有机物质的典型的高分子有机物代表。

> 根据普通生物化学,对于所有生物以及生态系统所有的活体组分来说,普遍具有第 5.1 节所示的元素组成,正如 Redfield 比所表示的:C∶N∶P = 48∶7∶1,这是按质量计算得出的,如按物质的量计算,该比约为 120∶16∶1。

限制因子的循环速率对于生态系统而言是十分重要的。这个循环指元素在生态系统中的生物和非生物组分之间的转移。自养生物从环境中吸收资源,同时它们也会向环境(比如土壤或者水体)释放营养物质。它们也会产生凋落物,凋落物降解时,营养物质也随之释放。异养消费者通过消化食物的形式参与循环,并向环境释放废弃物质。“消化的食物/资源→生物体 + 废弃物”这一过程普遍遵循质量守恒定律。因此,如果知道了食物/资源以及生物的元素成分,就可以知道废弃物的元素成分。一般认为,单个物种的化学组分通过最佳的化学计量相关系数来维持其严格的动态平衡。这就意味着生物能更好地保留那些数量与需要量相差最大的元素。例如,含磷量相对较低的食物被处于稳定状态的消费者消化后,磷的吸收效率会有所提高,因此废弃物中的磷含量将低于食物/资源。人们紧接着从研究中发现,当食物中的 N∶P 比上升时,处于稳定状态的消费者会排出多余的营养,并依据其自身的需要,保留限制性最大的营养物质。

例 5.2

一种食物的 C∶N∶P 为 100∶5∶0.5,而利用该食物的生物的 C∶N∶P 为 45∶7∶0.8。当生物利用食物的效率为 60% 时,排泄物的比例是多少?

解

105.5 份碳 + 氮 + 磷的食物中能够被生物利用的有 60 份碳、3 份氮以及 0.3份磷。这就意味着对于生物体来说,磷是其生长限制因子,因此磷会先于氮和碳而被用尽。为了获得0.8 份磷,就需要利用8/3 倍这样的食物,或者是 8 份氮 + 160 份碳。该生物只需要 7 份氮,这就意味着会剩余 1 份氮,在 160 份碳中只需要 45 份,这就是说会有 125 份碳剩余。结论就是废弃物中的 C:N:P 为 125:1:0。

本章小结

(1) 不同生物体的生物化学过程有着惊人的相似。这也就意味着不同生物体的化学组成也是相似的,最常见的组成生物的元素约有 20 种。蛋白质、糖类和脂肪是有机物的三大家族。

(2) 尽管原核生物和真核生物的细胞有相同的生物化学过程和元素组成,但是它们的复杂度却大相径庭。

(3) 生物的普通生物化学和元素组成使基于生态化学计量学的定量计算成为可能。

(4) 对于以碳为基本组成元素的生物来说,八个必要条件为(它们可能是充分的,但是尚不能下结论):

a. 系统必须是开放的(至少不是孤立的),以便和环境进行能量和物质交换;

b. 必须具备输入系统的可做功的低熵能流和埃三极;

c. 必须具备输出系统的高熵能(将功转化为热时产生的热量)(这就意味着系统的温度必然会超过 2.726 K);

d. 在系统中,能量(功)转换为热的过程中伴随着熵产生(或者埃三极消耗)是维持有序性的必然消耗;

e. 质量传输速率不能过低,此为先决条件。这就意味着液相和气相过程必须参与其中。较高的温度不仅会获得相对较好的传质效果,还提高反应速率。由此估算出以碳为基本元素的生命所需的温度区间大约为 260 ~ 340 K;

f. 水作为唯一的溶剂,其大量存在是形成我们所知的地球生命的前提条件;

g. 氮、磷、硫和一些金属离子的存在对于以碳为基本构成元素的生命而言是必需的;

h. 由于从无机物质形成生命需要相当长的时间,或许需要 1 亿年甚至更久,所以,7 个条件必须在合适的范围内保持相当长的时间,甚至可能超过 1 亿年。

练习题/思考题

（1）在水生生态系统中，N:P 越高，就意味着相对于磷来说，氮的循环速率更快。结果如下表：

生态系统中 N:P（物质的量）	循环速率中的 N:P（mol/24 h）
10	9
20	23
30	41
40	80

请解释循环速率随 N:P 的增加而上升的原因。一个半定量的解释就足够了。

（2）当 N:P 升高时，生物体排放的废弃物中 N:P 则会下降。观察结果如下：

体内的 N:P（物质的量）	废弃物中的 N:P
2	80
3	50
8	20
9	16
20	6

请解释由此表可观察到的关系。一个半定量的解释就足够了。

（3）对于一种摩尔扩散系数为 $2\times10^{-9}\ m^2/s$ 的基质，确定利用该基质的水生细菌的大小。活性细菌的代谢需要 12 mol（基质）/（$m^3\cdot s$）。环境中的基质浓度为 0.1 mol/m^3。那么淡水细菌的大小是多少呢？

（4）如果碘是褐藻的限制性元素，那么当水中的碘浓度为 0.01 mg/L 时，褐藻的最大浓度约是多少（以每升水体中褐藻的干重计算）？褐藻的含碘量（干重）为 1.5 g/kg。

第6章　生态系统生长与发育的热力学表达

最佳答案引发最多疑问。

生态系统的生长与发育可以用三种生长形式来描述:生物量的增长、网络的增强和信息量的增加。本章对生态系统如何利用这三种生长形式做了热力学分析。结果表明,生态埃三极和最大功率可用于描述以上三种生长形式,而其他热力学变量只能描述其中的一种或者两种。通过观察可知,生态系统利用自由能来使自身远离热力学平衡;并且,这种自由能需求是通过系统利用多余的自由能来获得更多的埃三极而得到满足的,这意味着系统会更加远离热力学平衡。本章将以生态系统季节性变化和新生态系统的发展作为例证进行阐释。

6.1　引言

如果本书第5.6节中用公式表示的八个条件都能够满足,那我们就可以认为以碳为基础的生命就将出现,随之而来的是多少有些复杂的生态系统也将出现。然而,如果系统没有自由能的输入,就无法传递维持系统远离热力学平衡所需的可做功能量,这些系统在远离热力学平衡后就会解体,变成一个没有梯度和任何结构的假系统。因此,生态系统一定是非独立系统,也就是说具有开放的能流。事实上,生态系统确实是开放的,对于物质和能量都是开放的。这样的话,很容易产生一个疑问:如果流入的自由能超过维持系统所需时,会发生什么情况呢? 这表明方程(4.16)的项应表示如下:

$$d_e Ex/dt > d_i Ex/dt \tag{6.1}$$

自由能(来自太阳辐射)输入的季节性变化能够清楚地说明系统在其自由能输入超过其所需时的状况。生态系统在春季和夏季时生长和发育。

这三种生长形式为:

A. 生物量增长

B. 网络增强

C. 信息量增加

当维持系统的自由能需求得到满足时，系统会利用剩余的可用自由能，以上述三种形式来存储更多的生态埃三极。本书的第二部分将阐释生态系统的特性。在第 8 章和第 12 章，将会讨论构成生态系统的两个特性——在网络中协同运作的生态系统组分和所携带的大量信息。而本章将会解释在三条热力学定律和生物化学理论的约束下，生态系统如何远离热力学平衡及实现生长的。热力学的限制意味着系统远离热力学平衡需要大量的自由能，我们由此不禁会问：如果流入系统的自由能大于系统所需时会怎么样呢？多余的自由能能够被利用吗？对于生态系统生长和发育来说，答案是肯定的。本章和下一章将会就该问题进行具体的、深入的探讨。问题的答案是用新增的热力学条件来表示的，这些条件对于本书第二部分重点讨论的生态系统特性来说具有决定性意义。如第 2.5 节所述，这三种生长形式与 E. P. Odum 提出的并已被广泛接受的描述生态系统发育的属性是一致的。所有那些属性都可被归类到三种生长形式中。Odum 提出的属性描述了生态系统如何远离热力学平衡。因此，生态热力学定律（简称为 ELT）可解释如下：

> 如果一个（生态）系统得到的自由能大于其远离热力学平衡所需时，剩余的自由能或埃三极可以被系统用来进一步远离热力学平衡，也就是说系统获得了生态埃三极。

为了能够更好地理解生态系统的这三种生长形式背后的热力学过程，接下来的两节将会揭示几个关键的热力学变量在这三种生长形式下是如何变化的，以及如何用这些热力学变量来解释那些显而易见的生态系统季节性变化。

6.2　通过三种生长形式的热力学表达来描述生态系统发育

在对这三种生长形式进行热力学表达时，将会用到以下热力学变量：

- 生态埃三极（生态系统达到热平衡状态所存储的可做功能量）
- 功率（有效能量通流，即系统中所有自由能流的总和）
- 生态系统中储存的能值
- 停留时间
- 维持系统所产生的埃三极消耗、损失或者减少
- 熵增
- 生态系统的比有效能（存储的生态埃三极除以生物量）
- 比熵增（熵增/生物量）

E. P. Odum (1969)在阐述生态系统发育时采用的经典案例有:黄石公园在火山爆发后的修复,火山喷发后出现的新兴岛屿以及土地围垦等,该书做出了很好的阐释:在初始阶段,生物量快速增加,这说明系统捕获的太阳辐射能的比例增加,这也是系统维持所需的能量。植物是生物量增加的主要形式,它们能像天线接收无线电波一样捕获太阳辐射能。在这一时期,第一种生长形式占主要地位,系统储存的埃三极在增加(生物量越大,捕获太阳辐射能的生物体就越多),同时,系统内可做功能量的通流增加,这是因为能流是由生物量决定的,需要维持的生物量越多,系统需要的自由能也越多。此外,由于维持系统所需的能量增加,埃三极的消耗或者损失以及熵增也在增加。

当系统捕获的太阳辐射能比例达到80%左右时,就不可能再进一步增加了(根据第二热力学定律)。当然,更不可能超过100%;即便当自由能(生态埃三极)以各种能量转化形式而减少时,80%左右仍是事实上的最大值。因此,生物体(生物量)的进一步增加不可能促进生态系统的能量平衡。此外,所有或几乎所有必需元素都是以死的或活的有机体形式存在,而不是直接可用于生长的无机化合物。因此,第一种生长形式不能继续进行时,第二种和第三种生长形式仍然可以继续。生态系统将继续发育,增强其生态网络结构,并将使 K - 对策者替代 r - 对策者,大个体生物替代小个体的动物和植物,携带更多基因的更复杂的有机体替代那些较简单的低等生物。图6.1表示了生态系统的发育过程,其中生态系统存储的生态埃三极与捕获的太阳辐射能的关系与表6.1的表述一致。在这一发育阶段,由于生态埃三极的增量与生物量的增量成正比,系统

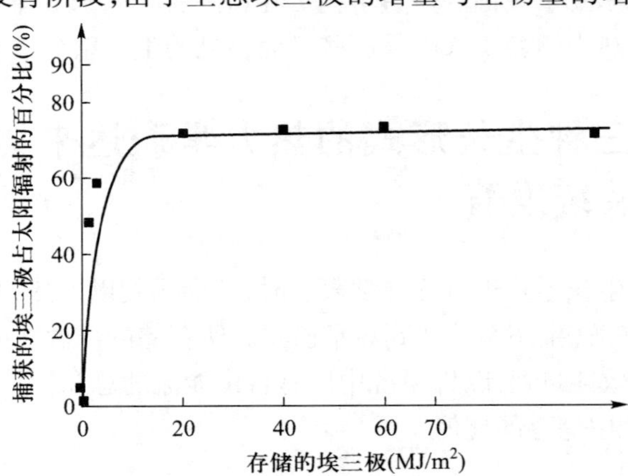

图6.1 根据8个典型生态系统的特征组分来计算,捕获的埃三极(以占太阳辐射能的百分比表示,数据来自 Kay 和 Schneider, 1992)与存储的埃三极(单位:J/m^2 或 J/m^3)的关系图。表6.1的数据也用于本图。请注意:用于生态系统维持的埃三极与其吸收的能量和系统生物量是平行(成比例)的

比有效能不会发生变化。同时,由于维持系统所需的自由能与生物量成正比,比熵增也维持不变。

正如即将在第 12 章详细阐述的那样,第二种生长形式,即网络的增强,意味着生态系统能更加有效地利用输入的自由能。这使得生态系统能够进一步远离热平衡状态。如果具备了可用于构建更多生物量的无机物,则第二种生长形式可促进第一种生长形式。当然也有这种可能,即某些有机体能够更好地利用各种食物来源,从而形成较高的系统埃三极,或者是遗传信息丰富的生物替代了遗传信息较少的生物,这包括 *r* - 对策者被 *K* - 对策者所替代。在利用更有效的网络方面,还有一些其他的可能性。但是,它们的前提都是系统需进一步远离热平衡。大多数可能性都不要求生物量增加,或者至少生物量的增速不比生态埃三极的获取更快。这也就是说,熵增和埃三极消耗也许不会增加或者仅有少量的增加,而比有效能和比熵增则会下降。

第三种生长形式——信息的增加,是指用于计算生态埃三极的 β 值增加,相当于生态系统获得生态埃三极,并正在进一步远离热平衡状态。由于 *K* - 对策者通常较 *r* - 对策者有更高的 β 值。在第三种生长形式中,*K* - 对策者会逐步替代 *r* - 对策者。

表 6.1 不同生态系统的埃三极利用和存储

生态系统	利用的埃三极(%)	存储的埃三极(MJ/m^2)
采石场	6	0
沙漠	2	0.073
被皆伐的森林	49	0.594
草地	59	0.940
杉木人工林	70	12.70
天然林	71	26.00
成熟落叶林	72	38.00
热带雨林	70	64.00

Debeljak (2002)研究了经营性林场和原始森林在不同的发育阶段存储和捕获的埃三极,结果显示两者呈现相同的变化趋势,如图 6.2 所示。水生生态系统捕获日光的能力不同于陆地生态系统,并且不同水生生态系统捕获日光的方式也不同,其差异较不同陆地生态系统之间的差异更大。尽管如此,如 Jørgensen (2007)所述,当绘制水生生态系统的埃三极存储与捕获之间的关系图

时,也呈现类似米式方程的曲线,这几乎就相当于埃三极也被用于维持系统,和大多数捕获的自由能被用于维持系统的情况一样。图6.3表示了水生生态系统的情况。

在第一种生长形式中,由于更多的太阳辐射能被捕获并用于产生额外的生物量,因此,能值肯定会增加。然而,当生态网络更加有效时,就会产生其他可能性,这时,就必须计算当网络变得更有效时能值的变化是多少。更能利用各种食物来源的有机体通常拥有更高的seJ值,也就是说它们具有更高的能值;或者是遗传信息丰富的生物替代了遗传信息较少的生物,这包括 r - 对策者被 K - 对策者替代,这再一次说明能值在增加。与食物链的初始端通常是 r - 对策者的情况相反,食物链末端的生物通常具有较高的β值,为 K - 对策者。因此,第三种生长形式通常导致能值增加,当然,埃三极也会增加。

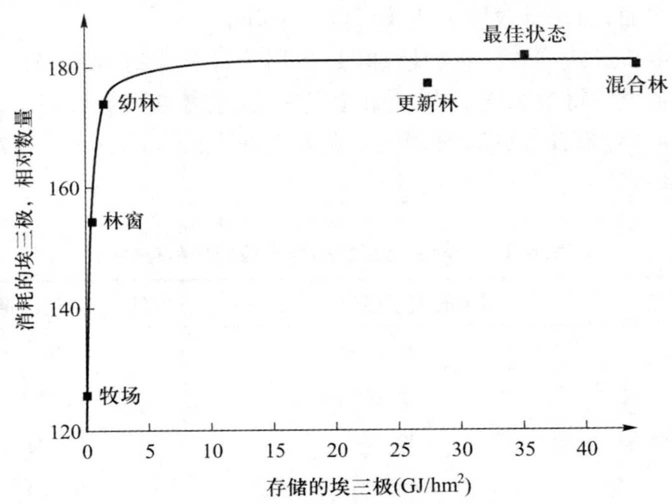

图6.2 引自Debeljak(2002)的研究结果。他对不同发育阶段的经营性林地和原始森林进行了分析。林窗期没有树木,虽然原始森林可能被火灾或者暴风雨等突发事件毁坏,但还是会遵循由最佳状态到再生混合,再回到最佳状态的变化过程。幼林期是林窗期与最佳状态之间的发育阶段。草原数据用于比较分析

表6.2所列的是在生态系统发育的三种生长形式中,前文所述的8个变量包括熵增和比有效能的变化。从该表可以清楚看到,存储的生态埃三极和功率是在三种生长形式下都会增加的热力学变量。

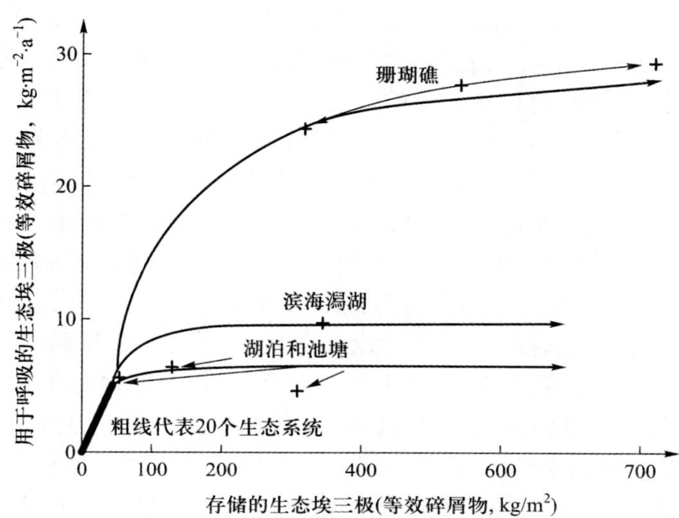

图 6.3 26 个不同生态系统中,生态埃三极的存储(用 kg 等效碎屑物/m^2 表示)与用于维持(呼吸)的生态埃三极(用 kg 等效碎屑物/(m^2·a)表示)的关系。因为碎屑物的平均自由能(生态埃三极)为 18.7 kJ/g,因此将结果乘以 18.7,就可将单位转换为 MJ/m^2。在大多数情况下,呼吸通常直接用 kg/(m^2·a)或易于换算成 g/(m^2·a)的单位表示。图中,① 珊瑚礁、② 营养丰富的潟湖和河口和③营养丰富的湖泊和池塘,这三者的呼吸处于不同水平,但是都近乎于水平线

表 6.2 生长形式和热力学变量之间的关系

	第一种生长形式	第二种生长形式	第三种生长形式
埃三极存储	增加	增加	增加
功率/通流	增加	增加	增加
能值	增加	不变,可能增加?	增加
埃三极损耗	增加	不变	不变
停留时间	不变	增加	增加
熵增	增加	不变	不变
比有效能 = 埃三极/生物量	不变	增加	增加
比熵增 = 熵/生物量	不变	减少	减少

如图6.4所示，Holling(1986)解释了生态系统是如何先后经历更新（主要是第一种生长形式）、扩张（主要是第二种生长形式）、保护（以第三种生长形式占优势）和创造性破坏这四个阶段的。最后一个阶段也符合三种生长形式，但是需要一个更加深入的解释。创造性破坏阶段是内在因素或者外在因素作用的一个结果。第一种情况，例如发生飓风或火山爆发，当时的环境由外部因素所决定，生态系统无论使用哪种生长形式都必须受到环境的约束，因此，无需对该过程做进一步的阐释。但如果破坏阶段是由于内部因素引起的，就会产生这样的问题：系统为什么要自我毁灭？其原因可能是：在保护阶段，几乎所有营养物质都已经被生物所储存，以至于系统没有可用的养分去尝试新的可能更好的远离热平衡状态的途径，用达尔文主义者的话来讲，就是增加生存的可能性。这也正是Holling将其称为“创造性破坏”的用意所在。因此，从长远来看，当新的可以利用的途径出现时，系统将有机养分分解成无机物质是有意义的，因为这有利于尝试新的途径。创造性破坏阶段可以看作是使系统更加有效地利用其他三个阶段和三种生长形式的一种方式。

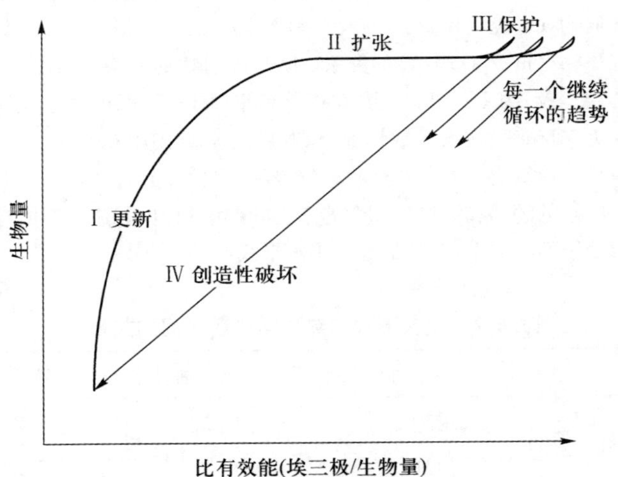

图6.4　Holling用生物量和比有效能表述生态系统的四个发育阶段。请注意，每个新循环都趋向于更高的埃三极存量

植物捕获的太阳辐射能中，大部分自由能用于维持系统，也就是呼吸。获得的埃三极和用于维持的埃三极因生态系统而异。根据E. P. Odum对于生态系统发育的研究，我们做出了在典型状态下的变化趋势图（图6.5）。在中间阶段，植物对于生态埃三极的贡献最大。

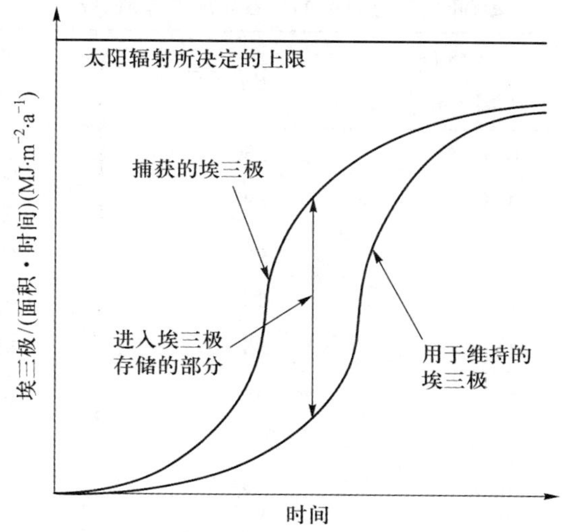

图6.5 在生态系统发育过程中,埃三极随时间变化的利用情况。请注意,埃三极的增长使得用于维持的埃三极也增加

例6.1

近十年来,生态系统服务价值一直是讨论热点之一。生态系统每年的服务与其年度生产量密切相关。生态系统服务包括生态系统向社会提供的所有服务,不仅包括直接的自然资源,而且还有生物多样性、休闲价值、重要元素的循环、空气和水的净化等。因此,Jørgensen(2010)提出以生态埃三极的年度增加值作为衡量生态系统服务的指标。系统埃三极作为生物量和信息的乘积是可被计算的。由于许多生态系统服务基于生态系统中活体组分所表达的信息,因此,计算系统埃三极时应该包含信息的贡献,这是非常重要的。

选择若干不同类型的生态系统,计算其年生产量以及相应的生态埃三极的近似增值。以1.4美分/MJ作为供电成本,则可计算出年生态埃三极的货币价值。

解

下表展示了若干生态系统的计算结果。生态系统的年生产量可从网络上获取。

不同生态系统的功容年度增加值

生态系统类型	年生物量 (MJ · m^{-2} · a^{-1})	β 值(平均)	生态埃三极 (GJ · hm^{-2} · a^{-1})
沙漠	0.9	230	2 070
大洋	3.5	68	2 380
海岸带	7.0	69	4 830
珊瑚礁,河口	80	120	960 000
湖泊,河流	11	85	93 500
针叶林	15.4	350	539 000
落叶林	26.4	380	1 000 000
温带雨林	39.6	380	1 500 000
热带雨林	80	370	3 000 000
苔原	2.6	280	7 280
耕地	20.0	210	420 000
草原	7.2	250	18 000
湿地	18	250	45 000

6.3 季节变化

与生物量、能流(功率)和信息特性一样,埃三极的存储和利用也呈现季节性变化。在冬季,生物量和信息量处于季节性低谷。在春季,新的生长(主要为第一种生长形式)大量涌现,生物量激增(图6.6),然而,由于最为活跃的植物群、动物群和微生物群此时都处在生长发育的初期,通常是较低级的系统发育类型,所以系统的信息量仍处于低点。

这些较为低等的生物能够快速增加生物量,但是就对埃三极存储的贡献而言,产生的信息相对较少。

图6.7为2006年5月6日拍摄的丹麦山毛榉树林的照片。从4月20日至5月1日,突然长出大量树叶,生物量在几天之内急剧增加。在这一年的这段时间内,第一种生长形式占据主导地位。在夏季,随着生长的进行,第二种和第三种生长形式相继成为主要生长形式。系统的组织结构不断扩展,包括食物网扩

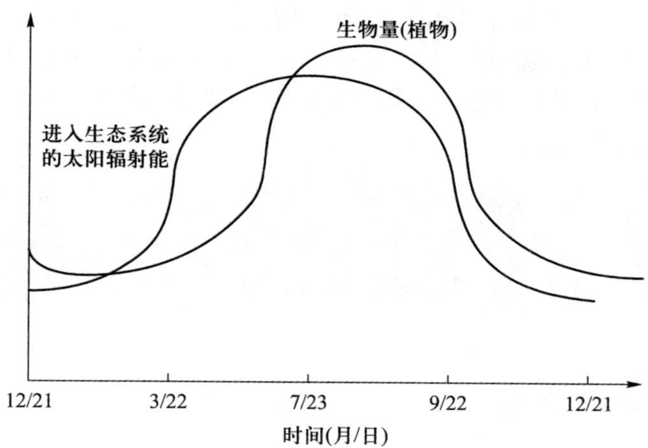

图6.6 某典型温带生态系统中,进入生态系统的太阳辐射能和生物量的季节性变化。x轴表示时间,y轴表示来自流入的太阳辐射能的自由能或者每个面积或体积单位的生物量。生物量曲线斜率表示由生长形式I产生的埃三极增加。只要捕获的太阳辐射能大于用于维持系统的埃三极,或者有足够的无机物质去生成新的生物量,生长形式I就会持续进行。因此,生物量经常在8月1日左右达到最大值。生物量最小值经常出现在2月1日左右,这是由于那个时候捕获的埃三极和用于维持的埃三极(尽管非常少)达到平衡

图6.7 丹麦山毛榉树林,拍摄于2006年5月6日。该树林在10天左右的时间内,突然长出大量树叶。生物量急剧增加。第一种生长形式占据主导地位

大,各物种之间的相互作用得到加强,这意味着系统通过利用物候条件和生命周期的更替,向着更加先进的发育类型发展。随着生物量的增加,反照率和反射减少,耗散增至季节性最大值,随之而来的是增量逐渐减少至负值(图6.6)。在夏季,生态系统的生物性生产量反映了越来越高级的系统组织结构,也说明埃三极存储所需的生物量和信息储量在不断增加。到了秋季,生态系统开始逐步停止活动,为适应冬季的衰落做准备。网络萎缩,并且由于系统慢慢转变成

冬季状态,所以与埃三极储量相关的能流和信息传递也随之衰减。由于适应冬季的需要,生物活性主要转变为较为初始的生命形式,生态系统自身会回到更加"原始的"埃三极组织状态。从物候学角度看,系统的放能法则也适用于生态系统的季节性动态变化。

请注意,因为植物捕获的自由能大于维持系统所需的自由能,该系统的生态埃三极增长持续至 8 月 1 日。这说明生态系统能够获得额外的自由能,并将其以生物量、结构和信息的形式存储起来。

6.4 新生态系统

新的生态系统形成以后,追踪其生态埃三极的发展过程是非常有趣的。如果新生态系统的生态埃三极确实是增加的,那么将是对第 6.1 节中关于系统利用额外的自由能远离热平衡状态的观点的强有力支持。我们选取叙尔特塞岛(Surtsey,一座位于冰岛南端的火山岛)为例,来说明新生态系统的生态埃三极变化。该岛面积为 150 hm^2,形成于 1962 年的一次火山喷发。自 1964 年开始,雷克雅未克大学开始跟踪记录该岛的生态发育过程。由于火山喷发造成的高温,在起初的一年半左右的时间里,调查无法展开。图 6.8 给出了植物和鸟类的生态埃三极变化情况,在一开始几乎为一条直线。如图所示,生态埃三极从

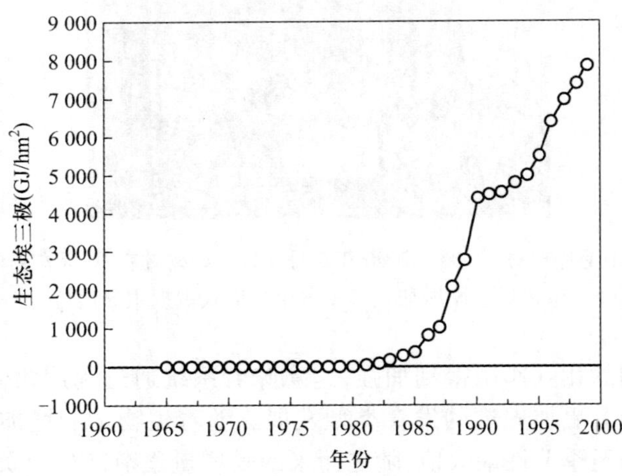

图 6.8 叙尔特塞岛(位于冰岛南部,于 1962 年的火山喷发后形成)的生态埃三极变化。该岛面积为 150 hm^2。图为 1964 年至 2000 年间,该岛的植物和鸟类的生态埃三极(GJ/hm^2)。生态埃三极呈现指数型增长趋势(参见图 6.9)

1964 年开始增加，到 2000 年接近于指数增长（参见图 6.9）。由于生态埃三极的增长与由三种生长形式获得的埃三极增长成正比，因此我们预计其生态埃三极呈一阶反应增长，是指数型增长。

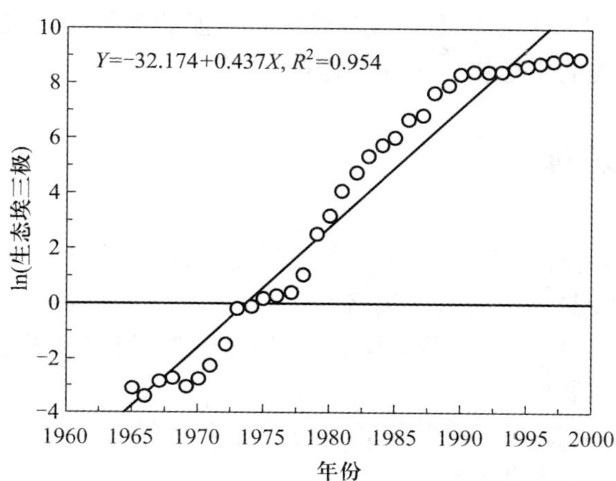

$$Y = -32.174 + 0.437X, R^2 = 0.954$$

图 6.9 1964 年至 2000 年，生态埃三极（GJ/hm^2）对数的回归分析。由于回归分析具有良好的近似，呈现线性关系（$R^2 = 0.954$），所以，可以推测该岛的生态埃三极呈指数型增长

对于其他新生态系统进行调查研究，结果呈现相似的变化趋势。对于叙尔特塞岛发育的观察尤其丰富和详尽，我们可以据此推测类似的新生态系统很可能出现生态埃三极的指数型增长，与第 6.1 节阐述的观点完全一致。

本章小结

（1）当一个开放系统获得的自由能大于维持自身所需时，额外的自由能将用于使系统进一步远离热平衡状态，即获得埃三极。

（2）生态系统能够以生物量增长、网络增强和信息量增加的方式利用额外的自由能，以使其远离热平衡状态。

（3）生态系统通常以生物量增长的方式利用自由能（太阳辐射）流，因为这种方式能够提高对系统捕获的太阳辐射能的利用效率，最大值可能达到 75% ~ 80%，从生理学方面来考量，这个最大值是可能实现的。

（4）当捕获太阳能的效率接近 75% ~80%，或用于产生生物量的无机物质趋于枯竭时，第一种生长形式（即生物量增长）将变缓，而逐渐被其他两种生长形式所取代。

(5) 将捕获自由能、生物量或用于维持的自由能与生态系统存储的生态埃三极作关系图,会得到类似于米氏方程的曲线图。

(6) (1)和(2)解释了生态系统捕获的自由能的季节变化,也解释了在季节的作用下生态系统的生态埃三极储存情况。

练习题/思考题

(1) 请解释:为什么对于生态系统来说,将太阳辐射产生的额外自由能最先用于生物量增加是一个有效的策略?

(2) 请解释:为什么第一种生长形式(即生物量增长)相较于其他两种生长形式更容易受到限制?

(3) 请解释:为什么三种生长形式的发展都呈现出如图6.1~图6.3所示的类似于米氏方程的变化趋势?

(4) 如果用于维持的埃三极曲线在捕获的生态埃三极曲线上方,生态系统将会怎样发展?

(5) 早期的生态系统(例如初春的农田或者处于林窗期的森林)接收的自由能(太阳辐射能)中有30%用于维持(呼吸)和蒸散,20%用于生长(获得生态埃三极),其他50%为反射损失。请分析这种自由能分布将如何随着生态系统发育而变化。

(6) 请参照图6.6,绘制一张日变化图。

第7章　生态热力学定律

我们不能安排未来，但我们能展望趋势。

> 本章论述了生态热力学定律(ecological law of thermodynamics，ELT)的另一个特征：接收埃三极(高质量能量)通流的系统，会尽可能利用埃三极流远离热力学平衡，并且如果有更多利用埃三极的组分和过程的组合方式，系统就会选择使自身获得尽可能多的埃三极容量(存储)的组合方式，即 dEx/d*t* 最大化。本章列举了几个遵循 ELT 的生态学现象和规律，其中包括结构动态模型(structurally dynamic models，SDMs)的应用。此外，进化论也与 ELT 相符。

7.1　引言：达尔文理论

生态系统是开放系统，能够接收来自太阳辐射的自由能。正如第6章所讨论的，自由能首先用于满足维持系统远离热力学平衡的能量需求。如果除维持系统之外还有剩余的自由能，那么这些多余的自由能将会通过三种生长形式使系统进一步偏离热力学平衡。然而，生态系统组分繁多，且组分间相互作用形成复杂的生态网络，因此，可能还有其他偏离热力学平衡状态的途径。换句话说，那三种生长形式只是生态系统偏离热力学平衡的众多可能途径中的三个——那么，系统在这众多途径中会选择哪一个呢?

达尔文给出了答案：适者生存，其含义是那些最能适应由强制函数或者限制因子决定的环境条件的物种才能够生存并生长。生存可用生物量和信息表示。本文中的生存是一个基因存活的问题——因为基因的存活确保了生态系统的各种过程、生物量和功能得以保留给下一代生物体，所以，信息是非常重要的，是个具有长远意义的概念。生物量越高，则清除生物量的难度就越大(Svirezhev，1990)；信息越多，则资源(构成生物量的必要元素，也是对太阳辐射能的利用)的利用就越有效。生物量和信息可以用生态埃三极表示。生态系统中各个物种通过一个复杂的生态网络相互联系并相互依赖，因此，生态埃三极可用来说明整个生态系统的存活。通过生态热力学定律，可以在热力学中阐述达尔文理论，且包含了上述整体论思考。该定律是本章的主要内容。达尔文理论的重点在于生物个体的生存,然而,由于生物个体处在相互影响、相互作用的网络中,个体之间具有相互依赖性。完整生态系统包含了所有活着的且相互作用的组分,考量生态系统的存活是完全有必要的。简而言之,ELT是达尔文理论在热力学中的解读,或根据新达尔文主义关于有机体基因的解释,ELT是达尔文理论从有机体到整个生态系统的延伸。

如果没有基因或者进而没有一个遗传系统,就不会有发育或者进化。三种生长形式之间的相互作用也起到非常重要的作用,这是因为生物量增长和网络增强必然会影响第三种形式:信息,而信息主要表现为基因。新达尔文理论认为适应性产生于遗传变异的自然选择过程。然而,这不能说明全部问题。让我们把这种方式称为遗传系统Ⅰ,它包括所谓的Hox基因,该基因在形成具有地域特征的体形方面具有重要作用。有人提出在进化过程中,日益复杂的生物体形可能与Hox基因复合物的复杂程度的增加相关(Mayr, 2001)。

研究显示,细胞可通过非DNA遗传(外遗传)将信息传递给子细胞。让我们把这种方式称为遗传系统Ⅱ。此外,许多动物能够通过行为方式将信息传递给其他个体,可以将这个称为遗传系统Ⅲ。例如,母熊通过自己的行为告诉幼仔什么东西能吃,以及如何抓鲑鱼。最后一个是基于符号的遗传系统,尤其是语言,作为遗传系统在进化中发挥越来越重要的作用。母熊还能通过声音使幼仔察觉危险。当然,语言这一遗传系统对于人(*Homo sapiens*)的进化发挥了巨大作用。这四种遗传系统的存在能够解释为什么我们至少会在某些阶段发现出人意料的快速进化。如果我们把这四种遗传系统及它们之间的相互作用考虑进去,则可得到与达尔文进化论不同的观点(Jablonka和Lamb, 2006)。无论在何种情况下,发育和进化的可能性远比我们在几十年前的了解要复杂得多。

达尔文理论基于以下四大基本原则或属性:

(1) **繁殖**,有机体能够繁殖,并且在没有限制时,每个种群都具有很高的繁殖能力,以至于种群能够呈指数型增长。

(2) **遗传**,子代从亲代或者母细胞那里通过遗传得到的属性基本是不变的。这就是遗传系统Ⅰ的基础:基因。如果不能够以目前已经获得的属性为基础的话,则不可能发生进化。基因可以通过基因突变或者遗传重组而发生改变,这个过程可能是随机的,但是,一旦产生好的基因,比如携带高存活性和较好发育能力信息的基因,这些信息就能被基因传递给下一代。

(3) **变异**,并不是所有的有机体都是完全相同的,它们之间或多或少存在差别。变异是自然选择的需要。如果所有有机体都是完全相同的,那么就不存在存活和生长能力的差别,也就无从选择。基因因个体而异,同种生物个体间的基因也是有差别的。因此,选择的发生正是基于表型特征的差异。这种表型差异通常会逐代改变有机体的基因组。例如,由于新的限制因素的出现而发生选择时，意味着属性的变异会向产生最佳适合度的方向进行，如图 7.1 所示。

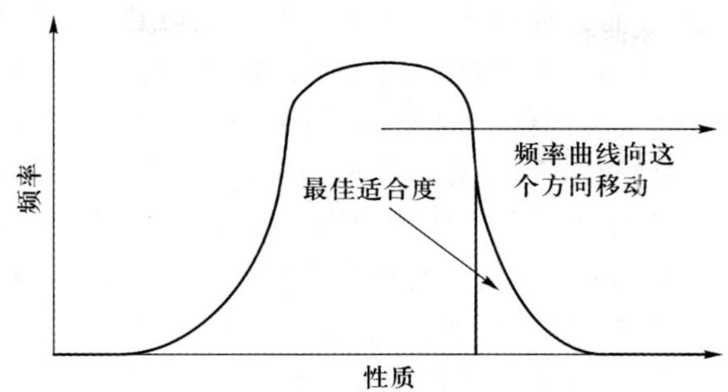

图 7.1　由于新的限制因素的出现而发生选择时，意味着属性的变异会向产生最佳适合度的方向进行

（4）**竞争**，即资源有限。只有一部分有机体能够存活。其他的则在这场资源竞争中被淘汰出局或消失。遗传性变异对有机体能否成功存活并繁殖产生影响。

变异（原则 3）在 Monod 理论中代表偶然：进化是偶然与必然之间的一场交易（Monod，1972），而选择、繁殖和遗传（原则 1 和原则 2）作为有限资源（原则 4）产生的结果，代表必然。

7.2　生态热力学定律

暂定的生态热力学定律，能够解决的问题是在众多可能性中，哪些可能性能够脱颖而出，而这不是埃三极能流所能够完成的。Ulanowicz（1997）提出了“生态系统偏好”一词，用以强调生态系统及其由多种随机因素构成的强制函数是非常复杂的，根本不可能对其进行精确的预测。偏好是加权得到的或是条件概率，即表示变化着的环境或者时机的固有属性，而不是相关过程或者组分的绝对性质。自从量子力学中引入了不确定性原理，我们更容易意识到我们确实生活在一个具有偏好性的世界里，并且伴随着实现可能性和创造新可能性的演变过程。因此，将这个词纳入到生态系统理论的公式中是非常有意义的，也可以将其加入到暂定的热力学第四定律，或者生态热力学定律。

根据最新的设想，暂定的定律认为：

> 一个接收埃三极通流的系统会尽量利用埃三极能流，以使其远离热平衡，如果利用埃三极能流的组分和过程的组合有很多，那么系统将会选择更能够为其提供最大埃三极含量（储存）的，即 dEx/dt 最大化组合。

少数资深生态学家更加倾向于用自由能流代替公式中的系统埃三极，这种替代是完全可接受的，而且使得方程更加接近于经典热力学。然而，系统埃三极是不能被自由能替代的，因为对于同样的系统，非热力学平衡状态与热力学平衡状态下的自由能是不同的。因此，不同生态系统的参比状态也是不同的，生态埃三极的定义中考虑了这一点。此外，自由能和生态埃三极不是远离热力学平衡的状态函数，与第4.9节中所述的内容比较来看，当一个有机体死亡时，仅仅考虑生态埃三极的瞬间损失。有机体在死亡前具有较高的生态埃三极，因为它能利用体内庞大的氨基酸序列信息，这些氨基酸序列构成了控制有机体生命活动的酶。有机体在死亡时，立刻丧失了利用这些信息的能力，因而，这些信息也变得毫无用处。

刚刚介绍的这个暂定的定律有强有力的论据支持。可以将其归纳成以下几点：

（1）该定律是对达尔文理论的热力学解读，符合基本的热力学定律。被选中的系统组合具有最高的生存能力（可用埃三极计算）。根据达尔文理论的最新观点，自然选择发生在物种水平。物种存活、生长，并为资源而竞争。然而，所有的物种都处于一个相互合作、协同作用的生态网络之中，物种之间相互依赖。决定物种存活的环境条件包括当时生态网络中的所有组分。生态网络中的所有物种都是相互影响的。由此得出结论，在环境条件限制下，整个生态系统会获得尽可能多的存活个体，因此也就获得了尽可能多的生态埃三极。

（2）将这条假设的定律用于模型，得到的（许多）结果与实际生态系统的情况相吻合（Jørgensen，2002；Jørgensen 和 Svirezhev，2004）。该应用包括结构动态模型（SDMs）。

（3）对许多生态学现象，包括进化的描述（制图），都能够用该定律来解释（Jørgensen，2002；Jørgensen 等，2000；Jørgensen 和 Svirezhev，2004；Jørgensen 等，2007）。

（4）蛋白质实现了细胞内的全部生化反应，并且其物理化学性质也是细胞存在的前提。构成蛋白质的氨基酸序列是酶的性质的基础，是由基因组中包含的信息所编码构成的。生命就是信息的集合体。关于该主题的深入讨论参见第13章。

下一节将介绍几个支持生态埃三极存储假说（也就是 ELT）的研究实例（Jørgensen，1997，2002；Jørgensen 等，2000），其中也有些体现了最大功率原则。第7.4节介绍了结构动态模型（SDMs），这些模型基于 ELT，描述由于适应和物种组成的改变所引起的生态系统结构变化。在23个案例中，SDMs 的预测都与生态系统结构的实际变化相吻合。SDMs 模型的成功应用是对 ELT 的强有力支持。在第7.5节中，将会阐释进化论与 ELT 之间的一致性，这当然也是对 ELT 的支持。

7.3 能够用 ELT 解释的基本生态学现象(规律)

下面列举了一些支持 ELT 的研究实例(Jørgensen,1997,2002;Jørgensen 等,2000)。在这些文献和 Jørgnesen 等(2007)中可以找到更多案例。

(1) 基因组大小。一般说来,生物进化是朝着具有更多基因数量的方向进行的(Futuyma, 1986)。如果我们假定自由能与基因组大小之间存在直接对应关系,比较图 4.7,那么就可以合理地认为,生态埃三极存储的增加伴随着信息量的增加和“更高级”有机体的产生。在第 7.5 节的进化论内容部分,将对此进行更深入讨论。

(2) Le Chatelier 原则。我们可以将对埃三极存储的假说认为是广义的 Le Chatelier 原则。生物量的合成能够用化学反应表示:

能量 + 营养物质 = 有更多自由能(埃三极)的分子和组织 + 能量耗散

根据 Le Chatelier 原则,如果能量流入一个处于平衡状态的系统,那么该系统将会以能够抵消这种变化的方式调整自身的组分。这就意味着将会形成具有更多自由能的分子和组织。如果有多种途径可以选择,那么那些能够利用最多能量,形成最多有最高自由能的分子,进而最大程度上减少这种扰动(远离平衡)的途径将会被系统用来恢复平衡。

(3) 有机质氧化顺序。生物有机质的氧化顺序(如 Schlesinger, 1997)依次为:氧气、硝酸盐、二氧化锰、Fe^{3+}、硫酸盐和 CO_2。这也就是说,在氧气存在的情况下,氧气将先于硝酸盐氧化生物有机质,而硝酸盐又将先于二氧化锰,依此类推。作为氧化反应的结果,埃三极储量可以用可利用电子 kJ/mol 来计算,后者决定了 ATP 的产量。1 mol ATP 存储了 42 kJ 埃三极。ATP 中的埃三极作为可利用能量,其减少也遵循上面提到的顺序。埃三极存储假说成立的话,也能得到该结论(表 7.1)。如果系统得到更多的氧化物,哪一个可使系统得到最高的自由能存储,它就会被选中。

表 7.1 0.25 mol CH_2O(糖类)氧化时,每 mol 电子产生的 kJ 和 ATP。在 pH = 7.0,25℃的条件下,氧化过程所释放的能量可产生更多 ATP,以支持大量的有机物氧化过程

(糖类)氧化反应	kJ/mol e^-	ATPs/mol e^-
$CH_2O + O_2 = CO_2 + H_2O$	125	2.98
$CH_2O + 0.8\ NO^{3-} + 0.8\ H^+ = CO_2 + 0.4\ N_2 + 1.4\ H_2$	119	2.83
$H_2O + 2\ MnO_2 + H^+ = CO_2 + 2Mn^{2+} + 3H_2O$	85	2.02
$CH_2O + 4FeOOH + 8H^+ = CO_2 + 7H_2O + Fe^{2+}$	27	0.64
$CH_2O + 0.5SO_4^{2-} + 0.5H^+ = CO_2 + 0.5\ HS^- + H_2O$	26	0.62
$CH_2O + 0.5\ CO_2 = CO_2 + 0.5\ CH_4$	23	0.55

在表7.1中,第一个(好氧)反应的发生总是先于其他反应,因为该反应得到的埃三极储量最大。最后一个(厌氧)反应产生甲烷,与第一个反应相比,是一个不完全氧化过程,因为甲烷的埃三极含量大于水。

例7.1

请解释:

a. 为什么反硝化作用需要厌氧条件?

b. 为什么磷从沉积物的释放发生在具有温跃层的水生生态系统中?

解

a. 只有不存在氧气的情况下,硝酸盐才能被用于氧化过程。

b. 在具有温跃层的水生生态系统中,底泥中通常有丰富的有机质,由于温跃层的存在,氧气不能被传送到底部水体,因此底层水体具有较低的氧化还原电位。这就意味着 Fe^{2+} 和磷酸亚铁比磷酸铁更容易溶解。

---

(4) 原始大气层中有机质的形成。人们做了大量实验来模拟40亿年前地球上原始大气层中有机质的形成过程(Morowitz,1968)。各种来源的能量被施加到 CO_2、NH_4 和 CH_4 组成的混合气体中。显然,当能量被施加到这种简单的混合气体时,会有很多利用能量的途径,但主要途径是生成具有更大自由能的化合物(具有较高埃三极储量的氨基酸和类RNA分子,当发生氧化作用时,又会再次分解成为 CO_2、NH_4 和 CH_4),该途径也最容易发生(根据 Morowitz,1968)。

(5) 光合作用。光合作用有三种生化途径:① C3途径或称卡尔文循环、② C4途径和③景天酸代谢(CAM)途径。就每单位接收的能量产生的植物生物量而言,第三种途径是效率最低的。然而,在严酷、干旱的环境下,利用CAM途径的植物能够存活,而C3植物和C4植物却难以生存。但是,一旦水分充足,CAM途径光合作用通常会立即转换成C3途径(Shugart,1998)。CAM途径在干旱环境中能产生最高的生物量,即埃三极储量,而其他两种途径在其他环境中会获得最高的净产量(埃三极储量)。这三种途径产生1 g植物生物量所包含的自由能是不同的,但是通常来说,任何一种途径对生物量的提高都符合埃三极存储假设。

(6) 叶片大小。Givnish 和 Vermelj(1976)认为叶片可根据环境条件优化其大小(以及生物量)。这个结论也可以转述成叶片能够使自身的自由能含量最大化。叶片越大,其呼吸和蒸散作用越大,但它们捕获的太阳辐射能也越多。湿润气候下,落叶林的叶面积指数(LAI)大约为6(参见例3.1)。根据叶片最大化的假设,权衡叶片的给定大小和对给定大小的叶片的维持,就可预测这个指数(Givnish 和 Vermelj, 1976)。在给定环境中,叶片的大小取决于太阳辐射和环境湿度,但是,同一植物的见光叶片和遮光叶片具有不同的埃三极含量,叶片大小和 LAI 的关系符合埃三极储量最大化的假设。

(7) 生物量集合。动物体重 W 与种群密度 D 的关系通常为:$D=A/W$,其中 A 是常数(Peters,1983)。最大生物量集合仅仅取决于总物质量,而不是单个有机体的大小。由于种群密度(单位面积内的个体数量)与个体质量成反比,因此,在生态系统中得以最大化的是生物量而不是种群大小。当然,这个关系是非常复杂的。比如,给定总质量的老鼠与具有相同总质量的大象,它们的埃三极含量或个体数量均不同。同时,还应该考虑基因组差异(例 17)和其他因素的不同。我们将在后文讨论以埃三极耗散作为热力学系统的目标函数之一。如果最大化的是种群大小而不是埃三极存储,那么生物量集合将遵循这样的关系:$D=A/W^{0.65-0.75}$(Peters,1983)。然而,情况并非如此,因此,生物量集合和与之相关的自由能为埃三极存储假设提供了支持。

(8) 循环。如果一种资源(比如,植物生长的限制性养分)非常充足,那么它将循环得非常快。看起来似乎不合常理,因为如果资源量没有限制时,循环就变得毫无必要。一个模型研究显示,当一个含量丰富的资源循环加快时,自由能储量增加(Jørgensen,1997)。结果见图 7.2,将氮磷比(N/P)与最大埃三极发生时的氮磷循环速率比(R)取对数作图。图 7.2 中的关系与实验得到的结果(Vollenweider, 1975)相一致。当然,我们不能对模型进行任何"诱导检验",然而,数据的分析和拟合程度确实可以支持埃三极储量的假设。具有最大优势的

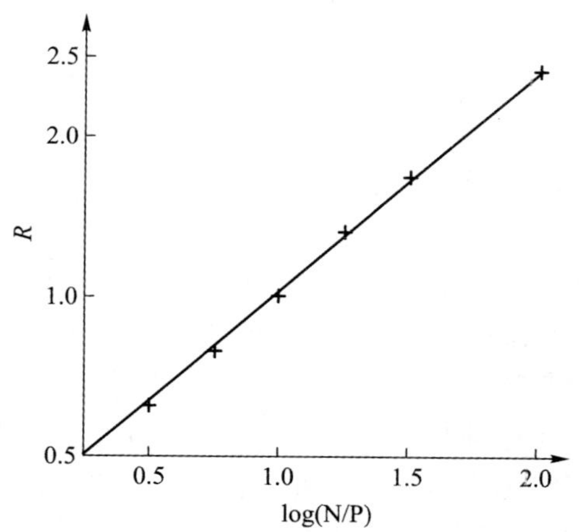

图 7.2 埃三极最大时的氮磷循环速率比(R)与氮磷比(N/P)取对数作图。该图与 Vollenweider(1975)的结论一致

循环率也与 N/P 有相似的关系(与 R. Ulanowicz 的通讯交流)。鉴于埃三极与优势的密切关系,前面提到的结论(段首)就不足为奇了(Jørgensen,1995a;Ulanowicz,1997)。

(9) 紫翅椋鸟的觅食行为。在春季和夏季,椋鸟通常在草场或者牧场上觅食长脚蝇的蛆。当它们为幼鸟收集食物时,会把捕到的长脚蝇蛆含在喙的底部。喙的底部积攒的长脚蝇蛆越多,那么捕捉下一只长脚蝇蛆就越困难。因此,捕到的食物越多,每个捕食间隔时间就越长。雌鸟给幼鸟送食物的频率等于食物的数量除以每次捕食所花的时间,包括在捕食地花的时间以及来往于鸟巢和捕食地花的时间。研究发现,椋鸟能够将这种食物传递频率最大化(Ricklefs, 2000)。它们能够在食物数量、捕食耗时以及来往于鸟巢和捕食地的时间之间找到最优组合。因此,椋鸟能够最大限度地提高生态埃三极。最优捕食理论或假说将在第 15 章进行深入讨论。

例 7.2

某些寄生虫能够攻击并破坏昆虫的一只耳朵,但是从不破坏第二只,这一现象该如何用 ELT 进行解释呢?

解

如果寄生虫破坏昆虫的两只耳朵,由于昆虫无法听到蝙蝠的存在,就很容易成为蝙蝠的猎物。对于寄生虫来说,要避免它们的宿主成为蝙蝠的食物,显然,攻击并破坏昆虫的两只耳朵是不利的。因此,结果就是寄生虫和昆虫都存活下来,并因此为生态系统贡献更多的生态埃三极。

7.4 结构动态模型

如果按照大多数生态模型教科书上的建模程序,那么我们构建出的模型将能描述某个特定生态系统的过程,但是模型参数只代表状态变量在实验期间的性质。它们在其他阶段就不一定会继续有效,因为我们都知道,如果生态系统要对现有环境条件的变化(图 7.3)作出回应,就会调节、修正并改变这些参数,这取决于强制函数和状态变量之间的相互关系。我们现在的模型,结构僵化,参数固定,这就是说不可能发生组分改变或替代。然而,我们需要引入能够根据强制函数和基础条件的变化而变化的参数(性质)。状态变量(组分)不断优化,提高系统远离热平衡的能力。状态变量的变化可由适应或者物种构成的变化而引起。总是有那么几种生物,如果确是更有优势的生存者,就会时刻准备着取代其他物种。因此,我们的想法是检验最关键参数的变化是否能使系统更加远离热平衡,如果可以的话,就可以使用这套参数集,因为它能代表适应和物种结构的改变。

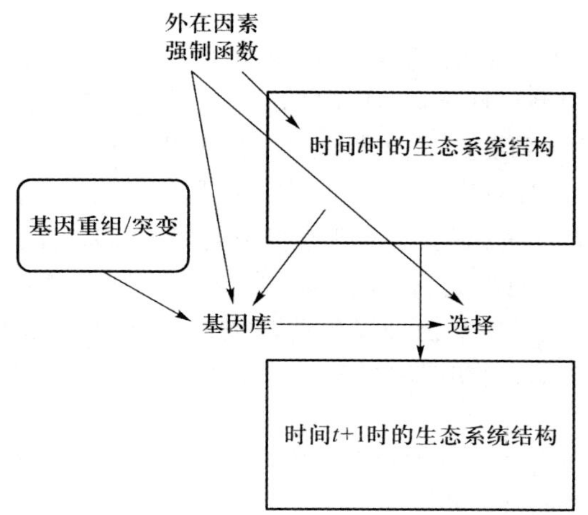

图 7.3 外在因素不断改变物种结构的概念图。物种结构可能发生的变化取决于基因库,而基因库通过基因突变或者基因重组而不断变化。但是,发展过程更加复杂。图中,① 从"外在因素"指向"基因库"和"选择"的箭头表示强制函数可以改变基因库和选择压力;② 从"生态系统结构"指向"基因库"的箭头表示物种在某种程度上改变自身基因库的可能性

用来说明物种结构变化的模型类型也可用来说明物种(比如,模型的生物组分)改变自身性质的能力(比如,适应物种所处的现有环境)。这类模型被称为结构动态模型,以强调它们能够显示结构上的变化。也可以将它们称为下一代或第五代生态模型,以突显它们与以前的模型的本质区别,并且具有更多的功能,即能描述适应和物种结构的改变(Jørgensen,1992a,1992b,1994a,1994b,1995a,1995b)。

有人会提出,可以构建一个包含整个时期内所有物种的模型,以此来描述生态系统选择更适合的物种来代替现有物种的能力。但是这种方式有两大不可避免的缺点。首先,模型会非常复杂,因为模型要包含每个营养级的许多个状态变量。因此,有许多参数需要校正,这样就会产生很高的不确定性,而且使得模型仅能用于指定的情况(Nielsen,1992a,1992b)。此外,模型结构僵化,当生态系统出现适应时,即使尚无物种结构的变化,模型也无法不断改变参数。

Straskraba(1979)用最大生物量来表示系统远离热平衡的距离。模型计算

了每一个距离下的生物量,并调整一个或多个选择的参数,以获得最大生物量。模型有一套计算生物量的方法,能够在给定的真实参数区间内,计算各种可能的参数组合情况下的生物量。然后选择能够获得最大生物量的组合,再做下一步的计算。然而,生物量仅在只有一个物种产生适应或者被别的生物替代时才能使用。

利用一个特定参考系计算生态系统的生态埃三极(功容),被广泛用于SDMs的一个生态模型目标函数,所谓特定参考系是指在相同的温度和压力下,处于热平衡态的目标系统。下面将介绍并讨论两个最有说服力的例子。生态埃三极作为目标函数具有两个明显的优势。生态埃三极的定义是远离热力学平衡的,并且与状态变量相关,这些状态变量与最大瞬时功率不同,它们比较容易确定、模拟或测量,而最大瞬时功率很难确定,也很难测量。并且,生态埃三极能够用于两个或者更多个物种发生适应或被其他物种替代的情况。这种情况是经常发生的,比如,当湖泊的强制函数发生改变时,浮游植物和浮游动物通常同时发生变化。

有23个案例的结构动态模型采用了生态埃三极这一热力学变量(Zhang等,2010)。这23个研究案例是:

(1~8) 6个不同湖泊的8个富营养化模型

(9) 一个模拟以去除食浮游生物鱼类为基础的生物调控成败的模型

(10) 一个浅水湖泊模型,模拟沉水植物和浮游植物分别占据优势的情况

(11) 一个Balaton湖模型,用于论证中度干扰假说

(12~15) 小型种群动态模型

和以下几种富营养化模型:

(16) 一个威尼斯潟湖模型

(17) 一个蒙迪欧河口模型

(18) 一个达尔文地雀模型

(19) 一个关于铜对浮游动物生长速率影响的生态毒理学模型

(20) 一个关于寄生虫与鸟类相互作用的模型

(21) Pamolare 1软件中包含的用于丹麦Fure湖的结构动态模型

(22) 西班牙Chazas湖模型(将于2011年夏季刊登)

(23) 一个基于个体的模型,用以表示结合作用能够获得具有较高系统埃三极水平的参数组合

下面将介绍两个很有说服力的例子,即上面列出的(18)和(19)。这两个例子相对简单,比较容易理解,而且研究人员已经观察到这两个模型中的结构变化了,并且这些结构变化较容易理解。

图7.4显示了SDMs的构建过程,以生态埃三极作为目标函数,确定可用于

描述适应或物种结构改变的参数，通过参数的变化来构建结构动态模型。图7.5利用SDMs的理论依据。

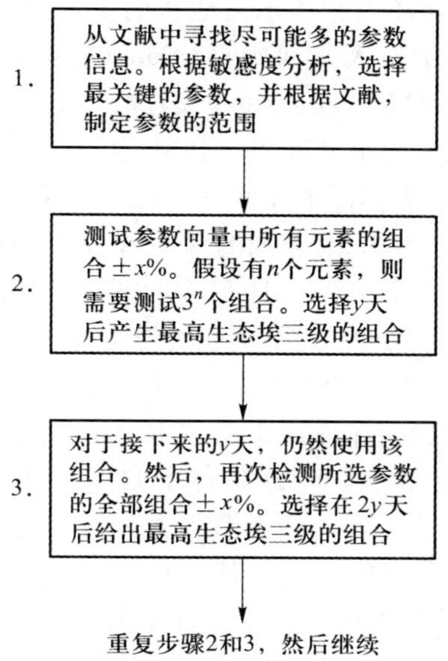

图7.4 构建SDMs的步骤。SDMs已经被成功应用于23个研究实例中。带有合理标准偏差的生态模型预测出结构变化，而后者又得到了实际观察的确认。此外，与同类型的但不考虑结构变化的生态模型相比，SDMs预测的状态变量的标准偏差通常更小

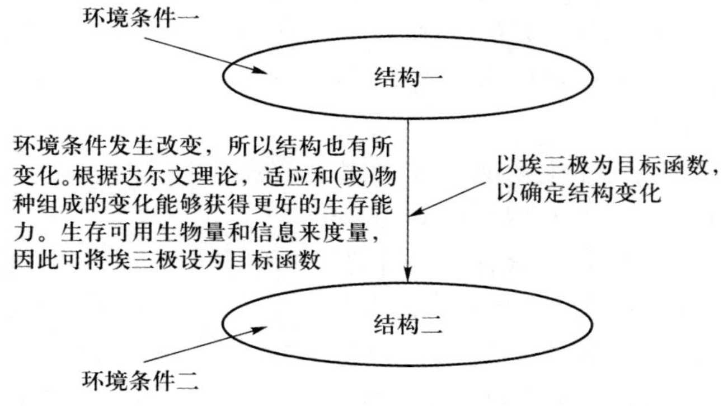

图7.5 SDM模型应用的理论依据

7.4.1 构建达尔文地雀的结构动态模型

为达尔文雀构建的结构动态模型能够清楚地显示结构动态模型的优势，详

见 Jørgensen 和 Fath(2004)。像其他所有模型一样,本案例中的模型能够全面并充分体现已掌握的知识,进而证明模型能够描述鸟喙大小应对气候改变而产生的变化,并且,气候变化还引起达尔文地雀的主要食物——种子的数量、可利用性和质量的变化。由于对大戴弗妮岛(Daphne Major)上的中地雀(*Geospiza fortis*)的研究资料较为详尽(Grant,1986),因此,将其作为构建模型的对象。模型有三个状态变量:种子、达尔文地雀成体和达尔文地雀幼体。达尔文地雀幼体从出生之日算起,长成成体需要 120 天。成体的死亡率等于:正常死亡率 + 食物短缺导致的额外死亡率 + 由于喙的深度和大小与种子的坚硬程度不匹配而导致的额外死亡率。由于 1977—1979 年间降雨量极少,中地雀种群显著下降,同时,喙的大小增加了约 6%。所构建的结构动态模型能够描述喙的大小对种子变化的适应,而种子由于降雨量过小而变得更大更坚硬。

根据 Grant 的数据,喙的深度在 3.5 ~ 10.3 cm 的范围内变化。较适应的喙的大小等于 $D \cdot H$ 的平方根,其中,D 是种子的直径,H 是种子的坚硬度。D 和 H 都取决于降雨量多少,尤其是在 1 月到 4 月间的。喙的大小对 D 和 H 的匹配或者适应是达尔文地雀生存的关键。基于种子处理时间的适应函数不仅影响死亡率,还会影响产卵数和幼体死亡率。种子的生长速率和死亡率取决于降雨量和温度,即强制函数 $f(t)$。食物短缺是根据达尔文地雀所需的食物量(来自 Grant 的数据)和实际所获得的种子数量(状态变量)计算的。关于食物短缺如何影响成体和幼体的死亡率,可查看 Grant(1986)。1975—1982 年的种子生物量和达尔文地雀数量被作为时间函数(Grant,1986)。1975—1977 年间对状态变量的记录被用于模型校正,主要校正参数是:

(i) 适应函数对下列参数的影响:① 成体死亡率;② 幼体死亡率;③ 产卵数。

(ii) 已知食物短缺对幼体和成体死亡率产生影响(Grant,1986)。因此可在较小的范围做校正。

(iii) 降雨量对种子生物量(生长和死亡)的影响。

其他所有参数均来自文献(Grant,1986)。

生态埃三极密度 = 275 × 种子的密度 + 980 × 达尔文地雀密度(表 4.1)。每隔 15 天观察一次,看雀喙大小发生的变化(考虑了世代时间和喙大小的变异)是否会产生更高的生态埃三极。如果确实如此,那么喙的大小理应发生相应的变化。实际观察结果证实了对鸟喙的模拟结果。图 7.6 是模型结果与实际观察结果的比较。模拟值与实际观察值之间的标准偏差为 11.6%。模拟值与实际记录值的验证和校准系数 r^2 为 0.977。非结构动态模型就不能预测雀喙大小的变化,由于模型中的雀喙不会因较少降雨量产生的更大更坚硬的种子而发生适应,所以模型结果的达尔文地雀数量会偏低。如果没有使用生态埃三极优化的校正模型(1977—1982 年为模型验证期),SDMs 得出的结果是达尔文地雀

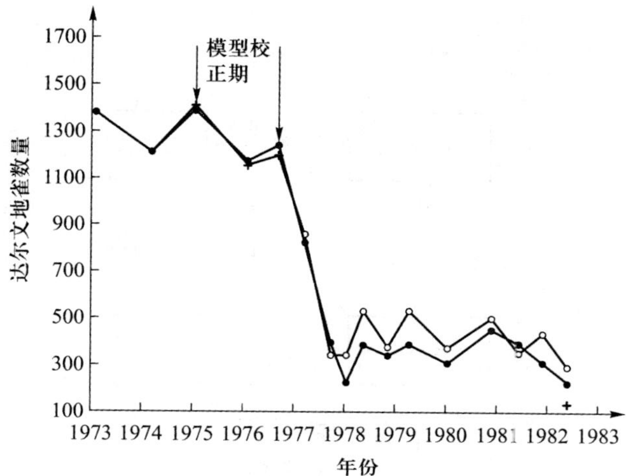

图 7.6 1973—1983 年间记录的达尔文地雀数量(实心点)与模型结果(空心点)的比较。1975 和 1976 年的数据用于模型校正,1977 至 1978 年的数据用于模型验证

完全消失。因此,非结构动态模型,比如一个普通的生物地球化学模型,没法描述极低降雨量的影响,而 SDMs 则能获得一个与实际情况近似的达尔文地雀数量,并且能够描述与此同时雀喙大小的增加。

7.4.2 生态毒理学 SDM 实例:铜对于浮游动物体型的影响

图 7.7 为本模型的概念图。本模型是由 Jørgensen(2009)在 Devellier(2009)中提出,使用 STELLA 软件构建模型,并获得运行结果。铜是一种除藻剂,会造成浮游植物的死亡增加(Kallqvist 和 Meadows,1978),降低浮游植物光合作用和对磷的吸收。铜还能遏制细菌的同化作用。相关文献给出了以下三个模型参数:铜浓度上升时的浮游植物生长速率、浮游植物死亡率和碎屑物的矿化速率(Havens,1999)。结果显示,浮游动物体型减小,根据异速增长原则(第 8 章将对此进行详细讨论),这意味着比摄食率和比死亡率的上升。实验观察结果显示,在封闭系统(如池塘)内,铜浓度为 140 mg/m^3 时,浮游动物的大小还不到铜浓度为 10 mg/m^3 时的一半(Havens,1999)。根据异速增长原则(Peters,1983),这将会导致摄食率和死亡率增加一倍以上。

图 7.7 的模型中,浮游动物体型发生了变化,根据异速方程,比摄食率和比死亡率也发生相应改变,因此具有结构上的动态性。该异速方程中,这两个比速率值与线性变化的体型呈反比(Peters,1983)。模型在 10 ~ 140 mg/m^3 铜浓度变化范围内寻找产生最大生态埃三极的浮游动物体型。根据前文所述的结

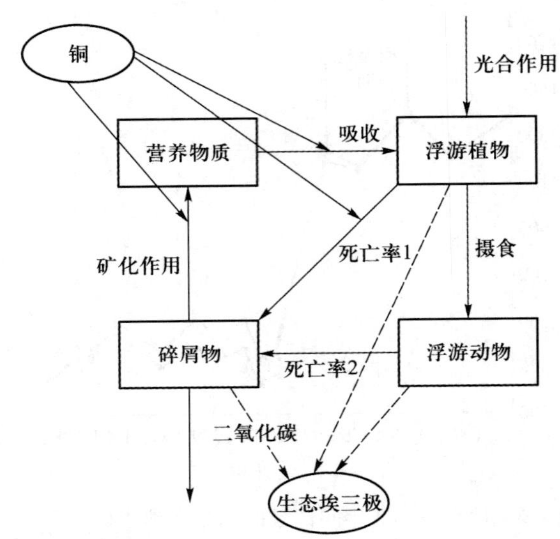

图7.7 铜对于光合作用速率、浮游植物死亡率和矿化速率的影响的生态毒理学模型概念图。方框表示状态变量,灰色粗箭头表示过程,而黑色细箭头表示铜对过程的影响和由状态变量计算的生态埃三极。由于这三个速率的改变,对于浮游动物和整个生态系统来说,最佳方案是减少自身的数量。因此,模型具有结构动态,可呈现出浮游动物体型的变化,并根据异速增长原则,可知比摄食率和比死亡率的动态变化。通过本模型,可以获知产生最高生态埃三极的体型

构动态模型方法,可以预计系统会选择能够产生最大生态埃三极的体型。图7.8~图7.10为模型运行的结果。在这些图中,分别显示了铜浓度与比摄食率、产生最大生态埃三极的体型和系统埃三极之间的关系。

正如所预计的那样,由于铜浓度上升对浮游植物和细菌的毒性作用,即使是能够产生最大生态埃三极的浮游动物体型也因此而减小了。

图7.9中,如文献所述,铜浓度为140 mg/m^{3}时的体型不到铜浓度为10 mg/m^{3}时的一半。生态埃三极从198 kJ/L(铜浓度为10 mg/m^3)减少到88 kJ/L(铜浓度为140 mg/m^3)。换句话说,由于铜的毒性作用,生态埃三极下降到了初始水平的40%左右,毒性作用是非常显著的。如果浮游动物不根据毒性效应调节体型,即不改变参数,即使在较低的铜浓度下,生态埃三极的下降也会更为显著。因此,选择构建具有结构动态变化的,即在铜浓度改变时参数也能变化的模型是非常重要的。

在这个生态毒理学案例中,浮游动物的体型不断发生改变。能较准确地预测物种特性的变化是SDMs的一大优势,然而,它的一个更大的优势在于,与生物地球化学模型相比,SDMs预测的由于有机体对环境的适应而产生的状态变

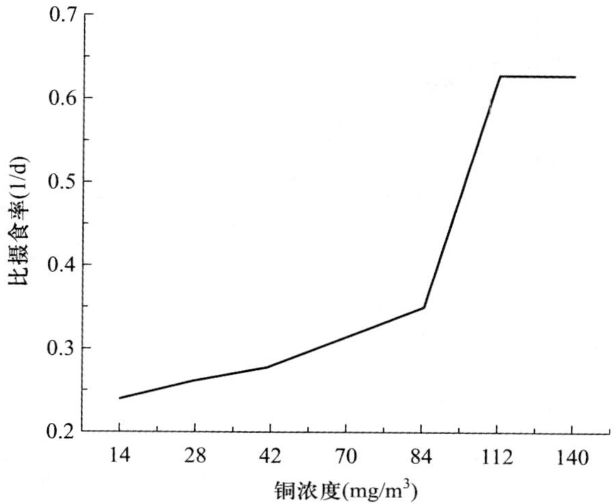

图 7.8 不同铜浓度下,产生最大生态埃三极的比摄食率。随着铜浓度的增加,摄食率的增长越来越快,但是到一定水平后,改变浮游动物参数也不能进一步增加生态埃三极,因为浮游植物的数量成为浮游动物生长的限制因子

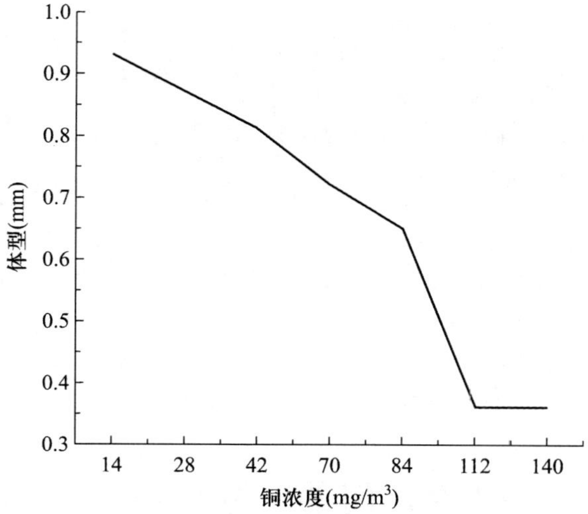

图 7.9 产生最大生态埃三极的浮游动物体型与铜浓度之间的关系。随着铜浓度的增加,浮游动物的体型越来越小。但是,到一定水平时,改变浮游动物体型也不能进一步增加系统埃三极,因为浮游植物的数量成为浮游动物生长的限制因子

量变化与实际变化更为接近。如果采用非结构动态模型,那么铜的毒性作用会更加显著,这也意味着浮游动物状态变量偏低。

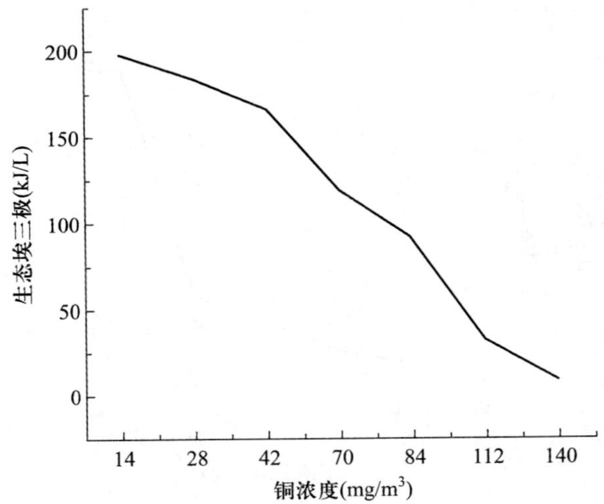

图 7.10 当浮游动物数量改变时,最大生态埃三极与铜浓度之间的关系。随着铜浓度的增加,系统埃三极以近线性的趋势减少。产生这种近线性趋势的原因可能是由于模型的不确定性以及铜浓度和浮游动物体型的不断变化

> 已由 SDM 检验的上述 23 个案例说明,SDM 能够捕捉甚至定量描述实际发生的结构变化,比如雀喙大小的变化和浮游动物的体型变化。由于 ELT 是 SDM 以生态埃三极作为目标函数的前提,我们认为 SDM 的成功应用是对 ELT 的强力支撑。

应用 SDMs 提高生态模型的预测能力具有非常重要的意义,因为模型结果对所选参数是敏感的。很多时候,参数的变化会产生截然不同的预测结果。但是,前面我们所举的例子与其他应用模型相比,SDMs 预测结果的不确定性更小,也更接近于实际情况。因此,我们认为,SDMs 在生态模型应用中具有非常重要的意义,它至少能够用于解释适应性和物种结构的转变。

7.5 ELT 与进化论之间的一致性

人们通常认为,进化是一个逐步发展的过程:从无机物到简单有机物,再到复杂大分子化合物和简单有机体,并进一步向性质更加复杂的有机体进化。即便最简单的有机体也不可能是自发形成的,因为对于决定生命过程的复杂生物化合物而言,自发的正确合成是一个极小概率事件,以至于在实际环境中不可能发生。进化只可能是由一点一点的进步累积而成的:从简单有机分子,经过

无数次成败之后再形成越来越复杂的有机分子。最初的繁殖可能是一种非常简单的方式,后来慢慢发展出越来越复杂,越来越有效的繁殖方式,当然,决定生命的所有过程也是这样慢慢发展的。

没有基因,则不可能发生进化。基因能够使生物信息世世代代相传,进而使得生物在祖先的基础上逐步进化。基因通过 mRNA 的碱基互补配对决定蛋白质的一级结构:氨基酸序列,配对时既不会增加也不会减少。蛋白质的一级结构决定所有更加高级的结构及其功能。有些蛋白质用于有机体构成,有些是作为酶,还有一类蛋白质参与细胞信号传导,即接收细胞外脉冲(主要是化学脉冲)和对该脉冲产生胞内响应。此外,还存在一类蛋白质,称为动力蛋白,能够把化学能转化成机械能。所有这些蛋白质类别对于有机体生存和发育来说都是不可或缺的(Haugaard-Nielsen,2001)。

进化过程中的限制因素(问题)是如何将优良信息传递给下一代,基因解决了这个问题。但是又产生了新的限制因素:只有在基因使用时存在竞争的情况下,生存才可能得以继续。由于突变、基因重组以及其他机制能够提供大量新的可行性,因此基因也会为有机体带来丰富的潜力,这将在下文讨论。因此,如

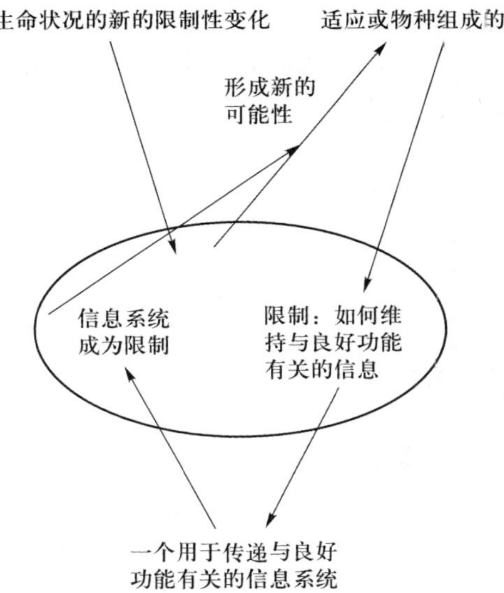

图 7.11 当前生存条件的改变,带来很大的时间和空间变化,对生存提出了新的挑战(问题)。有机体要么做出适应,要么被其他更适应的有机体取代。这就需要一个信息系统,将适应环境的优良信息传递给下一代。因此,信息系统是非常有用的,可能由此产生新的限制因素,但也开辟了新的可能途径

图 7.11 所示,有机体和(或)它们的生态网络从限制因素开始,具有更优良的新特性,新可能性贯穿了整个具有良好功能编码的系统的始末。

进化可以被看作是一个不断产生问题,又不断解决问题,如此循环往复并逐渐形成一个越来越复杂的世界的过程。这里需要注意的是,自然选择是针对表型的,而新的更好的性质是由基因产生的。

关于进化是逐渐发生的还是一蹴而就的,曾有过广泛的讨论。目前我们假定这两种方式都是存在的(Jensen-Peter, 2005)。在稳定的环境条件下,进化主要是渐进发生的。当环境条件发生突变时,比如气候条件的突然变化,跳跃式进化可能占据更主要的地位。

决定有机体生物化学过程的一系列酶的组成也是由基因决定的。与适应性较差的有机体相比,成功的有机体能产生更多的后代。由于基因组成可被遗传,所以那些成功的性质也会代代相传。

> 这就解释了为什么进化是朝着具有新的性质的越来越复杂的有机体方向进行的。

图 7.12 是进化指数与时间的关系。进化指数是用给定时间内产生的海洋物种科数和最发达有机体的 β 值表示。通常假定物种数量与科的数量具有同样的发展格局。Jørgensen 等(2005)列举了 β 值。目前被采纳的 β 值见表 4.1。表 7.2 给出了图中的发生期数据。

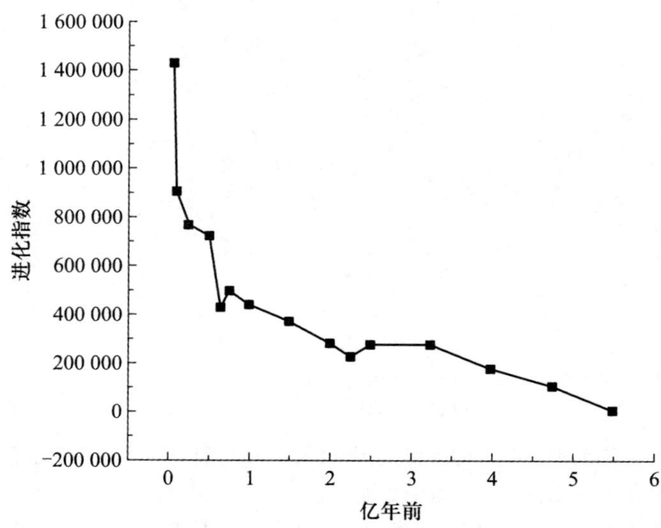

图 7.12 进化指数与时间的关系。前文已对进化指数的计算进行了说明

表7.2 在图7.12中用于计算进化指数的发生期数据

亿年	出现的动物
5.0~5.5	各种无脊椎动物
4.75	原始鱼类
4.0	鱼类
3.75	两栖动物
3.0	爬行动物
2.0	哺乳动物
0.3	猴子
0.1	类人猿
0.01	人类

对有机体的挑战源自连续变化的环境,而进化是由这类挑战所构成的限制产生的。有机体不得不在变化无常的环境中尽可能地生长。由于突变、基因流及后面要讲到的基因重组为生物在变化多端的世界上的生存提供了新的可能,并且一旦产生了某个更好的性质,决定这种性质的基因就被有机体保存下来,在将来被重新利用。由于新的适应方法基于之前已经存在的适应方法,所以,物种或科的数量将会增加。这种进化过程的解释符合Monod的观点:"进化是偶然与必然的结果"。

持续变化的生存环境是进化的偶然或者随机因素,而生存是其必然,因为如果没有个体的生存,进化就不会继续进行。

组成遗传密码的四个核苷酸中包含四种碱基。因此,遗传密码有最多4×4×4×4个组合方式。但是,遗传密码仅用来编码20种氨基酸,这说明遗传密码中含有冗余信号。虽然,看起来遗传密码是随机产生的,但这并不影响编码系统的效率。

进化需要时不时地被新的限制因素刺激一下。目前地球已经经历了几次特大自然灾难,比如,6 500万年前,小行星撞击地球,也因此产生了新的环境条件和新的生存挑战,所以,这也可能是进化的一大优势。如果旧的适应方案一直占主导地位,新的适应方案通常没有发挥的机会。除旧才能迎新。进化时不时地依赖于偶发的大灾难,如火山喷发、飓风和气候突变。与Holling循环的比较(Holling,1986)可见图6.4。

大约500万年前,非洲的气候发生突变。降雨量骤减。东非的热带雨林主要被稀树草原所取代。这对于类人猿来说是一个新的挑战:对于类人猿来说,两足动物更有利于草原上的生存。这导致了类人猿向现代人 *Homo sapiens*(智人)的进化。大脑容量的增加可能是随机产生的,或至少在最初发生时具有很大的随机性:人类是食肉动物,大脑的生长需要各种不同的氨基酸,同时狩猎也要求更大的脑容量,因为成功的狩猎需要一伙人的协调工作,因此出现了部落,也出现了信息网络,以便于部落或者打猎小组的成员之间的交流(信息交换)。

生存条件或者限制因素的随机变化与进化之间的关系意味深长——比如,如果我们重复寒武纪爆发后的进化过程,就将不可避免地要遵循同样的生态定律和同样的生态理论假设,但是由于随机性,就无法确定最后会得到一样的结果。

从宇宙大爆炸开始,经历了太阳和地球的形成,一直发展到如今文化和科技发达的人类社会,整个进化过程当然全都遵循热力学第二定律。因此,进化是不可逆的,这一点不足为奇。

> 热力学第二定律:不可逆定律对于进化来说是必要但并不充分。进化只有一个方向:越来越高的复杂性、秩序和信息。

如果构成进化的步骤是可逆的,那么进化将失去方向性。

> 从简单有机分子开始,依次经历从复杂有机分子、原核生物、真核生物、无脊椎动物,到脊椎动物的进化,再从哺乳动物、猴和类人猿到智人的整个生物进化过程显示了同样的进化方向——越来越高的复杂性和信息水平。

和物理系统不同的是,生物系统在发展过程中复杂性是逐渐增加的(Tiezzi,2006)。

我们可以用生态埃三极度量秩序和信息。

> ELT 对进化机制的解释是:在进化过程中,生态埃三极持续增加,期间的几次大灾难(完全崭新的限制条件)发生时,生态埃三极出现暂时性下降。在各种环境下,生态埃三极总是力争向越来越高的水平发展。

强制函数可能影响环境条件,进而影响生态埃三极水平。这也是图7.12中进化指数下降的原因。

进化过程导致生态埃三极不断增加——产生更复杂的结构、更丰富的秩序和更多信息。图7.13选自 Jørgensen(2008)(更详细的描述见此文献),显示了最发达有机体的生态埃三极密度随时间的变化。本书中,掌握"生态埃三极 = 生物量 × 信息"的这一知识点非常重要。其中,正是信息因子在越来越快地增加。如前文所述,生物量的增长受限于限制性元素的数量,但是信息仍然可能以数量级的速度增加。因此,进化趋向于越来越有效的生化控制,越来越有效的能量利用和越来越复杂的生命形式。图 7.13 对此进行了热力学的说明。如果用半对数图表示,则转化为图 7.14。这个图清楚地显示了寒武纪大爆炸和第一个生命的出现。生态埃三极密度以接近指数的形式上升,在寒武纪大爆炸后出现了生命,此时,生态埃三极密度的上升略快于指数形式。这意味着生态埃三极密度的上升符合一阶方程:

$$d(\text{生态埃三极密度})/\text{vol} = r\,dt \quad (7.1)$$

式中:vol 表示体积,r 为速率常数。在图 7.13 中,从寒武纪大爆炸以及出现第一个原始细胞的这段时间内,斜率大于 r。尤其在最近的几百万年里,斜率明显大于平均斜率(用回归线表示)。

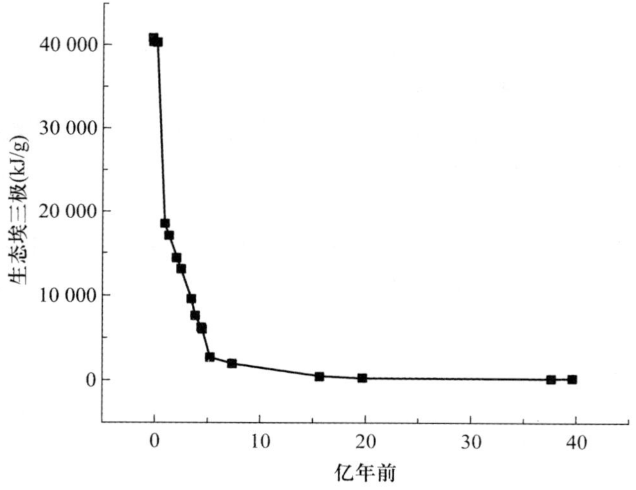

图 7.13　生态埃三极密度(kJ/g)与时间的关系。在寒武纪的初期,即大约 5.4 亿年前,生态埃三极陡增。同样,从图中也能看到哺乳动物、人科动物和人类出现时生态埃三极增加较快。详情见 Jørgensen (2008)

多样性增加假设包括了进化论,认为生物圈的多样性正随时间而增加。环境中已经增加了更多的物种,这是对新生态位的一种新的适应方式,因为环境总是有利于那些能够更有效利用各种潜在资源的有机体,也就是在生态网络复杂性和信息增加的基础上,能够更有效利用可利用资源的有机体,它们也提高了生态埃三极。图 7.12 把基因组的多样性和大小结合起来,着重强调了上述观点。也有人研究了生物多样性在过去 6 亿年内(包括所谓的寒武纪大爆炸)

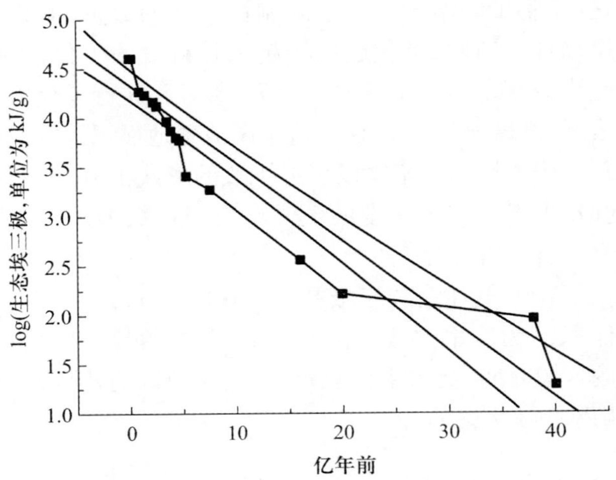

图 7.14 生态埃三极密度随时间变化的半对数图。红线表示近线性关系,也就是说生态埃三极密度呈指数增加。相关系数为 0.95。绿线表示置信区间 ± 标准差。其中,从寒武纪大爆炸以及出现第一个原始生命起,生态埃三极增加极快

的增加(例如,图 7.15)。在过去 3 亿年里,植物种类数大幅度增加。在这段时间内,脊椎动物从 2 个目增至约 70 个目,同时哺乳动物约有 25 个目,而鸟类有 30 多个目。

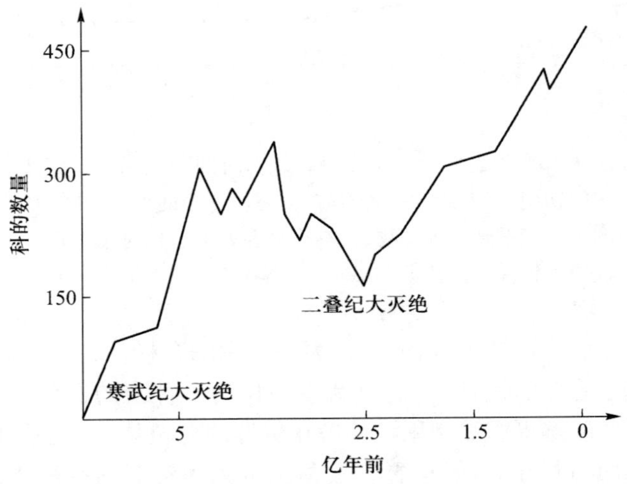

图 7.15 6 亿年以来浅海海洋生物的分科数量

生物多样性增加不仅是物种数量、门类和目次的增加，还包括细胞类型的增加(图7.16)，这为更加有效利用资源提供了更多的机会。

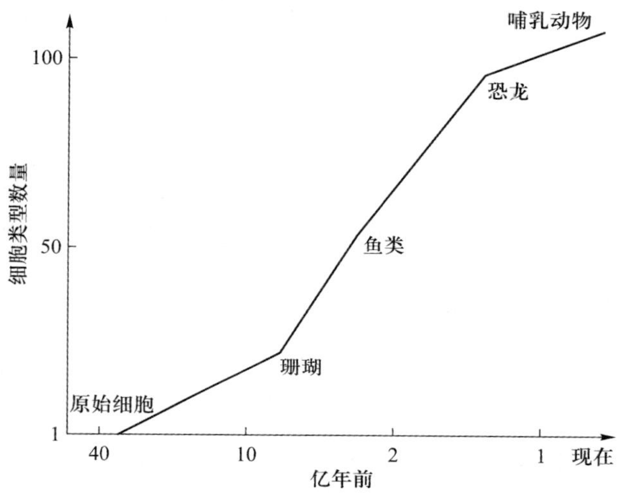

图7.16 在不同地质年代，细胞类型的数量。详情见Jørgensen等(2005)和Jørgensen(2008)

另一个假设是柯普(Cope)定律，即生物的体型会随着世系的延续而增加。最经典的例子就是马的体型的进化。除了有蹄动物之外，还有恐龙和海洋无脊椎动物都表现出向体型增大的方向进化。图7.17显示了进化过程中植物和动物最大长度普遍增加。这一现象与ELT是相符的。更大的体型意味着单位体

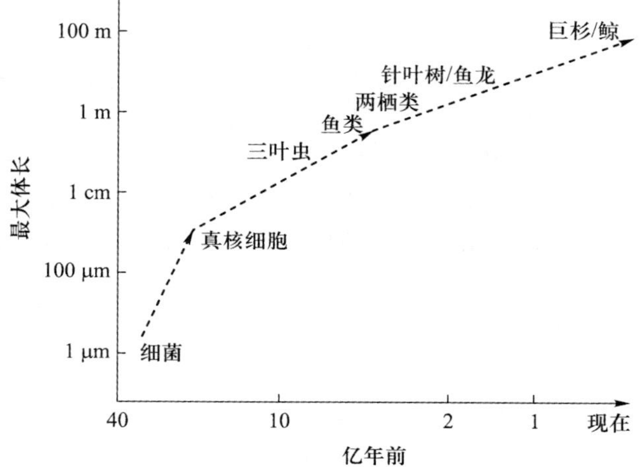

图7.17 35亿年来生物最大长度的增加

积上用于维持的能量更少,因为维持(即呼吸)与表面积成正比。如果一个有机体的长度增加两倍,呼吸增加4倍,但生物量增加8倍,这就意味着用于维持的相对能量(kJ/kg)减少了一半。例7.3讨论了马的体型在进化过程中生态埃三极效率的增加值。

例7.3

4 500万年前,马的体重仅为35 kg。现在,马的体重通常为几百千克,有一匹马的体重甚至达到500 kg。很明显,可以看到马向着更大体型的方向进化。假设:体型越大,食物利用效率越高。

计算生态埃三极效率,假设以草为食物,用于新陈代谢,生长为体重的函数。可以用模型来回答这个问题。

解

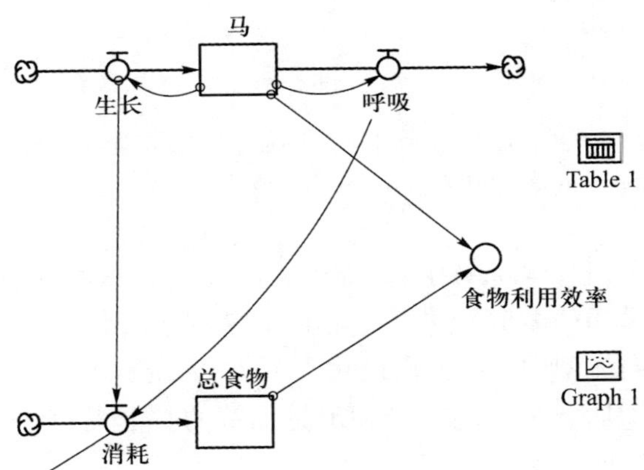

org表示马——处于生长期,通过呼吸来维持自身的复杂结构并远离热力学平衡。食物消耗总量满足了生长和呼吸的需求。应该选用逻辑斯蒂增长方程来描述这个生长过程,生长与体重的2/3次方成正比,呼吸与体重的3/4次方成正比。马和草的β值分别为2 127和200。生态埃三极效率的时间范围是指马的体重从1 kg增至生命结束时的体重这一阶段。应用STELLA软件写方程如下:

```
org(t) = org(t - dt) + (growth - respiration) * dt
INIT org = 1

INFLOWS:
growth = 3 * org^(0.67) * (1 - org/690)
```

```
OUTFLOWS:
respiration = 0.5 * org^(3/4)
total_food(t) = total_food(t - dt) + (consumption) * dt
INIT total_food = 1

INFLOWS:
consumption = growth + respiration
food_eff = 2127 * 100 * org/(200 * total_food)
```

模型对于不同的最大值的运行结果为：

最终体重	食物效率
500 kg	2.75%
400 kg	2.60%
300 kg	2.42%
200 kg	2.18%
100 kg	1.85%
50 kg	1.55%
35 kg	1.41%

可以明显看到，食物利用效率随着体重的增加而增加，这说明对于马来说增加体重是有利的进化。

本章小结

（1）第 6 章、第 7 章的结论可以归结成为一条生态系统核心定律（假说）——生态热力学定律（ELT），即从热力学的角度理解生态系统的动态变化：接收埃三极（高质量能量）通流的系统，会尽可能利用埃三极流远离热力学平衡，并且如果有更多利用埃三极的组分和过程的组合方式，系统就会选择使自身获得尽可能多的埃三极容量（存储）的组合方式，即 dEx/dt 最大化组合。

（2）生态热力学定律能够解释许多生态现象，下面使用案例：

a. 基因组大小

b. Le Chatelier 原则

c. 有机质氧化顺序

d. 原始大气层中有机质的形成

e. 光合作用(C3、C4 以及 CAM 途径)

f. 叶片大小

g. 生物量集合

h. 营养物质循环速率

i. 紫翅椋鸟的觅食优化策略

还有许多例子,将在第 15 章中进行阐述。

(3) SDMs 模型能够用来描述生态系统由于适应或者物种结构改变而产生的结构变化,而 ELT 的应用为 SDMs 的构建提供了可能。在 23 个成功应用了 SDMs 模型的案例中,模型能够以较低的不确定性预测实际的结构变动。

(4) 从简单有机物开始,依次经历从复杂有机物、原核生物、无脊椎动物,到脊椎动物的进化,再到哺乳动物、猴和类人猿进化成智人的整个生物进化过程显示了一个进化方向:越来越高的复杂性、秩序和信息水平。

(5) 在进化过程中,最发达有机体的生态埃三极至少在以指数形式增加。

练习题/思考题

(1) Wallace 假设,身体颜色与栖息树干的颜色相近的昆虫是最佳生存者。桦尺蠖(*Biston betularia*)有两种体色:布满黑色斑点的白色蛾和黑色蛾(由一个单一等位基因产生)。1850—1920 年间,作为对空气污染的反馈适应,黑色蛾在英格兰占据优势,因为深色可以更好地躲避鸟类捕食。1950—1995 年间,由于空气污染减少,白色蛾又占据了优势地位。请用 ELT 解释这一现象。

(2) 请用生态热力学定律解释图 6.7 和图 6.8。

(3) 可否将捕食者与被捕食者的协同进化称为符合 ELT 的竞争?

(4) 鸟类数量和纬度有良好的近似关系,遵循如下方程:

$$\log \text{鸟类数量} = \text{纬度}/80 + 2(80 - \text{纬度})/70。$$

假定物种多样性越高,占用各种生态位的可能性就越多,进而能更好地利用自然资源。请用 ELT 解释上述方程。

(5) 物种生活的纬度越高,则其体重也越大。能用 ELT 对此进行解释吗?

(6) 被捕食动物的丰度会影响消费者的选择。觅食量作为时间函数时,当猎物较少时,消费者的食谱较宽,相反,当猎物丰富时,食谱就比较窄。即所谓的最优觅食理论。请用 ELT 解释这一理论(关于这一理论的具体内容可参见第 15 章)。

第 二 部 分
生态系统的特性

第 8 章　生态系统是开放的系统

开放性产生梯度，梯度产生可能性。

所有的生态系统都是开放的，不断地与周围环境之间进行着能量、物质和信息的交换。

8.1　为什么生态系统必须是开放的?

一棵 30 多年前种植的一米高的树，如今可能会长到 30 多米高。相对于 30 年以前，它的生物量增长了许多倍，并且夏季叶片的数量可能增加了 1000 多倍。当我们在较长的时间或连续几个春季，观察一个生态系统的发育进程，我们会发现自然界的许多奇观：在我们面前发育和成长的是一个复杂得难以想象的系统。为什么自然界中能够存在如此复杂和美丽的系统？依照经典的热力学理论，所有孤立的系统都是向着热力学平衡的方向发展的。系统中所有的梯度和结构都将消失，并最终形成一个死系统，生态埃三极或自由能也随之消散。可做功的能（生态埃三极）是某些示强变量（如温度、压力、化学势等）的梯度所产生的结果，而热力学平衡状态下的系统是无法做功的。但是树木和植物却是向相反的方向发展，它们每年都以越来越快的速度远离热力学平衡状态。现在我们已经能够解释这种现象，这并不违背热力学第二定律，但是系统必须是开放的，并从外界（主要来自太阳辐射）获取自由能，并且自由能用于维持系统远离热力学平衡态。因此对于生态系统来说，系统的开放性绝对是一个必需条件。如果系统不是开放的，那么系统将不可避免地分解为无机物质，并回到热力学平衡状态。

在大约 150 年前，克劳修斯（Clausius）提出熵的概念时，在更广泛更普遍的框架里重述了热力学第二定律：世界的熵趋于一个最大值。熵的最大值对应于系统的平衡状态，可做功的能（自由能或埃三极）完全衰减并不再做功。自由能、埃三极和生态埃三极全部归零。因此，熵就是说明这个现象的一个概念。它被 Harold Blum 称为“光阴之箭”（Tiezzi，2003）。Barry Commoner（1971）指出，沙漠城堡（有序的）不可能自发产生，但却能够自然消失（无序的）。一个木头的茅屋可能瞬间变为一堆梁和木板，但相反的过程却不可能出现。因此自发的方向是从有序到无序,并产生更多的熵,这种无法改变的过程最有可能发生。从这个角度来说,无序和概率的概念与熵的概念相关联。事实上,熵是无序和概率的一个测度,但对于生态系统来说却是无法度量的。然而,对于合理的复杂系统,可以近似计算熵的产生,见 Aoki(1987,1988 和 1989)。

为了生存和繁衍后代,植物和动物都需要能流。所有植物,无论是自然的还是人工种植的,始终都在获取太阳能,转化为食物、纤维、材料并做功,为整个生物圈提供生命基础。地球表面从太阳获取的大部分能量被分散了,分散途径有:反射散失、储存在土壤和水中、随着水分蒸发而消散等。仅仅约 1% 的太阳能能够到达沃土和水中,被植物(草本、树木、浮游植物)通过光合作用并以高能有机分子的形式固定下来。植物通过生物化学过程(呼吸)把这些能量转化为其他有机化合物并做功。光合作用抵消了熵的衰减,将无序物质进行有序的排列——植物通过太阳能吸收无序的物质(低能的水分子和无序状态的 CO_2),把它们变为有序的状态,并将它们整合成为复杂结构。因此,光合作用是通过获取太阳能,降低植物的熵值,增加生态埃三极的过程。太阳是一个巨大的发动机,它产生自由能,使地球能够获取大量这种自由能用于组成生命物质。每年太阳输送到地球的能量达 5.6×10^{24} J,大约相当于我们每年通过消耗化石燃料来获得能量的 15 000 倍。

开放性是生态系统的一个非常重要的特性,因此如何量化这一特性就显得极为重要。在下一部分中将首先介绍异速定律,异速定律是量化生态系统开放度的基础。第 8.2 节中的后半部分将说明量化这种开放度的可能性,这一点对于解释生态系统的动态,特别是不同尺度生态系统的动态非常有意义。

8.2 异速定律和开放性的量化

> 在物理学上,许多过程速率都与梯度、电导率成正比,或与阻力和开放性成反比。

例如,对比菲克扩散定律(Fick's law of diffusion)与欧姆定律(Ohm's law)。一个生态系统的输入和输出取决于生态系统与环境之间的差异,以及该生态系统的开放度。例如,一条水道的曝气过程速率可以用下面的公式来表达:

$$R_a = V\,dC/dt = K_a(T)A(C_s - C) \tag{8.1}$$

或

$$dC/dt = K_a(T)(C_s - C)/d \tag{8.2}$$

式中:R_a 是曝气速率,K_a 是河流的温度常数,面积 $A = V/d$,V 是容积,d 是深度,C_s 是饱和状态的氧气浓度,C 是实际氧气浓度。K_a 在这里类似电导率。水流的速度越快,K_a 就越高。($C_s - C$)代表了梯度,A 是面积或开放度。自然界中关于速率的大量表达都遵循相似的线性方程。

物种的表面积是物种的基本特性,因为它表示了生物与环境之间的接触面积。表面积还可以用其他量化词语来表达,如接触环境的边界尺寸,这种表达方法在生态学上可以用来建立大小与速率常数之间的关系。环境中的热耗散必然遵循热传导定律,与表面积和温度差成正比。一方面,消化速率、肺、捕猎空间等决定了一些代表物种特性的参数,另一方面,它们都取决于生物的个体大小。因此植物和动物的许多速率参数都与个体大小显著相关,这一点并不令人惊奇,这也暗示了我们可以仅仅通过体型来初步估算大多数的参数。这些参数自然也取决于物种的其他几个特性,但是相对于体型来说,它们的影响都很小。基于体型的估计可用于许多生态模型。我们可以通过表面积与体积之比来表示生物的形状,但是这一方法会因不同物种而产生很大的差异。

经过上述考量,我们认为应该会有很多与生物体型有关的参数(特性)。

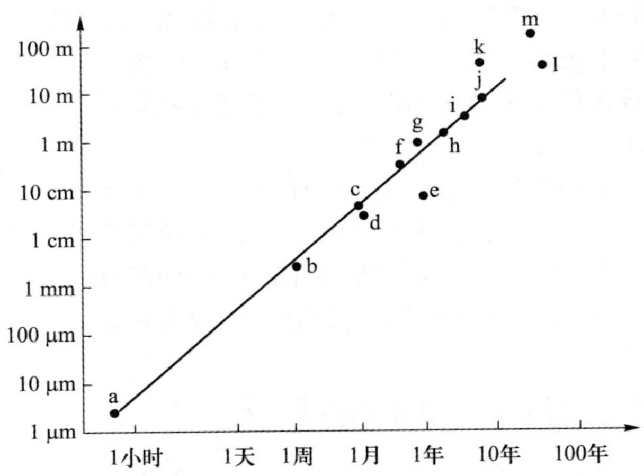

图8.1 个体长度与世代时间的对数关系:(a)假单胞菌、(b)水蚤、(c)蜜蜂、(d)家蝇、(e)蜗牛、(f)小鼠、(g)大鼠、(h)狐狸、(i)麋鹿、(j)犀牛、(k)鲸、(l)桦树和(m)冷杉。引自(Peters, 1983)

例如,从细菌到最大的哺乳动物和树木,生物体型与世代时间的长短(T_g)之间有明显的正相关关系(Bonner,1965),见图8.1。这种关系可以用上述生物体型(表面积)与单位体重的总代谢活动之间的关系来解释。这表明生物越小,比代谢活大(specific metabolic activity;“比”表示相对于生物量或体积)越大。内禀增长速率(r)与世代时间的长短成反比,r 由指数或逻辑斯谛生长方程来定义:

$$dN/dt = rN \tag{8.3}$$

$$dN/dt = rN(1 - N/K) \tag{8.4}$$

r 与生物的体型相关，但是正如 Fenchel（1970）所证明的，这种关系因以下三类生物而异：单细胞生物、变温动物和恒温动物（见图 8.2）。

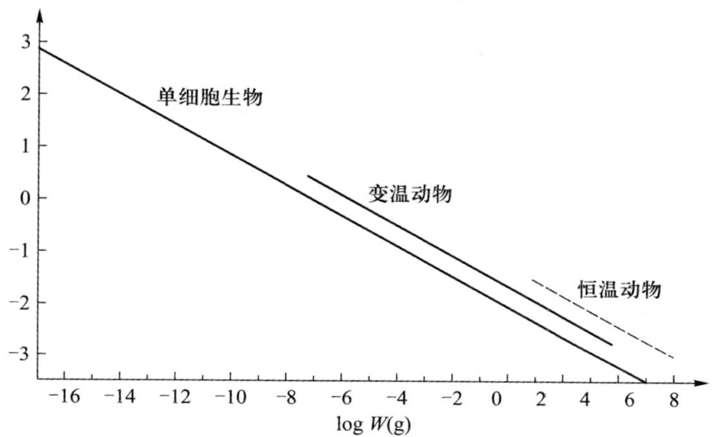

图 8.2 各种动物的内禀增长速率与体重的关系，数据引自 Fenchel（1970）

当个体体重（W）已知时，用类似的异速定律公式来表示鱼的呼吸量、摄食量和排氨铵量如下：

$$\text{呼吸量} = \text{常数} \times W^{0.80} \tag{8.5}$$

$$\text{摄食量} = \text{常数} \times W^{0.65} \tag{8.6}$$

$$\text{排铵量} = \text{常数} \times W^{0.72} \tag{8.7}$$

Odum（1959）用了统一的公式来表达：

$$m = kW^{-1/3} \tag{8.8}$$

式中：k 是对所有生物而言的一个常数，约等于 5.6 $kJ/g^{2/3} \cdot d^{-1}$，m 是单位重量的代谢速率。

例 8.1

在一个水产养殖池中有 2 000 条鱼，每条鱼平均重量为 120 g，排铵量为每天 800 g。在当前的 pH 水平下必须维持铵含量不超过 0.5 mg，因为氨（而不是铵），对鱼有毒害作用。因此，需要适当的更换水以维持水中铵 + 氨的含量为 0.4 mg/L。在另一个养殖池中，如果水产管理者想养殖 1 200 条鱼，每条鱼平均重量为 1.4 kg，那么在这个池中的排铵量应该控制在什么水平才合适？

解

$$800/2\,000 = 0.4\ g/d = k\ 120^{0.72}$$

$$k = 0.4/31.4 = 0.0127(1/d)$$

$$1.4\ kg\ 鱼的排铵量 = 0.0127 \times 1\ 400^{0.72}$$

$$1.4\ kg\ 鱼的排铵量 = 2.34\ g/d$$

因此,1 200 条鱼的排铵量为 2 808 g/d

图 8.3 ~ 图 8.5 分别给出了有关镉的吸收速率、排泄速率以及富集系数(富集系数 = 生物体内的浓度/水体中的浓度)等生态毒理学例子。这仅是生态毒理学大量案例中的少数几个,这些关系非常有价值,因为只要提供两种生物的参数以及所研究生物个体的大小,就可能根据这些图来得出任何生物的一个生态毒理学参数。

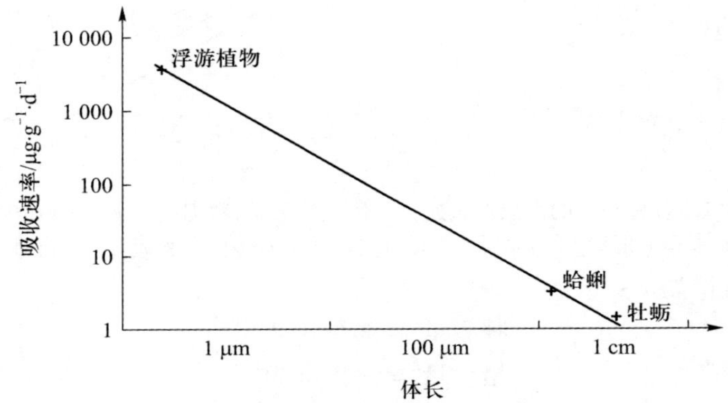

图 8.3 不同动物的体长(CD)与吸收速率之间的关系(引自 Jørgensen, 1984)

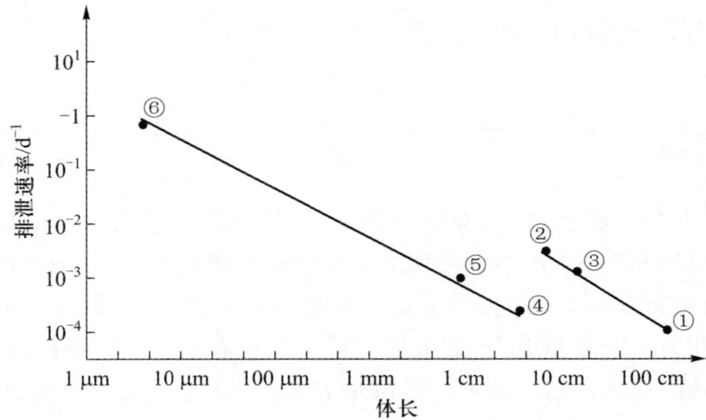

图 8.4 不同动物的体长与镉的排泄速率之间的关系:① 人,② 小鼠,③ 狗,④ 牡蛎,⑤ 蛤蜊,⑥ 浮游植物

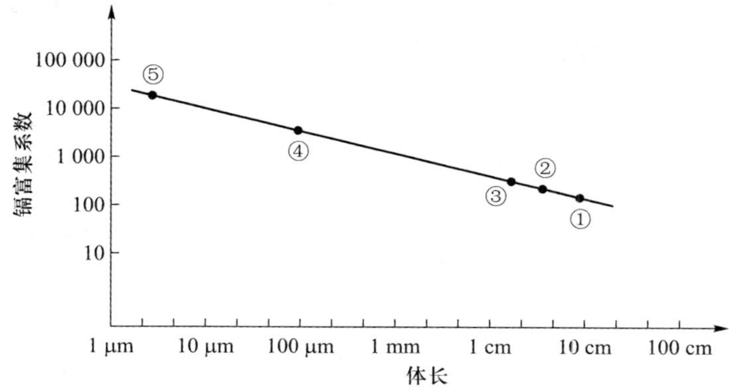

图 8.5 镉富集系数与个体大小之间的关系：① 金鱼、② 贻贝、③ 虾、④ 浮游动物、⑤ 藻类（棕色－绿色）

这些研究都是基于异速定律（Peters，1983；Straskraba 等，1997），也就是说，该定律可以用于估计不同尺度下的单位大小与过程速率之间的关系，从而确定所需要的能量供给速率。因此，整个等级生态系统中的所有水平都可以用一种速率来表示，这一速率最终受它们的大小制约。

例 8.2

求一条 2 m 长的鲨鱼的富集系数。

解

由图 8.5 可推知，2 m 长鲨鱼的镉富集系数大约为 80。

开放度和可用于能量与物质交换的面积是成正比，与体积也有关，体积＝空间尺度的倒数（L^{-1}）。它也可以用供给速率来表达，供给速率＝k×梯度×与需求速率相关的面积，供给速率与体积或质量成正比。如前所述，一个生态系统必须是开放的或至少非孤立的，这样才能输入维持系统所需的能量。表 8.1 说明了等级水平、开放度和 4 个等级特性之间的关系（Simon，1973），这里的开放度以面积与体积的比率来表示。

许多异速特性都基于生物的个体大小与其他生物或生态特性之间的相关关系。这些相互关系通常被作为生态等级的基本组分和尺度推演步骤中的基本参照物。因此，它们与等级理论高度相关。有关这一理论的更多内容将在第 9 章中阐述。

表8.1 等级水平、开放度(面积/体积)和4个等级特性的近似值(能量/体积、空间尺度、时间尺度和行为频次)之间的关系(Simon,1973)

等级水平	开放度①,③ (A/V, m^{-1})	能量② (kJ/m^3)	空间尺度① (m)	时间尺度① (s)	动态③ ($g \cdot m^{-3} \cdot s^{-1}$)
分子	10^9	10^9	10^{-9}	$<10^{-3}$	$10^4 \sim 10^6$
细胞	10^5	10^5	10^5	$10 \sim 10^3$	$1 \sim 10^2$
器官	10^2	10^2	10^{-2}	$10^4 \sim 10^6$	$10^{-3} \sim 0.1$
个体	1	1	1	$10^6 \sim 10^8$	$10^{-5} \sim 10^{-3}$
种群	10^{-2}	10^{-2}	10^2	$10^8 \sim 10^{10}$	$10^{-7} \sim 10^{-5}$
生态系统	10^{-4}	10^{-4}	10^4	$10^{10} \sim 10^{12}$	$10^{-9} \sim 10^{-7}$
生物圈	10^{-7}	10^{-7}	$2 * 10^7$	$10^{13} \sim 10^{14}$	$10^{-11} \sim 10^{-12}$

① 开放度、空间尺度和时间尺度与等级水平呈反比。

② 每一个水平的能量和物质交换都取决于开放度,开放度是可用的交换面积与体积之比。太阳光子等电磁能量具有粒子的形式(量子,$h\nu$,这里 h 是普朗克常数,ν 是频率),所以仅可在分子水平被利用,但交叉耦合使能量可以在所有的等级利用。

③ 开放度与等级水平的行为频次有关,也对后者有决定意义。

根据 Simon (1973),等级是为了更深入理解复杂系统而采用的一种启发式假设,根据 Nielsen 和 Müller (2000),等级方法是定义自组织系统中自发性质的先决条件。Allen 和 Starr(1982),O' Neill 等(1986)分别阐明了等级理论。Kay (1984) 提出了一个基于生态系统分类和概念的综合概念,这与多数现有的生态系统分析方法是一致的。Simon (1973)、Allen 和 Starr (1982), 以及 O' Neill 等(1986)又发展了这个理论,近年来该理论广泛应用于生态系统分析和景观生态学,更多相关内容将在第9章中详细阐述。

从热力学上讲,当能量输入(非孤立的)足够充分,能够确保维持(非孤立)系统远离平衡态的时候,开放系统与环境之间的物质和信息交换在原则上并不是完全必需的。但是它给生态系统提供了额外的优势,例如,为特定生物过程输入所需的化合物,或新物种的迁入,都为系统获得更有序的结构提供了新的可能性。

因此,我们可以概括如下:

> 所有生态系统都是开放的,与周围环境之间进行着能量、物质和信息的交换。

所有生态系统都通过降水和蒸发过程与环境进行水分交换。岛屿生态系统的物种数量 SD(物种多样性)与岛屿的面积 A 之间的关系可清晰阐明开放度对物质和信息交换的重要性:

$$SD = C \times A^z(\text{数量}) \tag{8.9}$$

式中:C 和 z 是常数。岛屿的周长与面积之比决定了物种从该岛屿到其他岛屿或临近大陆迁入和迁出的开放程度。单位(L^{-1})与上述用来衡量开放度的面积与体积之比的单位相同。

不同物种在维持生物量方面采用了迥然不同的能量利用模式。例如,蓝鲸把97%的能量用于增加供生长的生物量,3%用于繁殖。我们称鲸为 K – 对策者,这类物种有一个稳定的生境,世代时间与有利生境的维持时间之比较小。这意味着它们的进化方向朝着维持种群的平衡水平,使之接近环境容纳量的方向发展。与 K – 对策者相反,r – 对策者非常容易受环境因子的影响。不过 r – 对策者往往具有较快的生长速率,能够利用新生适宜环境,快速增加种群数量。许多鱼类、昆虫和其他无脊椎动物都是 r – 对策者。成年雌性动物逢繁殖期就会繁殖,投入到繁殖中能量比例可超过50%。

例 8.3

生态系统受较大干扰后的恢复时间与受干扰的面积有关,该关系符合如下公式:

$$\text{恢复时间} = 0.1 \times \text{干扰面积}^{(0.5)}$$

根据此公式可作图如下。对于酸雨和海啸干扰后的恢复时间,该公式的拟合度略低,但对于雷击、秋季暴雨、滑坡、漏油、洪水,火山爆发和流星撞击事件等,公式和图形的拟合度很高。

试解释为什么公式和图形与异速定律相一致呢?

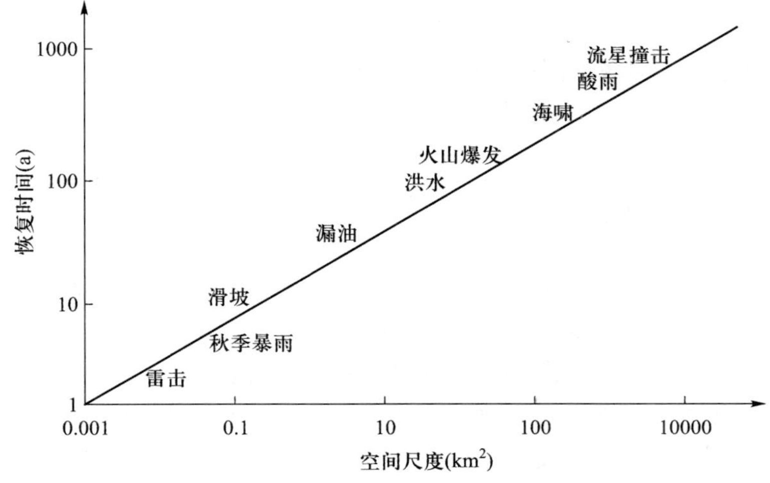

解

恢复过程与受干扰生态系统的周长成比例,因为恢复过程取决于生态系统所处的环境,生态系统与环境之间的联系由周长所决定。周长与面积呈指数为0.5的幂函数关系。

本章小结

(1) 所有生态系统都必须是开放的,从而能够从环境中获取能量,生态系统必须消耗一定的自由能以使之远离热平衡状态。生态系统的开放性并不足以使其承载生命,生态系统能够承载生命必须具备八个条件,见第5.6节。

(2) 所有的生态系统都是开放的,并与环境之间进行着能量、物质和信息的交换。

(3) 开放度被定义为周长与面积之比或表面积与体积之比。

(4) 开放度(面积与体积之比)与能量和体积之比、空间尺度、时间尺度以及行为频次的近似值之间具有明显相关关系(见表8.1),这是因为许多过程速率都与生态系统或生物和环境之间的接触概率成正比。

(5) 生物的许多特性与其体型明显相关,即遵循异速定律。例如:

$$\text{呼吸量} = \text{常数} \times W^{0.80}$$

$$\text{摄食量} = \text{常数} \times W^{0.65}$$

$$\text{排铵量} = \text{常数} \times W^{0.72}$$

(6)通过绘制对数点图得出的异速定律,能够用于获得某种生物的某个参数(特性)。对数点图可以通过其他两种生物的过程速率得出。

练习题/思考题

(1) 说明开放生态系统、闭合生态系统(仅有能量是开放的)和孤立生态系统(能量、物质和信息都是完全封闭的)在发育过程方面的差异。

(2) 计算一条50 g的鱼和一条5 000 g的鱼的铵排泄速率之比。

(3) 面积为30 000 km^2 的海洋生态系统突然发生严重的石油泄漏,多长时间后该系统可以修复? 修复速率取决于纬度,更确地的说是平均温度,请阐述原因。

(4) 一头5 cm长的贻贝的镉吸收和排泄速率是多少?

（5）一条20 cm长的鱼对PCB的富集系数为5 000，那么一头1.8 m长的海豹的富集系数为多少？

（6）10 cm长的蜗牛，它们的世代周期约为多长？

（7）海啸过后，面积为5 hm^2的海洋生态系统的恢复速率比50 000 hm^2的海洋系统快多少？

第 9 章　生态系统具有等级结构

为每个系统建模，如果系统还无法模拟，那就把它变为可模拟的(Sven Erik Jørgensen，改编自伽利略：测量一切，如果它是不可度量的，那么把它变为可度量的)。

> 生态系统由不同的等级结构组成，这使生态系统具有以下优势：变化(干扰)会在较高和较重要的等级水平上相对减弱，在机能失常时易于进行修复和调整，等级水平越高，受环境干扰的影响越小，本体的开放度更能够被利用。开放度决定等级水平的空间和时间尺度。

9.1　等级结构

我们很容易观察到生物的等级现象。生物化学过程发生在细胞中，细胞控制生化过程并保护基因组的分子组成和结构。脊椎动物有不同类型的特化细胞，这些细胞在不同的器官如肝脏、肌肉、肾脏、心脏等分别执行相应的生化过程。在肝脏中执行生化功能的细胞构成了肝脏，这是恰当有效的等级分工，行使特定生化功能的细胞共同作用以确保器官的功能。

器官之后的下一个等级水平是物种。物种在种群中共同作用，采用各种方式确保个体的生存和生长。例如食草动物往往选择集群，这使捕食者很难袭击群体中的个体。另一方面，捕食者也会一起捕猎，通过合作提高捕猎的成功性。种群也会通过个体之间的交流增加生存的几率。种群组成一个互相影响的网络系统，并与环境中的非生物组分一起构成生态系统，第 12 章将介绍这种网络结构所具有的协作效应，该效应能够提高对物质、能量和信息的利用效率。生态系统相互影响并组成景观，多个景观组成区域。地球上的所有生命物质组成生物圈，生物圈和非生物组分组成生态圈。

完整的等级关系如图 9.1 所示，并且该图标明了相应的空间尺度。有时细胞器(生物分子的功能群)和组织(细胞的功能群)分别包含在分子和细胞水平间，以及细胞和器官水平间。

> 更高水平的空间尺度必然比低水平的范围广。由于空间尺度决定物理开放度，因此它也决定了时间尺度和可能的动态过程。

如表 8.1 所示,根据热力学定律,包括 ELT 以及地球生命的生化特性,等级结构非常符合“生物系统尽可能远离热力学平衡态”这一制约。

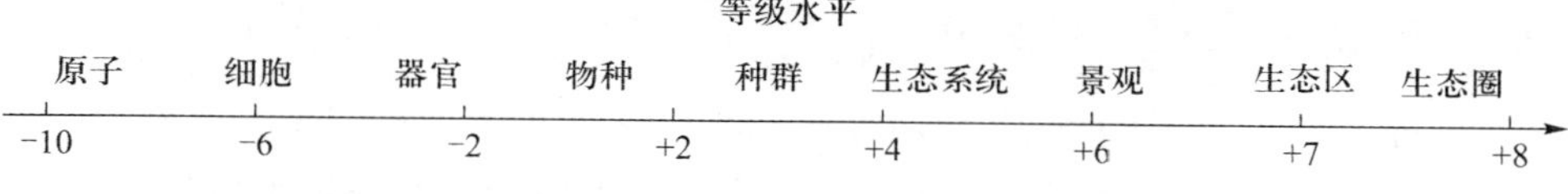

图 9.1　等级水平。线性尺度取对数值,单位为米。但注意轴线的尺度并非线性的

例 9.1

某个景观内的生态系统的开放度确定为 $10^{-4.5}m^{-1}$。那么根据图 9.1,该景观和生态区的开放度(见表 8.1 和表 9.1)是多少?

解

开放度和长度呈反比,那么该景观和生态区的开放度分别为 $10^{-6.0}m^{-1}$ 和 $10^{-7.0}m^{-1}$。

由于空间尺度和动态上的差异,与较低的等级水平相比,较高等级水平上的变化更慢(见表 8.1)。下面将定量说明在一个等级水平中的变异是如何被中和的并导致下一个等级上的变异小很多。换言之,当我们考虑所有的等级水平时,变异是随等级延续而逐渐减少的,这就是等级结构的一个明显优势。在较低等级水平上发生的变异和干扰可能会影响等级序列中的较低水平,但是由于等级结构,较高的等级水平并不容易受影响,因为干扰引起的变异逐渐减弱了。第 9.3 节定量展示了等级结构的逐级减弱效应,第 9.4 节说明了每一水平的等级结构和动态(见表 8.1)是如何很好地适应了周期性的环境干扰强度。对于周期性发生的环境干扰,其强度遵循幂函数定律。恢复时间的长短(见例 8.3 的图)使生态系统能够应对干扰的频度和强度之间的关系。

等级结构的另一个明显优势是要恢复某个水平上的机能失常,通过取代较低水平的几个组分即可。例如,生物体通过更新几个细胞,就能改善某一个器官的功能;通过物种的互换,生态系统能够更好地发育,更好地适应新出现的环境条件。

9.2　等级水平间的相互联系

图 9.2 说明等级结构中的某一个水平如何决定下一个水平的状态,以及一

个水平如何通过反馈来调节和控制较低的水平。

> 一个特定的等级水平由相互影响和相互合作的实体所组成,而该水平又是更高组织水平的整合组分。

在同一个水平上的实体,其相互作用为整体产生了不可缺少的活性,换句话说,一个较低水平上的动态产生了较高水平上的行为。整个水平所发生的变化明显小于各部分变异的加和,但是单一过程的自由性受限于较高水平的反馈调节。

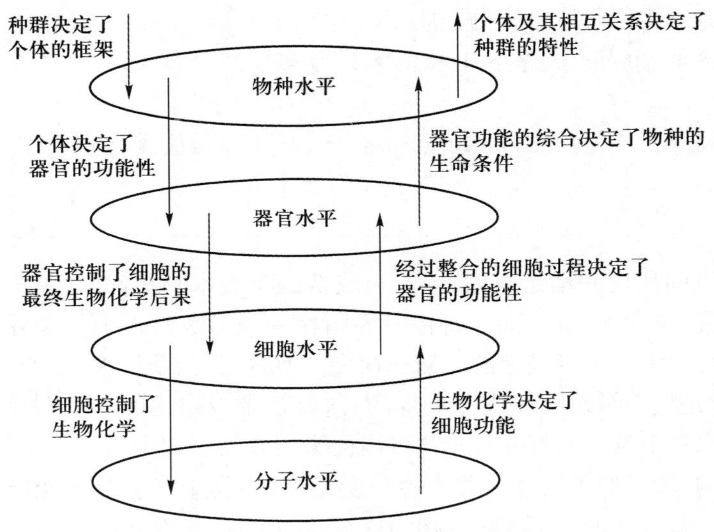

图 9.2 生态等级中四个较低的水平,也给出了与第五个等级水平的相互关系

例 9.2

举例说明种群决定个体的行为规律,个体决定种群的性质和特征。

解

例如,鹿种群决定其中的个体应该去哪里取食和躲避捕食者。而个体决定种群所喜好的食物类型。种群聚集在一起能有更好的保护作用,这一点对年幼和弱小的个体特别重要。个体所携带的基因决定了鹿种群的性质和特征。

要研究若干个等级水平,建立生态模型/生态系统模型通常都是必不可少的。等级水平的辨别以及所需模型复杂性的选择是非常重要的问题。在生命

系统中可能存在19个等级水平之多,但是要在一个生态模型中包含这所有的等级水平当然是不可能的,这主要是由于缺乏数据和对自然的总体认识。只有图9.1中包含的9个水平才是绝大多数生态模型所包含的。通常,选择核心等级水平并不难,因为主要问题就在那儿,或我们所感兴趣的组分就在那儿运行。比核心水平低一个阶层的水平通常与明确描述过程相关。例如,一个生态系统的初级生产力由个体植物的代谢过程所决定。比核心水平高一个阶层的水平决定了许多限制条件,见图9.3。因此,如果没有检验较低和较高水平上的行为,就很难确定生态系统在特定水平上的特定行为(见Allen和Star,1982)。

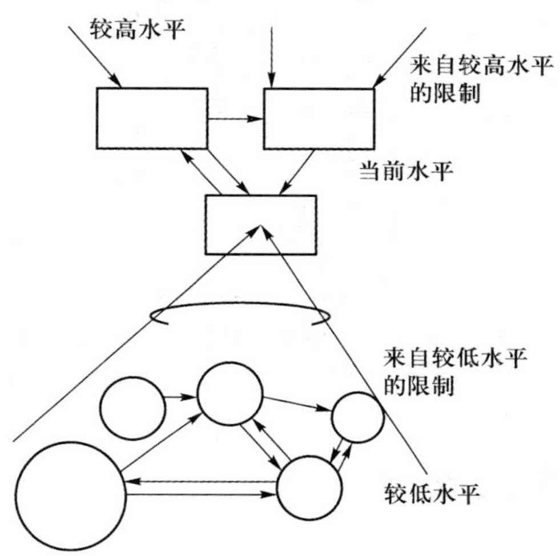

图9.3　核心等级水平受到来自较低和较高水平的制约。较低水平决定了各个过程的影响范围,较高水平决定生态系统的许多制约机制

图9.4解释了一个包含三个等级水平的模型,如果要构建一个多目标模型,就需要这样的概念图。例如,研究细胞内营养物质浓度的模型,第一个水平可能是一个水文学模型,第二个水平是一个营养模型,第三个水平是一个关于细胞内营养物质含量的浮游植物生长模型。每个次级模型都有自己的概念图。在第三水平模型中,浮游植物吸收营养的速率由温度、细胞内浓度和水体浓度决定。细胞内的营养物质浓度越接近细胞内最小浓度,吸收的速度就越快。另一方面,其生长由太阳辐射、温度和细胞内营养物质的浓度所决定。营养物质的浓度越接近最大浓度,生长越快。这一描述与浮游植物生理学的观点一致。研究有毒物质的分布和效应的模型通常也需要三个等级水平:第一个是说明分布的水文学或空气动力学模型,第二个是环境中有毒物质的化学和生化作用模型,第三个是在生物个体水平上的效应模型。

除了器官外,人们已经构建了从细胞到生态圈的所有等级水平的生态模型。在生态学文献中可能会发现关于物种的模型包括其周围环境和代表生境。在种群和生态系统这两个水平之间也有些模型,主要关注两个或多个物种的相互作用或关注整个群落。生态系统的模型通常包括对生态系统中的种群产生影响的若干非生物因子。

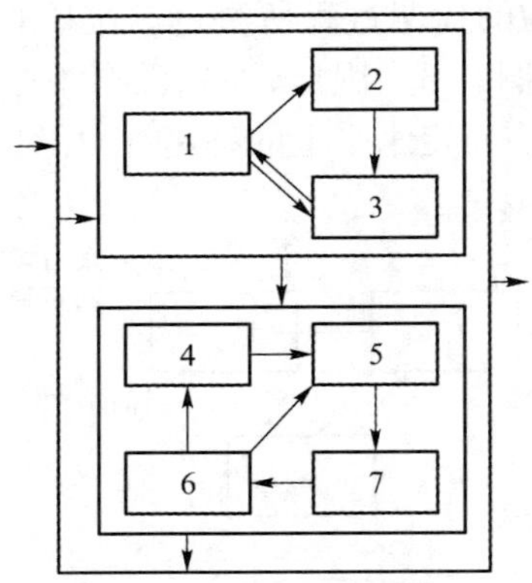

图 9.4 一个包含三个等级结构的模型的概念图

9.3 变异和等级结构

> 在一个等级水平的变异和干扰会在下一个等级水平上被消除或减弱。

通过下面的统计学分析能够说明这个观点。n 个组分的平均数的标准偏差是组分的平均偏差除以 $n^{0.5}$。细胞包含 $10^8 \sim 10^{10}$ 个分子,因此,细胞的偏差比分子的变异小 10 000 到 100 000 倍。例如分子内能的变异可能是平均内能的 10% 或 $0.1 \times 10^9 = 10^8$ kJ/m^3,细胞内能的变异因此小 10 000 倍或为 10 000 kJ/m^3, 是细胞内能的 10%。等级中的所有水平也是如此。如果关注的焦点是内部变量,如能值和动力过程(见表 8.1),那么包含在任一个等级水平中的组分数量要确保每个水平的内部变量的变异都以相同的百分比形式来表示。

对于外部变量,就很难通过一个例子来说明。如果生物的觅食能力改变,例如总需求量 1 000 kJ 中的 100 kJ 或 10%,那么由 10 000 个个体组成的群体的觅食能力则小 100 倍,或为 0.1%,或个体平均为 1,这意味着对整个群体来说将是:平均变量 × 群体中的个体数量 = 1 × 10 000 kJ = 10 000 kJ。如果变异延续到等级结构的下一个水平,那么不改变群体的觅食能力则需要 100 kJ × 10 000 = 1 000 MJ或大 100 倍。

表 9.1 概括了表 8.1 所示的等级水平的衰减效应。假设在分子水平的变异是 100%,其他 6 个水平的每一个水平上,变异都在表中以一个外部变量的百分比形式表示。

> 对于第$(n+1)$个水平:在第 n 个水平的变异/[(包含在第$(n+1)$个水平中的第 n 个水平中的组分数量)$^{0.5}$]

假设包含在下一个等级水平中的数量是(两个尺度的比率,尺度单位为 m^2),当然这是一个粗略的估计。这个数量也包含在表格中。此外,表中的变异从数字上表示了七个水平的总变异,并假定分子水平的变异为 100。表中所说明的变异是相对的,因为在某个水平的所有组分的总变异的数学值是相对于在分子水平的值为 100 而言的。这可从下面公式得出:

> 在第$(n+1)$个水平的相对总变异 = 以% 计的第$(n+1)$个水平的平均组分变异 × 组分数量 × 第 n 个水平的相对总变异/100

表 9.1 等级水平、开放度(面积/体积之比)、变异或干扰的近似值(假定分子水平的变异是 100%)和空间尺度(自表 8.1),数据包含在下一个水平

等级水平	开放度①,③ (A/V, m^{-1})	变异② (%)	空间尺度① (m)	下一个水平的数量③	相对值④ (-)
分子	10^9	100	10^{-9}	10^8	100
细胞	10^5	0.01	10^{-5}	10^6	10^4
器官	10^2	10^{-5}	10^{-2}	10^4	10
个体	1	10^{-7}	1	10^4	10^{-4}
种群	10^{-2}	10^{-9}	10^2	10^4	10^{-11}
生态系统	10^{-4}	10^{-11}	10^4	4×10^6	4×10^{-18}
生态圈	10^{-8}	5×10^{-15}	2×10^7	1	2×10^{-34}

① 开放度、空间尺度和时间尺度与等级水平是相反的。

② 等级水平中所包含组分的平均变异均假定在分子水平的变异是 100%。

③ 包含在下一个等级水平中的组分数量,假定指数是(两个空间尺度的比率)2。

④ 每个水平的一个外部变量值均假定在分子水平的值是 100。

例 9.3

某个景观由 64 个不同的生态系统组成(图 9.5)。找出构成景观的平均生态系统的变异。假设分子水平的变异是 100,那么景观的总变异数值是多少?景观中的生态系统数量合理吗?

图 9.5 加拿大落基山脉的美丽景观。该景观由一个湖、一条河(图中没有显示)、湖滨带湿地、森林、林线下的山地生态系统和林线上的山地生态系统组成。所有的生态系统彼此影响,都是开放的系统

解

生态系统水平的变异是 $10^{-11} \times 100 = 10^{-9}$。64 个生态系统的平均变异是 64 的平方根,或小 8 倍,或为 1.25×10^{-10}。景观的总变异是 $64 \times 1.25 \times 10^{-10} = 8 \times 10^{-9}$。

景观的开放度约为生态系统的 1/10,因此估计景观可包含约 100 个生态系统。从分子水平到细胞水平,相对的总变异数量增加了,但是从细胞水平到生态圈,总变异下降了。表 9.1 中数据明确说明等级结构是如何削减变异和干扰的。其结果是生态系统,特别是生态圈特别稳定,或者说具有非常显著的存活能力。通常,至少在人类的大规模干扰之前,生态系统存在了几十万年,生态圈存在了近 40 亿年,自从 38 亿年前出现第一个原始细胞后,地球上历经生生不息。

9.4 干扰的频率

根据幂函数定律,变异、干扰和灾难事件的强度都有一定的发生频率(见 Bak,1996)。

频率 F 与强度 M 之间具有函数关系,可以用下式表达:

$$F = a \times M^b \tag{9.1}$$

地震的震级分布就是一个例子。图 9.6 表示美国的一个地区在 10 年间发

生的地震频率与里氏震级的对数关系。图形是以双对数点拟合的直线,表达式如下:

$$\log F = \log a + b \log M \tag{9.2}$$

从图 9.6 中可得 $b = -0.8$, $\log a = 2.8$ 或 $a = 631$。

例 8.3 中的图表示经历灾难性事件后的恢复时间如何随破坏面积而下降。这就意味着,在等级结构中的较高水平——生态系统、景观、生物带和整个生态圈——需要较长的恢复时间,当然,当破坏面积较大,并且决定动态过程的开放度随面积下降的时候,恢复时间较长也是不足为奇的。幸运的是,就较大规模的灾难性事件而言,其发生频率随着灾难事件的强度增高而下降。图 9.7 用双轴分别表示恢复时间和频率,可以看出它们具有相反的变化趋势,因此可以说它们是互相抵消的。破坏面较大(可能影响生态系统、景观、生物带和整个生态圈)的灾难性事件的发生频率是随等级水平的上升而下降的。同时,正如在第 9.3 节中所讨论的,对干扰的削减效应随着等级水平的上升而增强。因此,等级结构有利于较大等级系统的稳定性(生存或维持)。同时,较低的水平(见表 8.1)具有较高的动态,可确保快速更新。改变或更新因此是一种上行效应。但是因为较高的水平具有削减效应,并且干扰频率较低,较高水平的生存必然对较低水平产生反馈调节控制。可见,等级结构对自然的更新和发育,尤其是自然界中较大系统的保护非常重要。

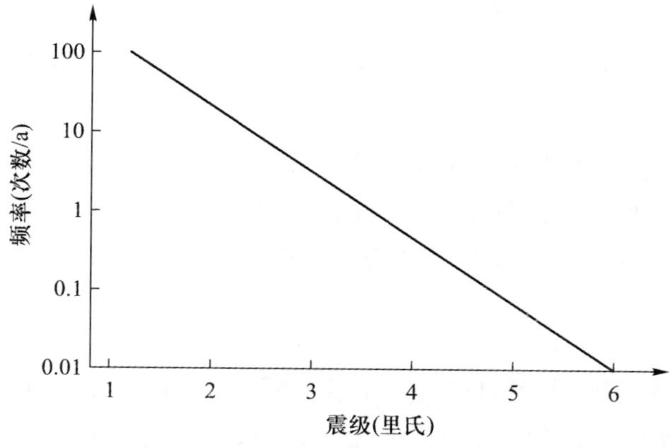

图 9.6 美国的一个地震频发区在 10 年间发生的地震频率(次数/a)与里氏震级的对数关系。图形是以双对数点拟合的,里氏震级表达为对数坐标上的地震级数。拟合直线符合指数规律:频率 = 常数 × 震级$^{(-0.8)}$

几乎显著破坏整个生态圈的大型灾难性事件发生在大约 6 500 万年前、2 亿年前和 2.51 亿年前。整个生态圈被毁灭或几乎被毁灭的频率大约是每 1 亿年一次。在上述三次大灾难事件中,几乎所有物种都灭绝了,并且经历了很长的时间,生态圈才得到了部分的恢复,这有1万多年前的化石为证,也与图9.6中的趋势一致。1911年发生在西伯利亚的流星撞击事件破坏了1 000 km^{2}的森林。景观至今仍未完全恢复,仅有部分恢复。这种强度的流星撞击事件,其发生频率很低,每世纪不到一次。

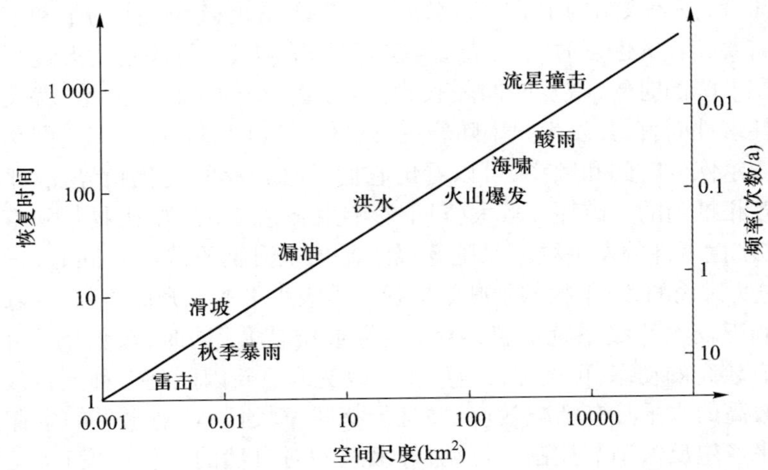

图9.7　灾难性事件完全恢复所需的时间和事件发生的频次与破坏面积之间的关系

例9.4

2011年3月,日本发生里氏9.0级地震。如果其面积是图9.6中的地震影响面积的50倍,那么预计日本多长时间会发生一次如此强烈的地震?在2011年3月的日本地震中,约1 000多平方千米的土地遭到破坏,自然界需要多长时间才能恢复?

解

根据图9.6的推断,可以得出发生的频率是0.0003。由于日本是一个地震密集的地区,如果假定频度与面积成比例,那么意味着日本发生地震的频率为0.0C15,也就是说约每700年会发生一次这样的地震。从图9.7中,我们可以得出自然界的恢复时间大约是400年。

9.5 本体开放性和等级理论

细胞包括遗传水平的结构。基因组组合所呈现的核酸或密码子的数量是一个极其庞大的数字。这也与用于计算生态埃三极所需的数字一致(见第4章、第6章和第7章以及 Jørgensen 等(2005)),后者基于信息量。本体的开放性无疑是在细胞水平的:形成不同的基因型具有海量的可能性。这个数字超过了以往所确定的,因此这个等级水平是本体开放的。当我们回到种群(部分回到生态系统)水平,又有许多影响基因型的可能性,因此产生表型水平,甚至有一个更大的本体开放性。

格局表现出基因型水平和表型水平之外的另一个等级水平——体外环境表现型,反映生物遗传模板和生理表现,仅分别在终极环境和生态系统中得以表达。这被称为环境表现型,本体开放性更大。近年来,Nielsen 扩展了这一观点,增加了征候水平的描述(图 9.8)(Jørgensen 等,2007)。这一层次包含各种沟通和认知过程,即从广义上讲属于征候。这进一步增加了可能性的数量,并且代表明确本体开放度的终极层次,从生态系统到景观,到生态区,再到整个生态圈,这种本体开放度是持续增加的。概括地说:

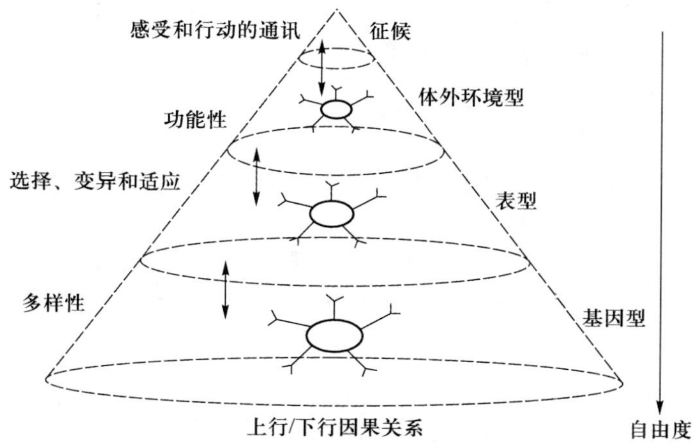

图 9.8 一个表明与环境相互作用的生物等级结构,最终,征候决定了自然界本体开放度的发育。从基因型到表型、体外环境型,再到征候,本体开放度循序增加,同时自由度下降。本图引自 Jørgensen 等(2007)

随着基因型－表型－体外环境型－征候等的等级水平，本体开放度逐层增加。这与本体开放度从细胞到种群、到生态系统、再到生态圈的增加规律是一致的。

因此，在生物学等级的每一个层次，我们都会遇到新的本体开放度。等级水平间的相互作用可以发生在上行和下行两个方向(与图9.2比较)。传统的观点认为，当我们沿等级水平上移的时候，我们会缩小可能性的数量(动态减弱、物理开放度下降，以及削减作用增加)；因此，正如O'Neill等(1986)所阐述的，等级结构是制约系统，能够将系统调节至稳定的状态。每当少数事件或系统转换发生时，等级结构就会被破坏，并且不确定性广泛发生。本体开放性始终存在，但是当我们向更高的等级水平移动时，开放度才会达到一个越来越高的范围——换而言之，还原论的观点并不包括这些。

本章小结

(1) 生态等级结构包括分子、细胞、器官、物种、种群、生态系统、景观、区域和生态圈。

一个更实用的用于模型的等级划分是：分子、细胞、器官、物种、栖息地、种群、两个或多个种群的相互作用、群落、生态系统、景观、区域和生态圈或全球模型。在文献中可以找到所有这些水平的模型。

(2) 等级结构具有下列优势：

a. 某一个水平内的组分间合作。

b. 某一个水平的组分构建网状系统的可能性可确保更高效地利用能量、物质和信息。

c. 等级结构的另一个显著优势是通过置换较低等级的几个组分，就能减少或消除某一较高水平的机能失常。当较低水平的活力较高时，这种更新作用相对更快速。

d. 干扰(变异)被削减。

e. 第a到d点优势的结果是：等级水平越高，其重要性就越高，其敏感性就越小。

f. 一个水平能够整合低一级水平的功能。

g. 等级结构使其能够利用本体的开放性，对发育来说是起决定性作用的。

h. 不同水平的等级区别是识别新特性的基础，这是较低水平的相互作用和活动的结果。

i. 有助于总览和模拟复杂系统。

(3) 较高水平的空间尺度比较低水平的范围大。空间尺度决定物理开放性,也决定时间尺度和可能的动态。

(4) 在基因型 - 表型 - 体外环境型 - 征候等级系列中,本体的开放度增加。这与本体开放度从细胞到种群到生态系统再到生态圈的逐级增加规律相一致。

练习题/思考题

(1) 下列哪个区域对害虫最敏感:

a. 面积为 5 000 km^2 的仅由小麦田所组成的区域

b. 由 5 个不同景观和 88 个不同生态系统所组成的区域。

这两个区域哪个本体开放度最高? 并解释结果。

(2) 要建立模拟 5 个景观和 68 个生态系统的模型,你认为等级结构是怎样的。

(3) 一个由 215 个不同的生态系统组成的生态区。假设分子水平的变异是 100%,找出构成该生物带的平均景观的变异。如果假设分子水平的变异是 100,那么生态区的总变异数量是多少? 该生态区有几个生态系统是合理的?

(4) 一个完全破坏面积达 20 000 km^2 的灾难性事件,自然恢复的时间需要多长? 人类如何能够加速恢复进程?

(5) 解释为什么等级结构对进化是非常重要的。

第 10 章　生态系统具有很高的多样性

为生存而斗争是自然界和人类社会的永恒本质。

> 环境条件的时空变化巨大,生态系统会尽可能选择生长和发育的最优方案。因此,要达到这种最优条件,需要有许多备选的解决方案。许多随时空变化的强制函数在生态等级的所有水平上都有广泛的多样性。本章讨论的正是这种巨大的多样性是如何对总的缓冲能力(抗逆性)和可利用的缓冲能力起到非常重要的作用的。生态等级中的所有水平都有较高的多样性,这一点也可以解释为什么即使在最极端的环境中仍有生命存在。

10.1　引言

要想在当前的状况下尽可能地远离热力学平衡,最好的方式就是不断地筛选。正如我们将在下一节所讨论的,作用于生态系统的限制因子、影响因子或强制函数决定了状况条件,而这会随时空变化而产生巨大的改变。因此,一方面是在不断尝试获得最能促进生长的最佳方案,另一方面是状况条件又会随时空而改变,这两个方面不断地相互影响。由于基因被用于记录这些最佳方案,所以选择不可避免地会引起所有等级水平上的分化。

> 限制因子或强制函数与解决方案之间的权衡产生了较高的多样性,但是由于新的解决方案是突变、有性重组和生物间的基因转移所产生的随机结果,因此的确可能找到越来越好的生长方案。根据 ELT,这意味着系统倾向于获得越来越多的生态埃三极。

当我们关注的是短期或中期改变时,通过选择找到越来越好的解决方案这一过程被称为发展,但是当我们关注于长期的结果时,就应该称之为进化;见第 7.5 节,该节应用 ELT 来解释进化理论。

下一节将揭示限制因子或强制函数的巨大变异,这驱动了所有等级水平的多样性。第 10.3 节到第 10.10 节将介绍各个等级水平的多样性:生物化学——分子水平、细胞所携带的信息——遗传多样性,细胞水平,器官水平,种群中的个体水平、物种水平、群落和生态网络水平,以及生态系统水平。本章的倒数第二节将介绍这些多样性给生态系统带来的优势，最后一节将讨论为什么在地球上的极端环境中仍可能发现生命。

10.2 各种强制函数

众所周知，地球上的生命都居住在薄薄的地球表层，称为生物圈。这个区域从海平面延伸约 10 km 到海洋深处，并且向上延伸大致相同的距离到大气层（Jørgensen 等，2007）。生物圈非常薄，如果把地球看成是一只苹果，那么生物圈比果皮还薄。然而在生物圈中却产生了大量复杂的生物多样性，这可认为是生物圈所青睐的某些特定元素的集合（见表 10.1）。该表也说明各个圈层之间的组成差异。这里需要特别指出的是碳在三个非生命的圈层中并不充足，但在生物圈中的浓度却很高。

表 10.1 各圈层的原子组成中的 6 种最主要元素

	O	Si	Al	H	Na	Fe
岩石圈	60.4	20.5	6.2	2.92	2.49	1.90
	N	O	Ar	C	Ne	He
大气圈	78.1	21.0	0.93	0.04	0.0018	0.0005
	H	O	Cl	Na	Mg	Ca
水圈	66.4	33.0	0.33	0.28	0.034	0.006
	H	O	C	N	Ca	K
生物圈	49.8	24.9	24.9	0.27	0.073	0.046

然而，生物圈为生命所提供的条件随时空变化会产生较大差异。气候条件对生命来说是极其重要的（见第 3 章），它会发生巨大变化：

（1）温度的变化范围：从 −70℃左右到 55℃左右；

（2）风速（km/h）的变化范围：从 0 到几百；

（3）湿度的变化范围：从几乎为 0 到 100%；

（4）年平均降水量：从几毫米到几米，这不一定是受季节影响的结果；

（5）根据经度的日长的年变化：从 0 到 24 小时；

（6）一些不可预知的极端事件，如龙卷风、飓风、地震、海啸和火山爆发等，对气候的改变非常显著。

物理化学环境条件：

(1) 营养物浓度(C、P、N、S、Si 等);

(2) 盐度(对陆生和水生生态系统都很重要);

(3) 毒性化合物的存在与否,无论是自然发生或人为引起;

(4) 水生生态系统的流速和土壤的水力传导度;

(5) 空间需求和可利用性。

生物条件:

(1) 食草动物、杂食动物和食肉动物的食物浓度;

(2) 生物个体的密度;

(3) 资源(食物、空间等)竞争者的密度;

(4) 传粉者、共生生物和互利共生生物的密度;

(5) 分解者的密度。

如今,人类对自然生态系统的影响也增加了它的复杂性。

决定生命状况的因素很多,在此我们仅讨论了生态系统的几个重要强制函数。此外,生态系统都有自己的历史和路径可循,这意味着初始条件给它们提供了发育的可能性。如果我们保守地假定有 100 个因素决定生命的生活条件,并且这 100 个因素中的每个因素都有 100 个不同的水平,那么至少有 10^{200} 个不同的生活条件,这可以比拟宇宙中基本粒子的数量是 10^{81} 或大爆炸以来的秒数是 5×10^{17}。遵循路径的组合以及天文数字的庞大组合决定了生物圈无法尝试整个变化范围内的所有可能状态。此外,它的不可逆性确保了它不可能回到其他可能的配置。除了这些组合,生态网络的形成(见第 11 章)意味着间接作用的数量远远高于直接作用,且根本没法忽略——与此相反,间接作用通常比直接作用更显著,正如 Jørgensen 等(2000)所论述的。

将上述限制因子或强制函数的巨大变化作为时间和空间的函数时,会带来哪些影响? 针对问题而产生的解决方案因强制函数而引起巨大的变化。这意味着,在第 9 章中提出的所有层次的多样性是非常高的。

各等级水平内的差异将在以下九节中阐述。

10.3 生物化学水平的分子分化

生命物质的成分和进程有巨大的分化。表 10.2(Patten 等)列出了在生命物质中所能找到的最丰富的元素以及不同分子的相应数量。因为我们不知道地球上有多少物种,当然也就更难给出在自然界所有生命物质中发现的化合物的确切数量。因此,我们只能基于我们所发现的化合物数量,估计仍然未知的物种数量,以此来估算化合物的数量。自然界中氨基酸的数量为48种,但是在生命物质的蛋白质中仅找到28种。剩下的20种均是生化过程的中间产物。20种氨基酸直接通过遗传密码编码,其中8种是组成人体营养物质所必需的氨基酸。在生命物质中发现的大多数氨基酸是L-氨基酸,但在植物中也有发现了少数D-氨基酸。

表10.2 生命要素

	不同化合物的大致数量
糖类	>10 000
核苷和核苷酸(核酸的组分)	>10 000
自然界中的氨基酸	48
卟啉	>10 000
脂类	>10 000
类固醇	>1 000
包括酶在内的蛋白质	数量级为10^{200}(或更多)
激素	>10 000
代谢中间产物	>1 000 000
维生素	19

在生物圈中不同蛋白质的数量极其丰富,蛋白质的相对分子质量从1万左右到100多万。如果我们假定平均相对分子质量为10.4万(Morowitz,1968),并且假定不同蛋白质的数量与平均蛋白质中氨基酸的组合数量相对应,那么我们估计不同蛋白质的数量可达10^{676}种。如果假定氨基酸的平均相对分子质量为200,那么平均蛋白质包含104 000/200≈520个氨基酸,即可以组成20^{520}或约10^{676}种不同的蛋白质。这当然不可能全部实现,但是我们并没有包括8种在蛋白质中发现的却无法由基因编码的氨基酸。也没有包括在植物中发现的那几个D-氨基酸。然而我们能够推断:可能有的蛋白质种数是一个天文数字。因此我们在表中给出了一个不确定的数量级:10^{200},这个数量级对应了限制因子的组合数量。

核酸决定DNA的差异,进而决定蛋白质的差异。核酸的差异是碱基的不同序列引起的。构成蛋白质分子链的4个碱基中,每3个碱基决定一个氨基酸。因此就有$4\times4\times4=64$种不同的碱基排列可能来决定20种氨基酸。因此,氨基酸是由不止1种碱基组合所决定的。下一节将介绍核酸的差异,焦点是遗传变异。

> 通过这些生物化学水平的分化，可以断定不同生化分子的数量非常高，这意味着这些化合物之间可能发生的生化过程的数量会更高。因此，只有通过在海量可能性中对生化组成和过程的选择，细胞才会遇到许多限制因子的组合。

10.4 遗传分化

遗传分化指控制生化过程的信息的分化。细胞所携带的信息对生物的生态埃三极产生贡献（见第6章、第7章和 Jørgensen 等，2007），这些信息都储存在基因组中。生态埃三极是在生态学范畴内一个生态系统的组分的埃三极或工作能力，这是以在热力学平衡状态下的相同生态系统作为参比的。信息的形式是组成 DNA 和 RNA 的核酸的碱基序列。表 10.3 是目前全基因组测序项目的一览表。基因组的大小以 Mb 为单位，重复的序列以百分比计。表中列出了不同生物的 β 值，以每克生物量的单位碎屑物的生态埃三极表示：

$$\text{Ex-total} = \sum_{i=1}^{N} \beta_i c_i \quad （碎屑物当量）$$

表 10.3 中的 β 值从 16 种生物的完整基因组信息中获得，见 Jørgensen 等（2000，2007）。表 4.1 是一个更完整的 β 值清单。

表 10.3 目前正在进行的全基因组测序项目所发现的基因组大小和 β 值

生物	基因组大小（Mb）	重复（%）	β 值
人类	2 900	46	2 173
小家鼠	2 500	38	2 127
虎鱼	400	9	499
海鞘	155	10	191
疟蚊	280	16	322
果蝇	137	2	184
线虫	97	0.5	133
人类疟疾寄生物	23	0.5	31
啮齿动物疟原虫	25	0.5	34

续表

生物	基因组大小(Mb)	重复(%)	β值
变形虫	34	0.5	46
胞内寄生物	34	0.5	46
啤酒酵母	12	2.4	16
裂殖酵母	14	0.35	19
微孢子寄生物	2.5	<0.1	3.4
拟南芥	125	14	147
水稻	400	50	275
病毒	0.01	0	1.01
类病毒	0.0036	0	1.0004

当我们量化各种生物的基因分化时,不仅可以应用基因组的大小、基因代码编码的核苷或氨基酸的数量,也可以采用β值,或每克生物量的生态埃三极。人类基因组的分化相当于1.590×10^9个核苷,按照编码1个氨基酸需要3个核苷,那么人类可以编码约5亿个氨基酸。

例 10.1

在100 mg的蛋白质(酶)中大约有多少氨基酸?与人类核苷相比,在100 mg蛋白质的氨基酸中,氨基酸序列中多包含了多少信息?通过不断地进化,生物的信息还有多少增加的可能性?

解

我们假定氨基酸的平均相对分子质量为200,这意味着100 mg将包含1/2 000 mol氨基酸,或A(阿伏伽德罗常数)$/2\,000=6.2\times10^{23}/2\,000=3.1\times10^{20}$个氨基酸,或比基因组中的核苷酸多约$6\times10^{12}$倍。这意味生物体的信息增加几乎是没有限制的。

10.5 细胞水平的多样性

在成年人体中包括几百,甚至上千种截然不同的细胞类型。在进化过程中,细胞类型的数量增加了,并且最高等的生物——哺乳动物的细胞类型最多,见 Jørgensen 等(2005)。

表5.2列出了两种主要细胞类型:原核细胞和真核细胞的差异,这两种细胞分别是35亿年前出现的最简单的细胞类型和20亿年前出现的高级细胞类型。这两种细胞类型的差异也表现出很广泛的细胞特性。COPE 主页对各种细胞类型及其特性有更详细的罗列。

10.6 器官水平的多样性

一个器官是组成结构单元的组织的一个集合体,执行一个共同的功能。通常包括一个主要组织和几个零散组织。那个主要组织是特定器官所唯一具有的。例如,心脏中的主要组织是心肌。功能上相关的器官通常联合起来组成整个器官系统。器官存在于所有高等生物中,并且不仅存在于动物,而且也存在于植物中。

哺乳动物中的不同器官数量最多。目前在哺乳动物中发现了11种主要器官系统,包括200个器官:

循环系统:包括心脏、血液和血管,负责将血液在身体和肺部之间输送。

消化系统:通过唾液腺、食道、胃、肝、胆、胰腺、肠、直肠和肛门,来加工和消化食物。

内分泌系统:由内分泌腺体如下丘脑、垂体或脑下垂体、松果体或松果腺、甲状腺、副甲状腺和肾上腺分泌的激素进行身体内部的交流。

排泄系统:包括肾、输尿管、膀胱和尿道,参与液体平衡、电解质平衡和尿液排泄。

外皮系统:皮肤、头发和指甲。

淋巴系统:组织和血流之间的淋巴转移结构,包括淋巴、淋巴结以及传输的淋巴管,该系统与免疫系统相连接:疾病防御介质如白细胞、扁桃腺、扁桃体、胸腺和脾脏。

肌肉系统:机体运动时参与活动的肌肉。

神经系统:对信息进行收集、传输和处理的脑、脊髓、周边神经和神经。

生殖系统:性器官,如卵巢、输卵管、子宫、阴道、乳腺;睾丸、输精管、精囊、前列腺和阴茎。

呼吸系统:用于呼吸的器官:咽、喉、气管、支气管、肺和隔膜。

骨骼系统:支持和保护结构,由骨骼、软骨、韧带和肌腱组成。

10.7　个体水平的多样性

正因为我们没法了解所有的物种(物种数量的估算见下一节),所以无法确定地球上所有物种的个体分化。但是我们能够说明人类种群间的差异,从而得到一些个体分化的信息。现代人(智人,*Homo sapiens*)有 1.590×10^9 个核苷,其中的99%是整个人类种群所共享的。截至2011年,全球人口为65亿,如果乘以我们不与其他种类共享的核苷数量(1%) $=1.590\times10^7$,即 $1.590\times10^7\times6.5\times10^9=1.033\times10^{17}$,得出的是人类种群所能发现的多样性,不过不是不同核苷的数量,因为某些核苷并不是整个群体共享,而仅由少数个体共享。

由此可以得出,同种生物间的个体多样性是很庞大的,如果我们计算生态系统中所有个体间的多样性,那么得到的将是一个天文数字。

如果我们考虑所有的物种(据估计有500万种),那么个体水平的多样性也会相应增加。

10.8　物种水平的多样性

物种是生物分类的一个基本单位和一个分类等级。物种通常定义为能够杂交繁殖产生可育后代的生物体的集合。尽管这个定义在许多情况下是恰当的,但还有更精确的不同定义也经常被使用,例如,DNA、形态学或生态位(指物种能够存活和繁殖的生态条件)相似的生物体的集合。在生物分化的情况下,DNA的相似性能够解释为什么同种生物的个体能够在相同的限制因子组合条件下存活。我们已知物种大约有200万种,但是我们仍不断地在未常触及的自然界特别是热带雨林中发现新物种,据估计物种的数量远高于200万。正如前文所述,最大估计值高约500万种。

通过以下几种物种多样性测度可表示物种的分化:

(1) 物种的数量 S,最终以 $\log S$ 来表示;

(2) 一般多样性的香农指数:$H=-\sum(n_i/N)\log(n_i/N)$;这里 n_i 是第 i 个物种的个体数量,N 是个体的总数。同样可以应用自然对数。

(3) 均匀度指数 $e=H/\log S$

根据上述讨论,物种多样性被用来表示通过改变强制函数(限制因子)来维持生态系统功能的可能性。物种多样性表示生物为应对变化的环境条件(限制因子)而形成的特性上的多样性。许多生态学研究已经表明(见 Gaston,1996)

这两种多样性是相关的。图 10.1 表明对 218 种鸟类的检验结果(Gibbons 等,1993)。虽然特征或特性的丰富度小于物种的丰富度,但是这两者之间有紧密的关联。

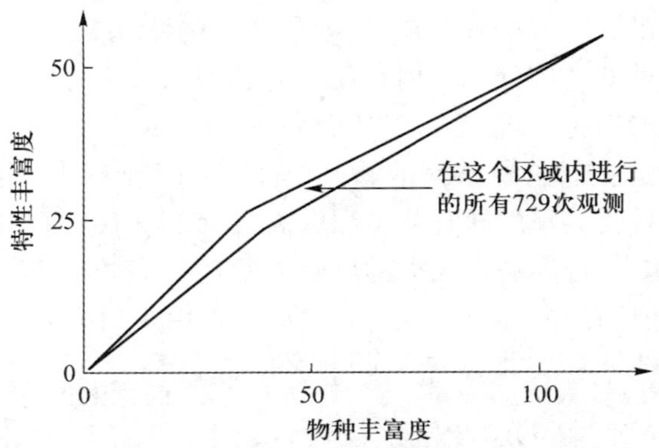

图 10.1 218 种鸟类的调查结果(Gibbons 等,1993)。特征或特性的丰富度小于物种的丰富度,但是这两者之间显示有紧密的关联

例 10.2

一个生态系统中总共有 405 种物种,其中 5 种物种占优势。生态系统中总的个体数量(微生物没有计算在内)是 100 000。5 个优势种的个体数量分别为 8 000、20 000、20 400、22 600 和 25 000。另外 400 种非优势种的平均个体数约为 10 个。求本节中提到的三个多样性指数。

解

物种的数量是 $S=405$,或 $\log S=\log 405=2.603$

$H=-(0.08\times\log 0.08+0.2\times\log 0.2+0.204\times\log 0.204+0.226\times\log 0.226+0.25\times\log 0.25+400\times 0.0001\times\log 0.0001)=-(0.08\times(-1.1)+0.2\times(-0.7)+0.204\times(-0.690)+0.226\times(-0.656)+0.25\times(-0.6)+400\times 0.0001\times(-4))=0.654$

$E=0.654/2.603=0.251$

多样性和均匀度都很小。许多生态系统的多样性都在 2 和 4 之间。

生态位指不同物种生存所需的强制函数(条件)的范围。换而言之,指生物或种群对资源和竞争者的分布的响应以及改变这些因素的能力。

竞争排斥理论(Gause,1934)认为,当两种或多种物种竞争相同的限制性资源时,只有最优物种能够存活。可这个理论与海量的物种数是存在矛盾的。对这个矛盾的解释可归结于生存条件在时间和空间上的巨大差异,以及物种特性间的巨大差异。对于三种或更多资源受限的竞争模型,我们可以得出与只有一、两种资源受限的案例所截然不同的结论。应用竞争模型时,由于不同资源的明显波动,许多竞争相同资源的物种是能够共存的。因此,在以生物和非生物因子的显著变化为特征的环境中,许多物种的共存是不足为奇的现象。图10.2 和图 10.3 展现了我们在自然生态系统中发现的高多样性。这与生态位概念和竞争排斥理论一致。

图 10.2 亚得里亚海的一个岛。在 1 m^2 自然生态系统中,2 小时内能够统计出 92 种植物和昆虫

图 10.3 哥本哈根以北 13 km 的一处浅水湖或湿地。温带的淡水生态系统通常具有很高的生物多样性,为人类社会提供许多生态系统服务功能(见表 10.4)

10.9 群落和生态网络的分化

物种在生态系统中与其他物种相互作用,并共同整合成为生态网络。生态

网络具有协同效应(见 Patten,1992;Jørgensen 等,2007)。生态系统中有许多可利用的生态网络可供选择,以获得最高的网络协同效应和生态埃三极。大多数生态系统中都居住着至少5 000种植物、动物和细菌。极少有生态系统的生态模型会包括超过50种的(优势)物种作为其状态变量,实际上,这些物种在生态网络中相互作用,这部分生态网络承担了超过90%的物质、能量和信息的循环。大多数物种对物质、能量和信息的循环的贡献都不大,仅是等主要条件变得对它们有利时能迅速扩张。但是5 000种物种能够形成5 000 ×4 999 ×4 998 ×…×4 951种不同的生态网络,或约10^{184}种可能的生态网络。这些计算都存在很高的不确定性,因为不同生态系统中物种的数量也不同,并且承担90%的物质、能量和信息循环的物种数量在不同的案例中也会差别很大,但是主要的原因不是物种的数量,而是:

> 生态系统中可能的网络数量是巨大的。此外,网络会随时空发生变化,因为物种一直在改变它们的特性,因此生态网络所表现的种间作用也不可避免地会随时空发生显著的变化。

例如,有关猎物和捕食者之间的竞争描述见 Covitch(2010)。

10.10 生态系统水平的多样性

主要气候条件和相应的优势植物是生态系统分类的基础。表10.4列出了不同的生态系统的年生物量、年可做功能(生态埃三极)和分类的最重要标准。生态系统在环境条件、生物量和生态埃三极等方面的分化是非常显著的。

表10.4 生态系统及其典型的年生物量、年生态埃三极和特征

	生物量 ($MJ \cdot m^{-2} \cdot a^{-1}$)	生态埃三极 ($GJ \cdot hm^{-2} \cdot a^{-1}$)	特征
沙漠	0.9	2 070	干旱,水是限制因子
开放海域	3.5	2 380	受陆地影响较小的海域
海岸带	7.0	4 830	受陆地影响较大的海域
珊瑚礁,河口	82	1.0×10^6	珊瑚的碳酸钙骨架
河口	75	950 000	海洋、淡水和陆地系统的交界
湖、江(淡水)	11	93 500	陆地系统环绕的淡水系统
针叶林	15.4	539 000	高密度的针叶树种

续表

	生物量 (MJ · m^{-2} · a^{-1})	生态埃三极 (GJ · hm^{-2} · a^{-1})	特征
落叶林	26.4	1.0×10^6	高密度的落叶树种
温带雨林	39.6	1.5×10^6	降水量较高的温带森林
热带雨林	82	3.0×10^6	高温、多雨、高多样性的森林
苔原	2.6	7 280	低温，强风、低降水量
农田	20.0	420 000	人工管理下的食物生产系统
草原	7.2	18 000	优势种为草本植物的植被
湿地	18.0	45 000	陆地和水生生态系统的交界处

生态系统的分类通常是基于我们对自然的视觉认识，很容易制定分类的表格。例如，湿地包括泥炭地、林泽湿地、浅水湖、湿草甸、沼泽和芦苇沼泽。你能够区分出河流与小溪，低地河流与小溪，山地河流与小溪——这只是一些扩大生态系统分类清单的可能性。生物群系（即提供不同生活条件的自然系统）的数量可能更能涵盖生态系统的变异。全球范围的生物群系数量约为 400 ~ 500 个（Gaston，1996）。

当生态系统从早期阶段向成熟阶段发展的时候，其分化也会增加，见 Odum（1968）的总结。三种生长型见 Jørgensen 等（2000，2007）。

生态系统具有极高的多样性，其形式包括：丰富的物种、许多可能的生态网络、DNA 中的海量碱基序列数和蛋白质中的海量氨基酸数。这些庞大的多样性使生态系统能够在变化多端的限制因子影响下选择一种存活、生长和发育的方式。

然而，我们需要描述在某些极端环境条件下的生活型，这样就能够更好地理解限制因子是如何引起分化的。

10.11 高生物多样性的优势

生物多样性被定义为所有生命的多样性。它有三个水平（Leveque 和 Mounolou，2003）：

（1）种群的遗传变异，指种内多样性，能够解释物种对变化的强制函数的响应。

(2) 物种在生态功能方面的多样性,是选择和适应的先决条件,而选择和适应驱动了物种的进化。

(3) 生态系统多样性, 即生境的时空变化,驱动了重要的生命组成元素的全球循环。

O'Neill 等(1986)检验了异养生物在生态系统抵抗力和恢复力中的作用,发现异养生物的生物量只要有微小变化,系统就可重新建立平衡,并抵消扰动。他建议,当应用稳定性概念解释生态系统的响应时,许多调控机制和空间异质性也应该考虑在内。

这些观察和实验解释了为什么很难在生态系统的广义稳定性和物种多样性之间找出一个明确的关联。对比 Rosenzweig(1992,1996)和 May(1973)的研究,也得出了大致相同的结论。

已有研究表明增加磷输入量会降低多样性(Ahl 和 Weiderholm,1977;Weiderholm,1980),但是富营养化严重的湖泊是非常稳定的。图 10.4 给出了对1000 多条瑞典河流进行统计分析后得出的结果,表明了物种数量和富营养化(以叶绿素 a 的含量 μg/L 计)之间的相关性。底栖动物和相应湖泊深度的磷含量之间也具有相似的关联性。

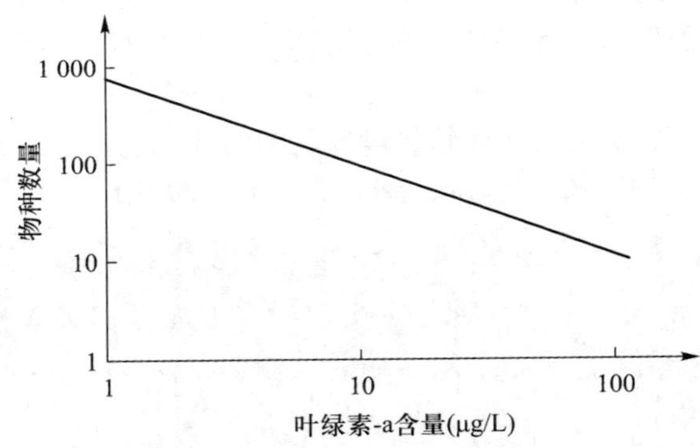

图 10.4 瑞典一些湖泊的物种数量与富营养化(以叶绿素 a 的含量 μg/L 计)之间的关系(Weiderholm,1980)

模型研究(Jørgensen 和 Mejer,1979,1981;Jørgensen,2002)也显示:在富营养化较严重的湖泊中,多样性相对较低的情况下,导致营养输入的变化也较小。富营养化湖泊的多样性较低这一结论与 Ahl 和 Weiderholm(1977)、Weiderholm(1980)提到的一致。高营养物浓度 = 大量的浮游植物。因为营养充足,湖的面积并不需要多大。选择或竞争压力不再来自于营养获取,而来自于对浮游动物摄食的躲避,此时个体越大越有利。换言之,选择的范围变得越来越窄,这也意味着多样性会降低。

如果将一种有毒物质排放到一个生态系统中,那么生态系统的多样性将会降低。对有毒物质敏感性最高的物种将会消失,而其他幸存物种则会通过代谢变化、转化、隔离、排泄等机制来降低有毒物质的浓度。我们观察到多样性的降低,但同时也发现,有毒物质的继续输入只会引起相对较小的改变,因为现存物种应对有毒物质影响的能力提高。关于有毒物质排放到湖泊中的模型研究(Jørgensen 和 Mejer,1979,1981)说明了类似的生态系统对有毒物质的缓冲能力和多样性之间的负相关关系。

在这里应该考虑上述生态系统复杂性的另一个后果。为了计算的便利,研究重点一直在均衡模型上——特别是种群动态研究。动态平衡状态(稳态——非热力学平衡态)可能用来作为系统的吸引子(在数学意义上——最终的生态吸引子是热力学平衡态),但是平衡是永远没法达到的。在达到平衡状态之前,由外部因子和所有生态系统组分决定的条件已经发生改变,并且达到新的动态平衡,于是就出现新的吸引子。在系统达到这个吸引子之前,新的状况将再次出现,如此循环发生。因此,基于平衡状态的模型对生态系统的反应做出的描述是错误的。这些反应是由当时的状态变量决定的,不同于平衡状态的值。我们从许多建模练习中认识到模型对状态变量的初始值很敏感。这些初始值是进一步反应和发育的条件的一部分。因此,稳态模型会得出不同于动态模型的结论,在描述基于平衡模型的结论时需要非常小心。我们必须面对这个困难:生态系统是动态的系统,绝不会达到稳态平衡,因为在达到稳态平衡之前条件已经又发生了改变。因此我们要尽可能广泛地应用动态模型,动态模型显然可以给出不同于静态模型的结论。

由此可以得出结论,一方面,多样性、稳定性和抗性之间的关系非常复杂,另一方面是强制函数对上述三者的影响也非常复杂。然而多样性使生态系统能够以较小的变化应对新的意想不到的强制函数。例如,当一种有毒物质被释放到生态系统中时,如果生态系统中存在更多的植物物种,那么初级生产力维持不变的可能性很大。即如果有更多的植物种类可供选择,那么找到能够抵抗有毒物质的物种的可能性就很高。Tilman 和 Downing(1994)的草地实验支持这个假说,即物种数量越多,耐受强制因子的可能性越高。他们发现物种的数量越多,生态系统对干旱胁迫的抗性就越强。当然,每个额外增加的物种的贡献也越小;见图 10.5。因此可以概括为,多样性与稳定性或抗性之间并不是简单的关系;但是物种的多样性越高,生态系统耐受一系列强制因子的可能性就会增加,换言之,物种多样性越高意味着生态系统可能有更多途径来通过较少变化应对新的或意想不到的强制函数(限制因子)。

在所有生态系统中,维持高生物多样性有几个重要的原因:

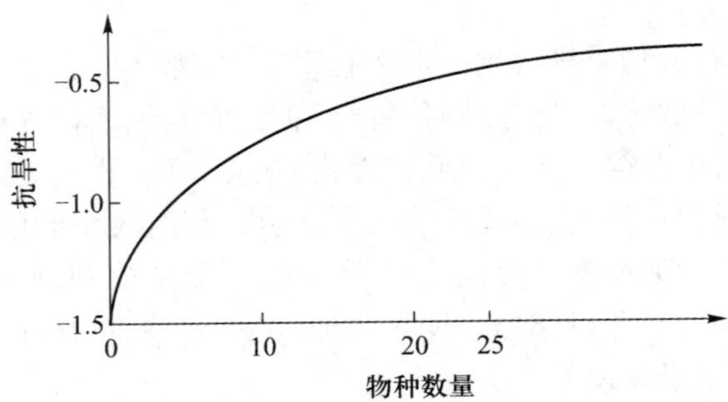

图10.5 Tilman和Downing(1994)的草地实验结论：尽管植物物种数量增加时，额外种类的贡献会随之下降，但物种的数量越多，对干旱胁迫的缓冲能力就越强

(1) 人类目前应用许多生态系统服务功能(Costanza等,1997)，其中包括直接和间接的经济价值。服务功能当然取决于生态系统的可持续发展，根据上述的讨论，服务功能的下降可能是由于生物多样性减少所导致的，换言之，这是一种直接经济关系。

(2) 高生物多样性也具有美学价值，我们所保护的自然公园和自然保护区就是最佳诠释。

(3) 生物多样性也为农业、制药产业、生物技术产业和化工业提供了遗传资源。

例10.3

为什么越靠近两极，物种多样性越低，而越靠近赤道，物种多样性越高？请解释物种多样性这一梯度趋势的部分原因。

解

详细全面的解释需要包括许多方面的因素。其中有两个因素格外重要：

(1) 生产力的纬度梯度与物种分布的纬度梯度非常相似。

(2) 与所有的生物过程一样，温度的升高促进了物种多样性的发育。

10.12 多样性与极端环境

对于地球上能够承载生命的极端环境，其范围之广，令人咋舌。在几千米深度的海洋深处，有高浓度硫化物和热液，生命如何能够在这种极端环境中生存？这些生物处于无可见光并承受着巨大压力的环境中。生命如何能够在潮汐生态系统中生存，经历从没有水到完全被水浸没的不断变化的环境条件？生命如何能够在完全黑暗的深洞中存在？多细胞动物如何能在没有氧气的环境中生活？究其原因可能是生命总会存在于各种生命条件中，即使条件非常苛刻。如果生命有足够的时间来发育，即使在恶劣或极端条件(限制)下，只要某些基本需求可以被满足，生命必然会发展；见第5.6节。

然而我们不能够排除生命在极端条件下存在的可能性是由丰富的生物分化所决定的。由于地球具有较高的物种多样性，一个或多个物种能够通过改变其特性来应对极端环境条件，尤其是在时间充足的时候。图10.6说明了上述观点。换句话说，生命之所以能在这些极端环境中存在，可能是因为长期进化过程中生物已经形成了许多不同的生活型。这也与第6.4节和第7.5节中所阐述的物种多样性呈指数增加的观点相一致。地球上最早出现的生命可能是在非常温和的环境中形成的，或者可能来自于外太空，可能自此以后，物种多样性增加，找到了生命在极端环境下进化的解决方法。

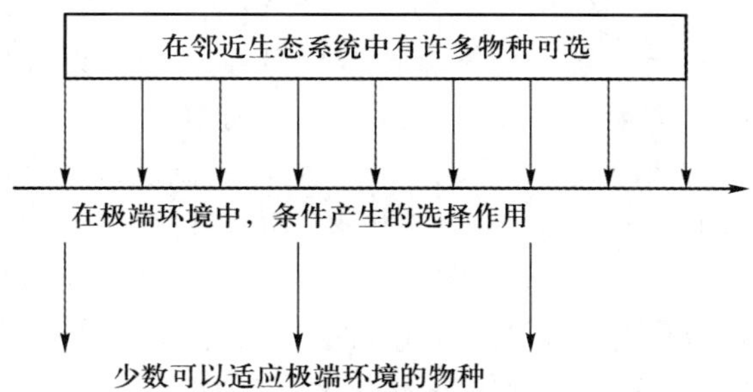

图10.6 生命在恶劣条件下生存的可能解释是，生命有足够的时间形成许多不同的生活型，并且在邻近的生态系统中也有许多不同的生活型，其中某些生活型可以调整以适应苛刻的生活条件

然而，我们还不能断定以下两个可能性中，哪个能够给出生命在极端环境中存在的最正确解释：

(1) 生命不可避免地出现在任何适宜的条件下，无论是苛刻的还是温和的条件。

(2) 生命在恶劣条件下存活的唯一可能是：如果有足够的时间形成许多不同的生活型，其中一些生活型可以改变以适应苛刻的生存条件。

第二种可能性需要有极高的多样性。我们大多数可能倾向于接受图10.3中物种多样性呈指数增长的解释。但是如果我们在太阳系的恶劣条件下发现生命的话,那么我们更倾向于认为我们可以在地球上最极端的环境中发现生命。此外,你不得不把两种解释结合起来。

更多的细节将通过下面两个典型的极端环境来说明。实例引自 Jørgensen (2008)。

10.12.1 深海

长期以来,人们一直认为深海的食物资源极度匮乏,是生物多样性很低的生态系统,但是现在却有了截然不同的认识。在深海中有一种生境,其生命的密度与许多其他海洋生态系统的几乎相等。这种生境就是火山热液喷口系统,或深海热泉。热液喷口系统沿海洋底部的海脊分布,是地壳断裂扩张的主要区域(Childress 等,1987)。那里距离海平面达几千米,密布在那里的动物生活在完全黑暗的环境中,尽管如此,科学家仍能够发现例如约 1 m 长的巨型管虫(*Riftia pachyptila*)、30 cm 长的蛤(*Calyptogena magnifica*)以及贻贝群(主要是 *Bathymodiolus thermodphilus*),这些生物在热液口周围高度聚集。此外还能发现虾、蟹、鱼类等生物。光合作用在热液喷口这样的深度下是无法进行的。那么能量的来源是什么?因为所有生态系统都必须具备能量来源。如此高密度的生物群落是否可用温度来解释呢?喷口的水温为 10 ~ 20℃,与之相比,大部分海洋最深处都是非常寒冷的,仅有 2 ~ 4℃。然而较高的温度并不能够解释热液喷口生态系统独特的生命现象,因为这些水下热泉与陆地上的许多泉水一样富含硫化氢。一些喷口被称为“黑烟囱”,因为其中所含的金属硫化物使之呈现出完全的黑色。富含硫化物的生境使大量细菌在此生存。它们都是自养生物,不以太阳作为能量来源,而通过硫化氢的氧化来获取能量。可以这样说,硫细菌的角色类似于海平面附近的绿色植物。绿色植物是光合自养生物,硫氧化细菌是化能营养生物,即利用无机物作为能源来推动二氧化碳的固定。图 10.7 说明了某个深海喷口附近可能出现的典型食物链(Calaco 等,2007)。

热液喷口群落由不同于寻常的无脊椎动物组成,有稠密成簇的管形蠕虫、喷口贻贝和喷口蟹类。管形蠕虫是一种封闭的囊状生物,没有嘴和消化系统。在其前尖有一个红色的羽状鳃,是与周围海水之间进行氧气、二氧化碳和硫化氢交换的器官。这类动物主要由包含内脏器官的薄壁囊状结构组成。其中最大的是营养体,占据了大部分体腔。它为蠕虫提供营养,大量的硫氧化细菌在此生存繁殖。管型蠕虫和细菌已建立了共生关系。管型蠕虫从细菌处获得还原碳分子,同时为细菌提供了其新陈代谢所需的原材料——二氧化碳、氧气和硫化氢。

有一个关键的问题是:喷口附近有高浓度的有毒硫化氢,足以阻止呼吸作用,那么动物是如何生存的?对管形蠕虫的研究显示:硫化物并没有影响氧的

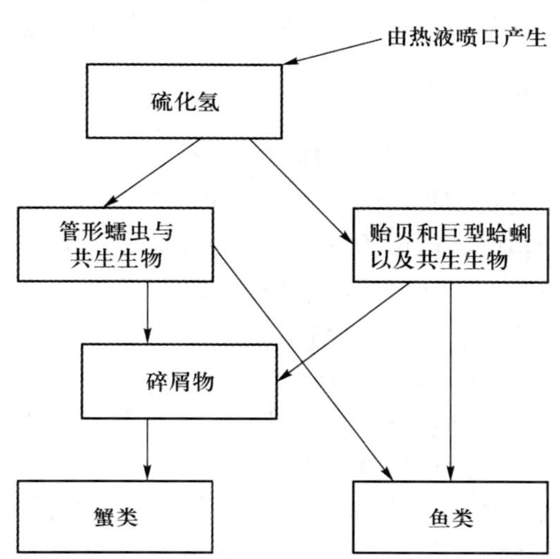

图 10.7 深海热液喷口的食物链。能量来源是由细菌氧化的硫化氢。管形蠕虫通过共生细菌对硫化氢的利用来获得化学能源

结合,甚至在对大多数动物来说致命的硫化物浓度下,蠕虫的呼吸作用依旧很充分。管形蠕虫可以从喷口水中吸取硫化物,它具有一种血液成分,即蠕虫的高相对分子质量的血红蛋白,能够与硫化氢结合,其结合能力比对硫化物敏感的细胞色素 c 氧化酶更强。血红蛋白可以同时结合氧气和硫化氢,但结合位点不同。大的白蛤和贻贝也与硫细菌建立了共生关系。但是细菌并不存在于内部器官中,而是在鳃中,因此它们很容易从呼吸的水流中获得氧气和二氧化碳。新陈代谢是相同的,即细菌氧化硫化物,给蛤蜊提供固定的碳化合物。蛤蜊的血液中积聚了硫化物,其浓度水平的数量级远高于周围的水体浓度。看起来,蛤蜊似乎是通过其大而伸长的足来吸收硫化物的,它们将足伸入热液喷口,那里的硫化物浓度是最高的。硫化物被蛤蜊的足吸收后,通过血液运输给鳃中的细菌。运输过程通过特殊的高分子蛋白质来完成,这能够防止硫化物在运输过程中的氧化,并保护血红蛋白和细胞色素 c 氧化酶。硫化物与蛋白质的结合是可逆的。硫化物在鳃中被卸载给细菌,并被氧化以提供能量。

管形蠕虫、蛤蜊和贻贝能够成功生存,全依赖于共生的硫细菌(Calaco 等,2007)。许多小型管状动物都缺乏共生生物。它们要么通过过滤特定的食物,如水中的细菌,要么采食有共生生物的动物来获取营养。例如,喷口蟹类采食管形蠕虫呼吸用的羽状鳃。许多深海动物能通过特殊蛋白质的化学反应发光,例如鱼、章鱼和乌贼。此外还有一些发光细菌。这显然是一个很大的优势,不然深海就是漆黑一片。深海中的热液活动不仅是许多生命形式的直接或间接的能量来源，而且也为全部海洋生命提供了一个矿物质的重要来源。

10.12.2　食肉植物

某些植物经过进化后具有引诱、捕食和消化机制，使它们能够捕捉昆虫，以增加营养的供应，并因此能在其他植物几乎无法生存的生境中幸存下来。根据食肉植物捕捉猎物的方式，可以把它们分为两组：即主动捕食者和被动捕食者(Heslop-Harrison，1978)。主动的捕食者捕捉跳跃或爬行的昆虫。当与猎物接触时，叶片触毛被扰动，触发闭合机制。

维纳斯捕蝇草的叶片两侧可迅速地同时运动，关闭陷阱。

狸藻属植物具有囊状捕虫器，其小口由一个可开合的囊盖所密闭。囊状捕虫器会突然扩大，将水和猎物都吸入囊内。

被动捕食者，例如猪笼草，把猎物引诱到光滑的边缘，使之落入具有消化液的捕虫笼而无法爬出来。另一种被动捕食者茅膏菜具有迷人的红叶。当小飞虫接触叶片表面的分泌液珠时，夜珠就会分泌消化酶。来自捕食猎物的营养会以惊人的速度进入到叶片中。

大量实验显示，只要有猎物，食肉植物就生长良好。食肉植物的生境所提供的营养往往不足。因此可以推断，在它们所生存的环境中，这样的营养补充方式大有裨益，这与观察结论相一致。食肉植物经常出现在营养贫瘠的生态系统，这里的限制因子是过低的营养浓度、热源、沼泽、林中旷地的贫瘠土壤和混有风化石灰岩的黏质土。

食肉植物占据的生态位极窄。而且已发现的食肉植物的适应范围完全符合达尔文的进化论观点，是绝妙的进化案例。在约 30 万种开花植物中，有 400 种是食肉植物，它们属于 6 个科 13 个属。

食肉植物通过消化猎物得到营养补充，为它们的生存提供了独特的优势，尤其是在营养匮乏的环境。氮和磷都在其中发挥了重要作用。但这些优势也需要一定的能量消耗。食肉植物需要将一部分能量用于合成消化酶和其他分泌物，精细的结构适应也会消耗能量。食肉植物往往出现在碳源比较丰富、水分较充足并且没有光合作用能源限制的地方。因此，问题的关键并不在于能量的消耗，而在于如何在没有非食肉竞争者定植的生境中存活。无论哪一种能量的消耗，能量投入都是受生存可能性调节的。

在这里应当指出的是，分化的结果也会使动物利用光合作用获取额外的能量。绿叶海蜗牛(*Elysia chlorotica*)体形像叶片。这种蜗牛已经从藻类获取了基因，使它能够把二氧化碳转化为葡萄糖。这种蜗牛能够产生可在细胞中维持叶绿素 a 的蛋白质。绿叶海蜗牛的例子说明基因能够在物种间进行交换，这就增加了分化。

本章小结

（1）生态系统的强制函数（限制因子）随时空发生巨大的变化。进化已经持续了近40亿年，这意味着生态系统经历了很长的时间来找到可能的解决方案，以应对生长和发育的挑战。因此，生态系统在各个生态等级上都形成了丰富的多样性，包括：生化分子水平、细胞水平、器官水平、个体水平、物种水平、种群水平、群落水平、生态系统水平和整个生态圈水平。

（2）高生物多样性可能不会增加由抵抗力（或缓冲能力；见下一章）或恢复力（生态系统经干扰后回到正常水平的能力）所决定的生态系统稳定性。不过，高多样性意味着遭遇和应对强制函数（新的或意想不到的强制函数）的概率增加。

（3）即使是极端的环境下仍有生命存在，这可能是所有等级水平具有高生物多样性的结果。

练习题/思考题

（1）你与黑猩猩共享98%的基因，与其他人共享99%的基因。那么你与你的姐妹共享基因的百分比是多少？

（2）列出第9章中所介绍的等级结构的优势，并按照本章内容，评价每个等级水平的优势。

（3）一个生态系统由100万个个体和500个物种所组成。20种最优势物种中，每种约有2万个个体，而20个次丰富的物种中，每种约有1万个个体。其他物种囊括了剩下的40万个个体，并假设其他460种物种中，每种都包括几乎相同数量的个体。计算该生态系统的香农多样性指数和均匀度指数。

（4）为什么我们预期的多样性随时间增加（见第7.5节）？

（5）列出高物种多样性的优势。

（6）每个等级水平都存在多样性，但是为什么物种水平的多样性特别重要？

第 11 章 生态系统的强缓冲力

佛曰：

无论你在哪里读到了些什么，抑或是听到了哪些话语，即使它出自我口，请不要相信，除非它符合你的理由和你的常识。

本章讨论了生态系统稳定性的定义（恢复力、抵抗力和缓冲力），并举例说明。其中，抵抗力和缓冲力是多维概念且容易被量化，用于描述了复杂的生态系统在受到扰动时的响应。

模型和统计结果显示，对于缓冲力强的生态系统，其生态埃三极值较高。较高的生物多样性可以确保缓冲力的范围更宽广。

本章通过举例，说明并讨论了中度干扰假说及生态系统的滞后行为。

生态系统的行为可能毫无头绪。它们趋向于最大化地利用资源（即根据 ELT，生态系统会尽可能获得更多的生态埃三极），但这也使其常常处于混沌的边缘。生态系统的反馈机制可避免混沌的发生，但很可能会使系统在较长时间段内处于生态埃三极的低值。

11.1 引言：稳定性的概念

生态系统通常都是稳定的吗？是什么原因导致它们不稳定？这两个问题是系统生态学的核心问题，但我们很容易就会有更多的疑问：在足够大的时间尺度上，当系统受到扰动、强制函数、影响因素或限制因子发生改变时，生态系统能否保持稳定？而当干扰停止时会怎样？或当强制函数在主要影响或扰动对系统产生作用前回到正常值时，生态系统又会有怎样的响应？本章将试图回答上述问题。在此之前，首先明确稳定性的意义，并为这个最重要的稳定性概念给出一个定义。尽管有许多生态学文献就稳定性的概念展开了广泛讨论，但至今仍未有一个明确无误的定义。有关稳定性的数学解释可见 Jørgensen 和 Svirezhev（2004）一书的第 6 章。

本章将讨论三个稳定性概念的定义和应用：

恢复力 通常指物体在变形（特别是受压变形）后恢复其原有大小和形状的能力。Holling（1986）将这个概念引入生态学，定义为：系统遭受外界条件变化时，吸收干扰，认识变化，以便继续维持其功能、结构、特性和反馈的能力。在生态学文献中能找到另一条更为量化的定义：一个系统在丧失其恢复能力前所能承受的最大的变化量。然而，有些生态系统会有好几种可能出现的稳定状态，它们还会出现滞后效应，也就是说，即使经历较长时间，其状态还是部分取决于它的历史。因此，恢复力的概念取决于我们的目的、我们所预期的干扰类型、切实可行的管理措施，以及与问题相关的时间尺度。而生态系统的复杂性使恢复力的概念在现实中较难运用，不易量化。在环境管理中很有必要运用“恢复力”这一概念，可以明确“相同结构和功能”的含义并确定干扰因素。一个生态系统是不可能再恢复到与过去完全相同的条件和状态的（例如第 10.2 节的限制的变化）。当生态系统被检验到受到了特定的干扰，并且其核心功能和结构的最重要组分都很明确时，将该概念用于环境管理才是很有意义的，否则恢复力只是一个模糊的定性概念。

抵抗力　指当受到影响，或强制函数改变，或引入扰动时，生态系统抵抗这些变化的能力。它可用生态系统强制函数的变化与状态变量或过程的变化速率的比值来表示。抵抗力是个多维度概念，可用强制函数和状态变量的所有关系的相应比值来表达。通过利用这个概念所获得的稳定性信息比恢复力更易量化。从另一方面看，如果强制函数发生显著变化时，抵抗力更侧重于生态系统的恢复能力。因此，“恢复力”和“抵抗力”在环境管理和生态系统保护中密切相关、互为补充。“抵抗力”很好地量化了稳定性概念，下文将会尽可能详细而量化地回答这个问题：“生态系统能否恢复？尤其是它的功能和主要结构？”

缓冲力　是本书的基础，该能力被用作本章标题，以强调其与系统生态学量化表述的重要关系。缓冲力与抵抗力密切相关，它们具有相同的优缺点。

缓冲力 β 的定义（Jørgensen，1994a，2002）：

$$\beta = 1/(\partial(\text{状态变量})/\partial(\text{强制函数})) \tag{11.1}$$

或者，用于环境管理时，等于 Δ（强制函数）/Δ 状态变量。

强制函数是驱动系统的外部变量，例如，污水排放、降水、风等，状态变量是对系统具有决定性作用的内部变量，如可溶性磷浓度、浮游动物数量以及某些物种等。缓冲力定义明确，容易量化（如应用于模型），也适用于实际的生态系统，如目前已知的，当强制函数改变时生态系统总会产生某些变化作为响应。问题是，相对于外部条件的变化（外部变量或强制函数），系统内部会产生多大的变化？我们知道，即使对于一种变化类型，每个状态变量也相应地有许多缓冲力。Rutledge 等（1976）将生态稳定性定义为系统抵抗扰动的能力。这与“缓冲力”的定义非常接近,但没有体现生态缓冲力的多维度特性。

从强制函数(对系统的影响)与状态变量的关系可以看出,系统的外部条件很少为线性,因此缓冲力也不会是常数,但缓冲力在很大程度上取决于生态系统的状态。因此,在环境管理工作中,明确强制函数和状态变量的关系,对于研究不同条件下缓冲力的大小是非常重要的(见图 11.1)。

第 10 章中曾提到高缓冲力往往伴随着低生物多样性(见图 10.2)。并进一步讨论了高生物多样性会增加生态系统遭遇新的未知风险的可能性,但有时这也意味着强抵抗力或强缓冲力(见图 10.3)。在任何环境条件下,生态系统的稳定性和生物多样性之间的关系都非常复杂,远非一个简单的分析方程所能表达(May,1973)。

> 对一些模型研究的统计分析(Jørgensen, 2002)显示,多种(相关的)缓冲力总和与该生态系统的生态埃三极有显著的相关性。若上述结论正确,则生态埃三极可作为生态系统缓冲力(抵抗力)总和的一个指标。它强调了生态系统获得尽可能多的生态埃三极的重要性,这与 ELT 相一致。

此外,上述观点与 Svirezhev(1990)的观点一致,他认为,摧毁一个生态系统所需的能量至少要等于该系统的生态埃三极。

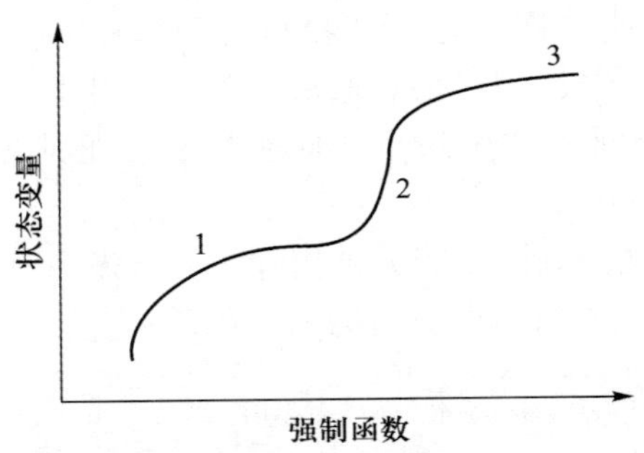

图 11.1 状态变量和强制函数的关系图。点 1 和点 3 的缓冲力高;点 2 的缓冲力低

综上所述,缓冲力和抵抗力这两个概念适用于环境管理,原因如下:

(1) 均以生态复杂性为基础——这是一个多维度概念,每个强制函数和状态变量的关系组合都有一个缓冲力与之对应;

(2) 现实情况是,生态系统不可能回到过去的某一个状态。

在环境管理应用中,还会涉及如下问题:

(1) 生态系统是否有可能恢复过去的某个正常功能?

(2) 生态系统能否恢复并提供人类所依赖的服务?

上述问题说明了恢复力概念在环境管理中的必要性,因为生态系统的缓冲力可能很高,在受到严重干扰后却不容易恢复;也可能其缓冲力低,却仍然可以恢复。

例 11.1

生态系统对富营养化及有毒物质的缓冲力是否符合 ELT? 是否符合上文提及的统计分析,即生态埃三极是一个很好的缓冲力总和的指标?

解

答案:是。一个浮游植物数量很高的湖泊对富营养化状态的变化具有很强的缓冲力。可能其他缓冲力不是很高,但由于浮游植物生物量高,致使生态埃三极值相对较高。当系统输入高浓度的有毒物质时,可能会导致许多物种消失,但一些有抵抗力的物种会幸存下来,这使得系统对有毒物质浓度变化具有相对较强的缓冲力。生态埃三极值可能会因系统生物量的减少而降低,但 ELT 强调的是,当系统处于有利条件时会尽可能获得最高的生态埃三极,当然,当有毒物质进入生态系统时,这种趋势会减弱。

11.2 中度干扰假说

Pickett 和 White(1985)将对生态系统的干扰定义为时间上相对独立的不可预测的事件,其特征可用频度、强度和烈度来描述。在一些非常著名的文章里,Hutchinson(1948,1957,1965)阐述了他所谓的浮游生物悖论(plankton paradox):在一个相对简单的环境中,能观察到有更多的浮游植物共存。他假定观测到的物种丰富度是环境波动的结果,这些波动阻止系统达到稳定状态。那么,多物种共存则是非平衡态现象的结果。干扰可能通过减小优势种对其他物种的压力,使后者得以生存发展而促进物种多样性。Cornell(1978)在大量生态学研究的基础上,提出了中度干扰假说(intermediate disturbance hypothesis, IDH):与没有干扰或干扰要么很少要么很频繁的群落相比,受到中等程度的干扰的群落具有最高的物种丰富度(图 11.2)。他运用这个假说,解释了热带森林生态系统和珊瑚礁的高生物多样性。

Jørgensen 和 Padisák(1996)使用了一个结构动态模型对巴拉顿湖(Lake Balaton)的生物多样性季节变化进行了研究。他们发现,中度干扰理论可以解释巴拉顿湖生物多样性从 4 月初到 10 月下旬都很高的现象(7 月初除外,此时

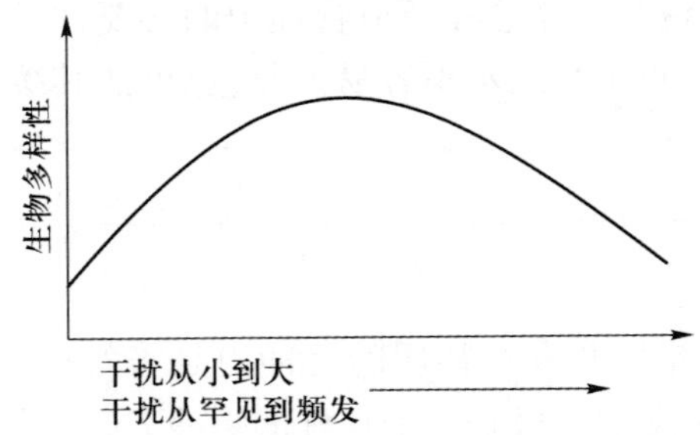

图 11.2　根据 Cornell(1978),扰动的大小和频率与生物多样性的函数关系

干扰无变化,生物多样性也较低)。

生物多样性高的月份同时表现出高生态㶲三极(7 月份除外,那时的值非常低)。这个模型清楚地说明了中度干扰的作用机理:它为许多物种(主要是浮游植物)在不同条件下的生存创造了机遇,而这些不同的条件就是干扰产生的后果。消失的物种种类极少,因为在其消亡前,不利的生存条件已发生变化。当环境条件在相当长的时间段内保持相对稳定时,一部分物种受益而其余物种消失。模型结论如下:

> 中度干扰有利于物种多样性,并产生高生态㶲三极,各种相应的缓冲力的总和升高;而稳定条件会导致低物种多样性、相对较低的生态㶲三极和低的缓冲力总和。

11.3　滞后现象和缓冲力

一个湖泊生态系统即使在低水平的富营养化情况下,仍会对不断升高的营养水平表现出强缓冲力(Jørgensen,1990),这可以解释为浮游植物因牧食和沉降而产生不断上升的去除率。在这种情况下,浮游动物和食肉性鱼类的丰富度保持在较高的水平上。然而,当富营养化达到一定程度时,浮游动物的牧食率不会有进一步的上升。牧食率可用米氏方程描述(见图2.2 和图2.3)。当牧食率达到与高浮游植物密度相关的最大值后,便不再与之相关。这时,即使营养物浓度略微升高,浮游植物的数量也可能激增。换句话说,湖泊环境的富营养化和修复并不遵循营养物输入和植物生物量的线性关系,而是呈现有滞后的 S 形曲线,如图 11.3 所示。滞后反应完全与观测结果一致(Hosper,1989;Van Donk 等,1989),并且可通过生态系统的结构变化来解释(de Bernardi,1989;Hosper,1989;Sas,1989;de Bernardi 和 Giussani,1995)。在这种条件下,若营养物

的输入减少,缓冲力也会相应下降。此时,生态系统结构变为以浮游植物和食浮游生物性鱼类占优势,因此产生了对环境条件变化的抵抗力和延迟,直到第二和第四个营养级再次占据主导地位为止。Jørgensen 和 de Bernardi(1997,1998)用模型模拟了这种结构动态过程。

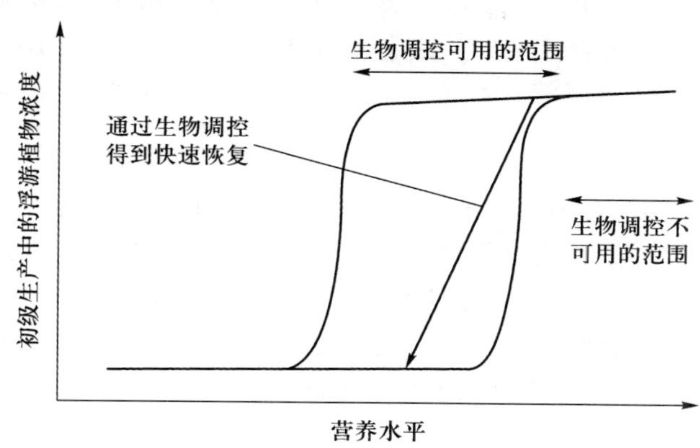

图 11.3 营养水平和富营养化程度(以浮游植物数量为指标)的滞后关系图。图中标注了有效的生物调控范围,当营养浓度高于一定程度后,生物调控不再发挥效用。只有当系统处于两种结构都可能发生的变化范围内,这种方法才有效

Willemsen(1980)列出了以下两个潜在状态:

(1) 欧鳊态,特征是水体浑浊,高度富营养化,浮游动物数量低,缺乏沉水植物,欧鳊数量众多,而顶级食肉性梭子鱼却很难找到;

(2) 梭子鱼态,特征是水体清澈,富营养化程度低。梭子鱼和浮游动物数量丰富,欧鳊极少。

早在 20 世纪 70 年代末,人们就提出将生物调控作为湖泊的恢复方法。该方法是通过移除欧鳊(见图 11.4),引入梭子鱼,将环境条件从高度富营养化的欧鳊态变为低营养化的梭子鱼态。这个方法在意大利、荷兰和丹麦都进行了测

图 11.4 意大利北部的一个湖泊,渔民正在移除食浮游生物性鱼类

试,成败参半。在一定营养浓度范围内,这两种潜在状态的出现解释了生物调控不能百分百成功的原因。

> 根据各文献中的观察结果,当总磷浓度低于 120 ~ 140μg/L 时,生物调控有效(Jeppesen 等,1990);而当总磷浓度高于这一水平时,实验通常以失败告终(Benndorf,1987,1990)。在这种情况下,很难控制食浮游生物性鱼类(Shapiro,1990;Koschel 等,1993)。

Scheffer(1990)曾使用一个基于灾变理论的数学模型来描述这种结构变化。但模型忽略了生物调控中非常重要的一点,即物种组成的变化。在营养物质浓度升高的情况下,浮游动物种群经历了结构性的变化,如优势种从哲水蚤变为小型枝角类和轮虫(de Bernardi, Giussani,1995;Giussani 和 Galanti,1995)。

因此,可以试着将结构动态模型用于更好地理解营养物浓度和植物生物量的关系上,并用于解释生物调控所可能产生的结果。该尝试大获成功(见 Jørgensen 和 Fath, 2011),使得理解上述结构变化和物种组成变化成为可能。模型的具体细节见 Jørgensen 和 de Bernardi(1998)。该模型有 6 个状态变量:可溶性无机磷、浮游植物(phyt.)、浮游动物(zoopl.)、食浮游生物性鱼类(fish1)、捕食性鱼类(fish 2)和碎屑物。强制函数为磷的输入(P)和决定水力停留时间的水流通量。后者同时也决定了碎屑物和浮游植物的输出。

> 模型得出的结论与图 11.3 所示的滞后现象非常接近,在所预期的磷浓度状态下发生了结构变化,从(a)浮游动物和捕食性鱼类占优势到(b)浮游植物和食浮游生物性鱼类占优势,磷浓度分别为 0.12 ~ 0.13 mg/L 和 0.06 ~ 0.065 mg/L。这说明磷是限制营养因子,对于绝大部分湖泊来说亦如此。当系统处于低于 0.06 mg P/L 和高于 0.13 mg P/L 的结构时,生态埃三极非常高,在这两个浓度之间,两种结构的生态埃三极近乎相等。换言之,这两个可能发生的状态都可以使系统具有最高的生态埃三极,这也解释了滞后性。

例 11.2

一个湖泊,当所接纳污水的磷浓度为 3 mg/L 时,呈现富营养化。污水经过不含磷的自然河流时会被稀释 10 倍,此时湖泊磷浓度为 0.3 mg/L,与经 10 倍稀释的污水非常接近。该湖泊的水力停留时间为 3 年。若采用化学沉淀法,只需较小的投资,可使污水的磷浓度降至 0.8 ~ 1mg/L;若欲将浓度降至更低水平,也是可能的,但需要巨大的资金投入。

那么,能否用生物调控将富营养化降低至可接受的水平呢?这个方法的成本较为适中,在经济上很有利。

你会选择哪种方法或是选择几种方法的组合来合理有效地解决富营养化问题?

解

本案例不能单独采用生物调控的方法,因为其磷浓度高于 0.13 mg/L。处理污水的方式在成本上还算适中,但是只能将磷浓度降至 0.08 ~0.1 mg/L,不足以引起结构的变化。

采用成本适中的化学处理和生物调控相结合的办法可以解决这个问题。在 6 ~9 年时间段内(即水力停留时间的 2 ~3 倍),可以很容易地将磷浓度降至 0.08 ~0.1 mg/L,确保生物调控可以改变系统结构。

Scheffer 等(2001)发现浅水湖泊也具有类似的滞后性。

> 当浓度低于 0.1 mg P/L 时,沉水植物占优势;高于 0.25 mg P/L 时,浮游植物占优势,其遮蔽作用可能会导致沉水植物死亡;介于 0.1 mg P/L 和 0.25 mg P/L 时,两者均可能占优势,取决于生态系统的发育过程。

在浅水湖泊中,当磷浓度低于 0.25 mg P/L 时,沉水植物的生态埃三极和缓冲力都很高,说明浮游植物无法借助磷浓度的升高来消灭沉水植物;当磷浓度低于 0.1 mg P/L 时,沉水植物也无法借助磷浓度的降低来消灭浮游植物。因此,在磷浓度处于 0.1 mg P/L 到 0.25 mg P/L 之间时,无论沉水植物还是浮游植物占优势,生态埃三极均可达到最大。

Zhang 等(2003a,b)利用 STELLA 软件构建了一个结构动态模型,显示了浅水湖泊中沉水植物和浮游植物的竞争关系的滞后性。该模型的概念图见图 11.5。模型所用数据取自土耳其靠近安卡拉的摩根湖(Lake Mogan)。摩根湖是一个浅水湖泊,磷是富营养化的限制性因子,且同样存在沉水植物和浮游植物竞争,很适合作为研究对象。其水力停留时间平均约为 1 年。模型有 7 个状态变量:可溶性磷(PS)、浮游植物所含的磷(PA)、浮游动物所含的磷(PZ)、碎屑物所含的磷(PD)、沉水植物所含的磷(PSM)、沉积物中的可交换磷(PEX)和孔隙水所含的磷(PP)。过程包括:磷的流入和流出,浮游植物及碎屑物中磷的浓度。在概念图中,浮游植物吸收可溶性磷,该过程记为 uptakeP,浮游动物牧食浮游植物,该过程记为 grz。碎屑物和浮游植物的沉降过程用一阶反应方程来表达,这个过程中,部分沉降物质以不可交换磷的形式流失了,一部分可交换磷则流入状态变量 PEX。沉积物中可交换磷的矿化过程记为 minse,沉积物磷在水相中的矿化过程记为 mine。温度影响所有的过程速率。光当然被作为一个影响浮游植物和沉水植物生长的气候强制函数。尽管绝大部分沉水植物所需的磷是从沉积物中获得的，但模型仍同时考虑了从水中吸收和从沉积物中获取这两个过程。

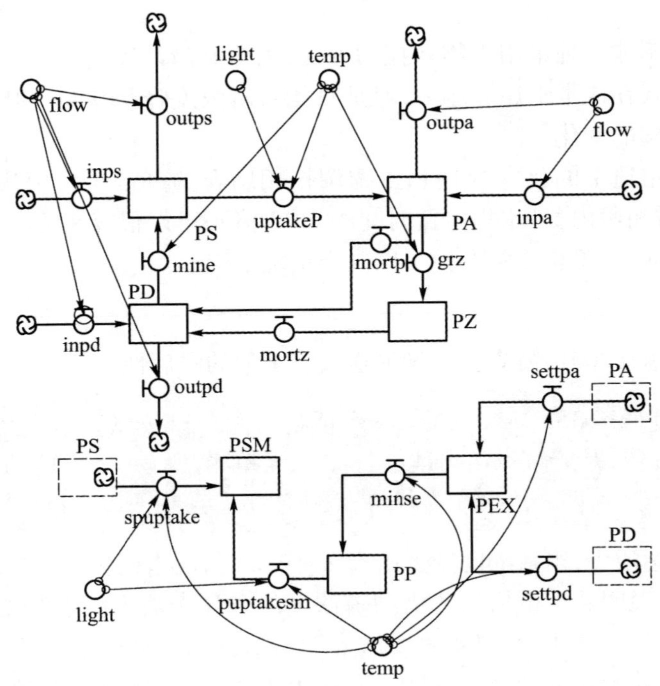

图 11.5 摩根湖的磷循环模型概念图。

模型包括的 7 个状态变量为：可溶性磷（PS）、浮游植物所含的磷（PA）、浮游动物所含的磷（PZ）、碎屑物所含的磷（PD）、沉水植物所含的磷（PSM）、沉积物中的可交换磷（PEX）和孔隙水所含的磷（PP）

按照构建 SDMs 的步骤（见图 7.4），对模型的每一个参数应至少使用 3 个不同的值进行测试。也就是说，本例模型有 7 个参数，模型需要运行 $3^7=2187$ 次。为了尽可能地减少测试运行次数，Zhang 等（2003a，b）采用了异速生长法则。模型中的生态埃三极计算公式为：生态埃三极 = 21 × 浮游植物 + 135 × 浮游动物 + 100 × 沉水植物 + 碎屑物。最佳的生态埃三极周期为 10 天。将异速生长法应用于结构动态模型的 7 个状态变量，模型运行时间经历一年周期后，可对浮游植物和浮游动物的数量情况绘图或制表。

Scheffer 等（2001）提出一个问题：能否描述优势种群从沉水植物变为浮游植物再回到沉水植物的过程中的系统结构的变化？或者说，能否运用 SDM 模型模拟摩根湖的滞后现象？摩根湖的磷浓度观测值为 80 ~ 85 μg/L，该值被用于模型校准。为了回答上述问题，将湖水磷浓度的一个因子增加至原来的 5

倍,即在许多年以后湖水的磷浓度将变为400 μg/L左右。而后逐渐降至目前的80~85 μg/L。图11.6解释了磷浓度从80~85 μg/L到400 μg/L及再回到80~85 μg/L的变化过程。

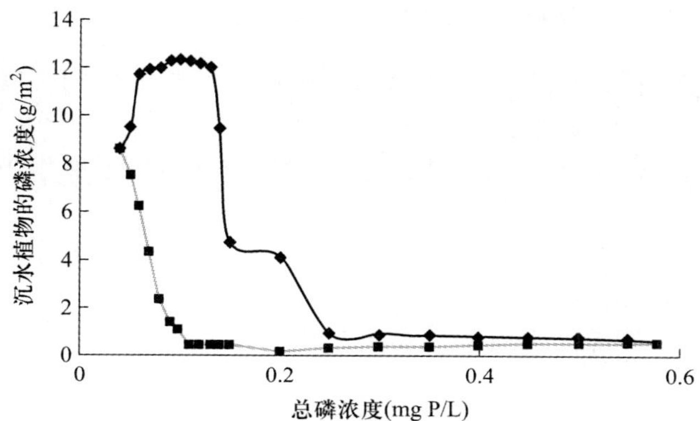

图11.6 随着水体磷浓度增加到400 μg/L(黑色曲线)又回到80~85 μg/L(灰色曲线),沉水植物的磷浓度变化。当磷浓度增加时,由于营养物浓度相对较高,沉水植物的磷浓度也一直增长,但当磷浓度达到约250 μg/L时,沉水植物消失,取而代之的是浮游植物;在回到80~85 μg/L的过程中,沉水植物在磷浓度为100 μg/L时出现。模型模拟的滞后现象与Scheffer等(2001)的描述完全一致

图11.7表达了当5个不同磷浓度的水流入湖中时浮游植物磷浓度与时间的函数关系,这5个浓度分别是:①当前浓度的0.5倍;②当前浓度;③当前浓度的2

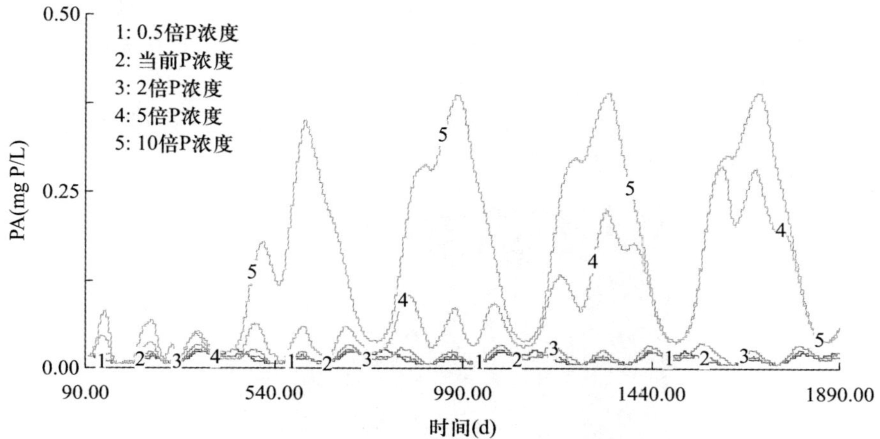

图11.7 当流入湖泊的水体磷浓度增加不同倍数时,浮游植物磷含量与时间的关系。当前湖水磷浓度为80~85 gP/L。①、②、③无明显变化,④和⑤的浮游植物显著增加,在系统中占据优势地位

倍;④当前浓度的5倍;⑤当前浓度的10倍。当前浓度约为80~85 gP/L。

图11.8描述了湖泊受到与前面相同的5个磷浓度输入时,沉水植物磷含量与时间的变化关系。当输入的磷浓度为当前水平的5倍和10倍时,系统优势种群从沉水植物到浮游植物的结构变化清晰可见。

> 这两个湖泊的滞后现象说明当强制函数发生变化时,生态系统会产生复杂的响应,这个响应可以使用ELT来解释:生态系统趋向于生态埃三极最大化,即做功最大化。这同样可以解释生态系统结构和缓冲力的变化。

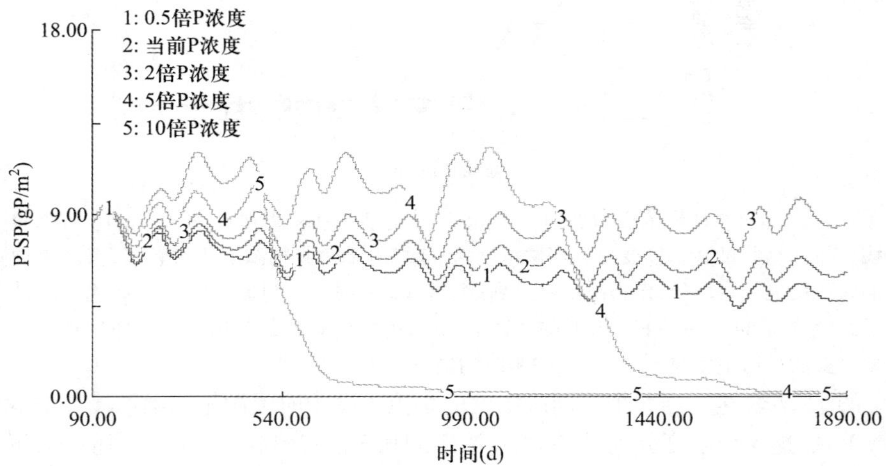

图11.8 当流入湖泊的水体磷浓度增加不同倍数时,沉水植物磷含量与时间的关系。当前湖水磷浓度为80~85 gP/L。①,②,③无明显变化,④和⑤当浮游植物占优势时,与图11.6相比,沉水植物磷浓度先略微增长,继而显著降低

沉水植物占优势时,意味着湖泊水体清澈,是人们更愿意看到的状态,因而也称为清水结构或清水状态(见图11.9)。

图11.9　沉水植物占优势的清水状态或清水结构

11.4 混沌、干扰和缓冲力

Kauffman(1993,1995)曾提出过这样的假设:生物系统运行在混沌的边缘。通过对布尔网络(Boolean network)的研究,他发现,当网络体系处在有序和混沌的边缘时,可能通过有利变化的累积而具有快速成功适应的灵活性。处于不稳定状态的系统,由于系统本身具有自我平衡的特性,绝大部分的突变所产生的影响都微乎其微。这类非稳定系统会逐渐适应变化的环境条件,如非必须,很少会出现快速变化,而快速变化恰是生物体和生态系统的特性。根据他的看法,这解释了为什么处于有序和混沌边界的布尔网络体系通常可以最快速地适应变化,并因此成为自然选择的目标。**混沌理论关乎事件不可预测的过程,许多非线性系统的不规则和不可预测的时间进化已经被称为“混沌”**。

> 混沌理论破除了拉普拉斯算子的确定性可预测假想,可以说混沌理论是还原论科学的一颗定时炸弹。

即使非常简单的模型也可能表现出混沌。如图 11.10 的模型(方程见表 11.1),将参数 p 设置为某些值时,会发生混沌。这个模型可以代表一个具有若干反馈控制的生态系统或子系统,即三个有明显互相制约关系的种群 x、y 和 z。当 $p=25$(见图 11.11),模型容易达到稳定状态,但当 $p=33$ 时,模型就表现出混沌。一个如此简单的模型对于 p 值的略微改变就表现出截然不同的结果,那我们怎么能够构建异常复杂的生物模型呢

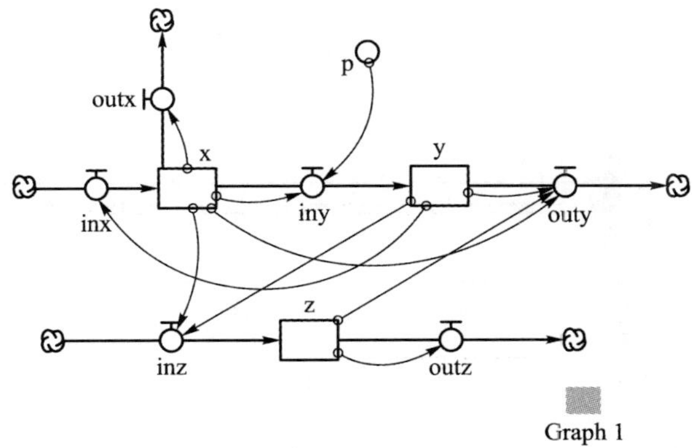

图 11.10 一个会产生混沌的简单模型

表 11.1 图 11.8 所示模型的方程

```
x(t) = x(t - dt) + (inx - iny - outx) * dt
INIT x = 1
INFLOWS
inx = 10 * y
OUTFLOWS
iny = p * x
outx = 10 * x
y(t) = y(t - dt) + (iny - outy) * dt
INIT y = 1
INFLOWS
iny = p * x
OUTFLOWS
outy = y + x * z
z(t) = z(t - dt) + (inz - outz) * dt
INIT z = 1
INFLOWS
inz = x * y
OUTFLOWS
outz = 8 * z/3
p = 20
```

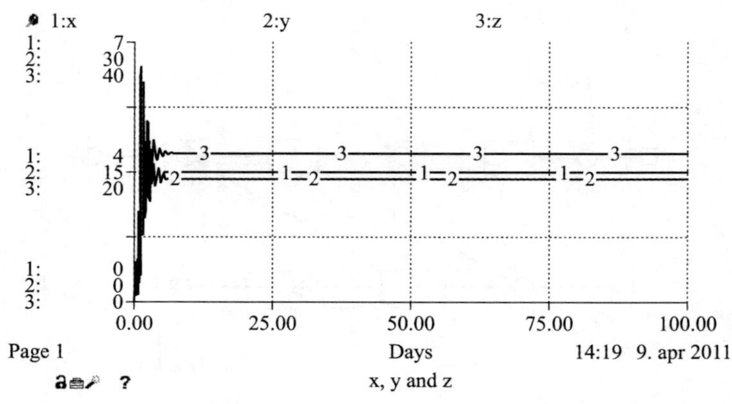

图 11.11 图 11.8 所示模型的模拟结果,iny = 25 * x(方程见表 11.1)

混沌理论是对 Lorentz(1955,1963)提出的蝴蝶效应的最好解释,即假如蝴蝶今日在香港煽动一下翅膀,可能下个月会有暴风雨出现在纽约。蝴蝶效应是 Lorentz 于 1961 年偶然发现的。他在做天气预报时尝试在更大距离范围内检验一个序列。他没有照旧将程序运行完,而是选择了半路开始的捷径。他将早期资料中的数据作为初始值输入电脑,这样程序运行的结果应该与之前的相同,但实际结果却并非如此。Lorentz 发现,新的天期预测很快就与旧的结果产生了偏离,在数月之内图形则完全不同。期间,电脑和程序均未出现故障。问题出现在他录入电脑的数据上,电脑存储的数据为 0.506 127,小数位数为 6 位,为节省时间,他只输入了 3 位,即 0.506,他觉得这两个数字没有本质上的差别。这个结果其实很好解释了 Lorentz 的模型对初始条件非常敏感,天气如此,生态系统和生物系统亦如此。今天,人们可以在大量的关系中观察到蝴蝶效应,所有的生态建模人员都明白这个问题。因此,状态变量的初始值也往往取决于建模人员的敏感性。

确定性混沌的概念意味着,两条由略微不同的初始值所形成的曲线之间的距离呈指数增长:

$$\mathrm{d}(t)=\mathrm{d}(0)\mathrm{e}^{Lt} \tag{11.2}$$

$\mathrm{d}(t)$为 t 时刻的距离,$\mathrm{d}(0)$是 0 时刻的距离,L 是李雅普诺夫指数(Lyapunov exponent),是一个正数,是混沌的一个量化指标。

在 1/L 时刻后,初始条件差异不显著。绘制两条曲线之间距离的对数图,时刻 0(值为 0)对时间的距离忽略不计,便可找到李雅普诺夫指数。

混沌也因分歧而被大众熟悉,这个形态的混沌可用种群生物学的一个简单模型阐明。例如,May(1973)观察到非线性微分方程和差分方程的特性:

$$N_{t+1}=N_t(1+r(1-N\,t/K)), \tag{11.3}$$

式中:N 是种群个体数量,r 是每个个体的生长率,t 是时间,K 是环境承载力。注意,这个等式表示时间滞后 =1,从差分方程得出。如果不是严格非线性,差分方程(11.3)中的时间滞后与系统的自然响应时间差别不大,在点 $N\#=K$ 时达到稳定平衡。但当 $r\geqslant 2$ 时,系统在这点上不再稳定。种群产生两个新的局部稳定的固定点,周期为 2,种群稳定摆动在这两点之间,进行着两点循环。随着 r 增大,这两点又会分成 4 个固定点,周期为 4。若照此进行连续的分叉,会形成一个周期为 $2n$ 的稳定的无限循环体系。图 11.12 描述了 r 增长至 2.75 时形成的分叉体系。

当我们考虑到生态学中确实存在的许多非线性关系时,会产生这样的疑问:为什么我们在自然界或是模型中没有更频繁地观察到混沌呢? 一个显而易见的答案是大自然总是试图避开混沌,与物理系统相比,生态系统拥有许多潜

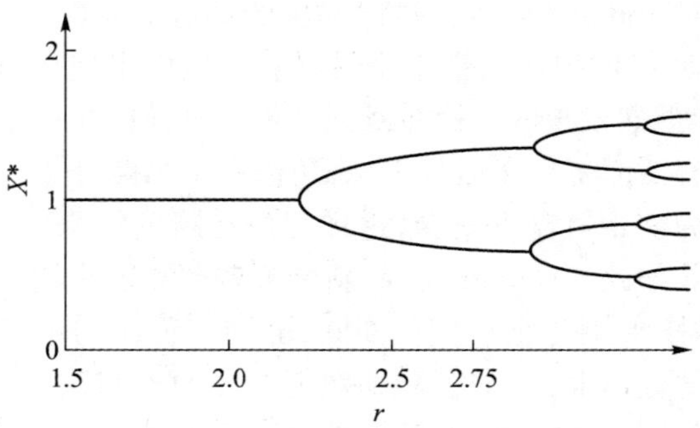

图 11.12 当参数 r 增加时,方程(11.3)描述的周期 1、2、4、8…2^n 的稳定固定点体系。y 轴表示相对值

在的等级化组织的调控机制来避开混沌状况,详见第 9 章。但这并不意味着在生态系统观察不到混沌或近混沌状态。它们只是比生态系统的复杂性和反馈调节机制更少见而已。一个经典案例是著名的旅鼠(Shelford,1943)。$r \times T = 2.4$,r 是每个个体的生长速率,T 为时滞。曲线在两个稳态间的摆动,与 Shelford(1943)的预期相同。Hassel 等(1976)挑选了 28 个季节性繁殖昆虫种群的数据,研究结果表明生长率可用如下的差分方程表示:

$$N_{t+1} = q \cdot N_t (1 - a \cdot N_t)^{-\beta} \qquad (11.4)$$

式中:$r = \ln q$,a 和 β 是常数。

图 11.13 描绘了将 Hassel 等(1976)的 28 个种群数据用于方程(11.4)所得出的稳定行为的理论区域。绝大多数种群都位于单调的阻尼区域,只有一个种群处于混沌区(Hassel 等指出,该种群为实验室种群),一个处于稳定极限循环区。值得注意的是,实验室种群有表现出循环和混沌态的趋势,而自然种群则

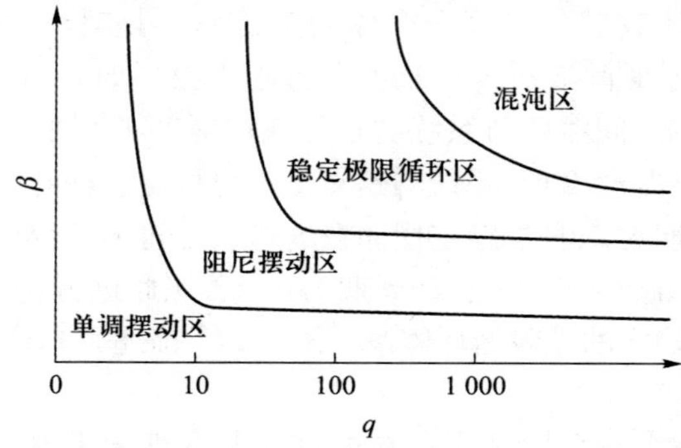

图 11.13 方程(11.4)的动态特征。曲线区分了单调摆动区阻尼摆动区、稳定极限循环区和混沌区。细曲线说明更高阶的循环会取代两点循环。改自 Hassel 等(1976)

倾向于产生一个稳定的平衡点。实验室种群生活在同质环境中，没有天敌和其他自然死亡因素，当种群数量达到一定水平时，由于存在一定数量的反馈机制，将产生稳定效应。

下面将讨论参数和某些混沌态的关系。我们可以作如下结论：自然种群能够在较大范围内避免混沌状态。自然种群在长期进化过程中获得的经验使其能摆脱产生混沌态的特性（即参数），因为这些特性足以威胁它们的生存，至少在某些情况下如此。并且，自然种群有较大的灵活性来选择适于生存的参数组合，该组合应该能产生更高的生存概率，因为它首先有助于获得更高的生态埃三极，依据 ELT，种群存活率也将上升，同时具有较高的缓冲力总和。

图 11.14 所示模型为实验模型。首先，去除鱼类这个状态变量。将浮游植物和细菌的生长速率设置为文献记录中的最大值。这时，我们会问，最适合这两个浮游动物状态变量的最大生长速率是多少？能否通过选择适当的最大生长率来避免混沌状态？答案见图 11.15，最大生长速率为 0.35 ~ 0.40 d^{-1}，看起来是最适合整个系统的值，因为生态埃三极达到最高且系统处于稳定状态。当最大生长速率超过 0.65 ~ 0.70 d^{-1}时，两种浮游动物都处于混沌状态。

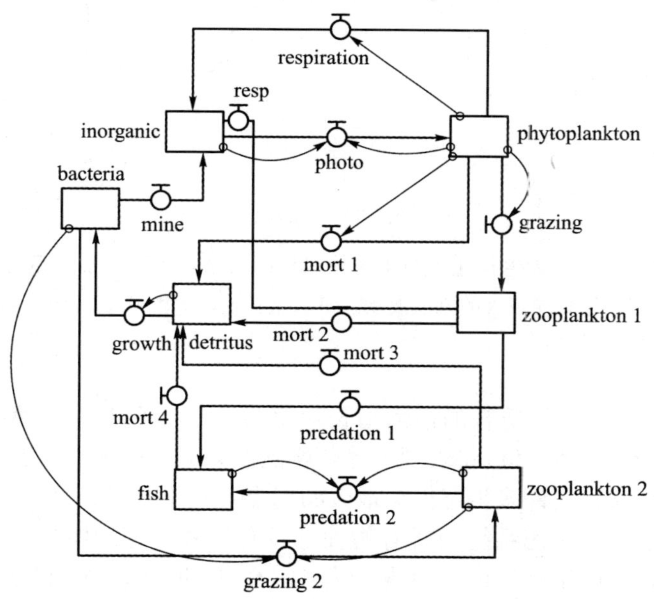

图 11.14 模型的参数检验，结果见图 11.15 和图 11.16

图 11.16 显示了把鱼作为状态变量时模型得出类似的结果，概念图见图 11.14。将两个浮游动物状态变量的最大生长速率设置为 0.35d^{-1}和 0.14 d^{-1}。

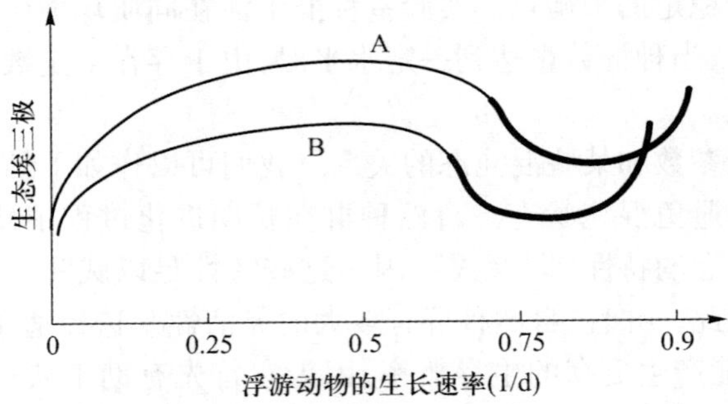

图 11.15 图 11.14 中的两种浮游动物的生态埃三极与最大生长速率的关系。A 表示状态变量“zoo”,B 表示状态变量“zoo2”。粗线表示模型的混沌态,即状态变量和生态埃三极的剧烈波动。图中最大生长速率在大于 0.65 ~ 0.7 d^{-1}时的生态埃三极值为平均值

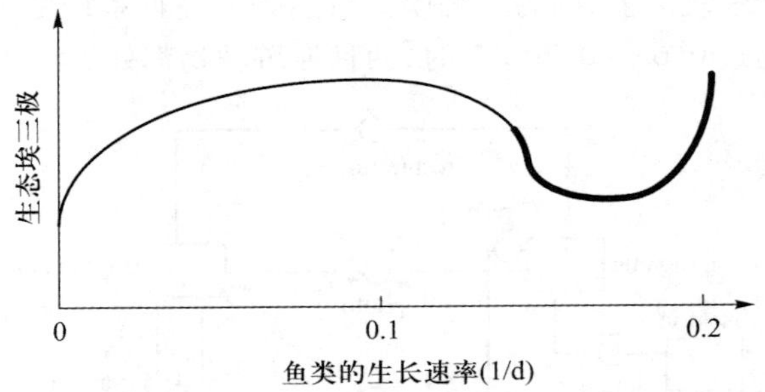

图 11.16 鱼的最大生长速率与生态埃三极的关系。粗线表示模型的混沌状态,即状态变量和埃三极的剧烈波动。最大生长速率大于 0.13 ~ 0.15 d^{-1}时的埃三极值为平均值

对状态变量(鱼)来说,适合的最大增长速率为 0.08 ~ 0.1 d^{-1},而超过 0.13 ~ 0.15 d^{-1}时,状态变量(鱼)将表现出伴随剧烈波动的振荡和混沌态。

参数估计通常是许多生态模型最大的弱点。在上述结果中,通过采纳生态学现状(根据 ELT,生态系统的所有物种都具有适者生存的特性),就可能减少这方面的困难。由于生存可以用热力学来解释,借助生态埃三极的利用可以验证生存的特性。可将协同进化(即物种互相适应对方的过程)看作是整个系统对生态埃三极的应用。运用这个方法可以缩减参数的适用范围,范围越小,就越能显著有效地用于参数估计。

有趣的是,自然界中生长速率的范围(如 Jørgensen 等, 1991)恰恰是使生态系统处于稳定的非混沌的条件。另一方面,实际的生长速率(见图 11.13 和图

11.14）略低于使系统发生混沌的数值。

若我们采用较低的生长速率，生态埃三极会更低。可用资源（本例中为浮游动物的食物资源）不能被充分利用。这意味着，要充分利用环境资源就需要一个高的生长速率，一个处于混沌边缘的生长速率。

总体而言，在自然界中找到的参数通常能保障高生存和高生长速率，从而避免混沌。系统通过这些参数能最大化地利用资源，获得最高的生态埃三极。那些可能造成混沌状态的参数在选择过程中会被剔除——它们虽然能使系统在某些阶段具有高生态埃三极，但由于过后出现的强烈波动，生态埃三极会变得非常低。正是在这个过程中，选择过程剔除了这些导致混沌状态的参数（特性）。

若参数选择适当，使用图 11.14 的概念模型同样可以得到以上结论，模型可以更简单，只包含如浮游植物、营养物质、碎屑物和浮游动物。值得一提的是，按照方程（11.2），图 11.14 的模型中，两种浮游动物的生长速率在 0.7 d^{-1} 时，系统表现出确定性混沌。这种模型含有两种浮游动物的生长速率参数值，对状态变量初始值（尤其是关于这两种浮游动物的）特别敏感。

本章小结

（1）缓冲力 β 的定义如下（Jørgensen，1994a，2002）：

$$\beta = 1/(\partial(\text{状态变量})/\partial(\text{强制函数}))$$

或者，用于环境管理时，$\beta = \Delta(\text{强制函数})/\Delta(\text{状态变量})$

（2）对一个生态系统来说，总缓冲力和生态埃三极有很强的相关性。生态埃三极可作为生态系统缓冲力（抵抗力）总和的一个指标。

（3）中度干扰有利于物种多样性，并产生高生态埃三极，各种相应的缓冲力的总和升高；而稳定条件会导致低物种多样性、相对较低的生态埃三极和低的缓冲力总和。

（4）湖泊有两种结构组成：低于 0.06 mg P/L，浮游动物和捕食性鱼类占优势；高于 0.13 mg P/L 时，浮游植物和食浮游生物性鱼类占优势；当磷浓度介于这两个值之间时，两种结构都有可能占据优势，这取决于系统的发育过程。系统的这种滞后特性对于湖泊环境管理工作非常重要。

（5）对浅水湖泊来说，低于 0.1 mg P/L 时，沉水植物占优势；高于 0.25 mg P/L，浮游植物占优势，借助遮蔽作用可使沉水植物完全死亡。在磷浓度介于 0.1 mg P/L 和 0.25 mg P/L 之间时，沉水植物和浮游植物都可能占据优势地位，取决于系统的发育过程。

(6) 确定性混沌的定义说明，尽管初始条件只有略微差异，两条曲线的距离却呈指数增长：

$$d(t) = d(0)e^{Lt}$$

式中：$d(t)$ 为 t 时刻的距离，$d(0)$ 为 0 时刻的距离，L 是李雅普诺夫指数，为正数，是混沌的量化指标。

(7) 如果我们采用较低的生长速率，生态埃三极会更低。可用资源（本例中为浮游动物的食物资源）不能被充分利用。这意味着，要充分利用环境资源就需要一个高的生长速率，一个处于混沌边缘的生长速率。

练习题/思考题

(1) 为什么抵抗力比缓冲力和恢复力更难量化？

(2) 为什么说多维度的稳定性概念非常重要？

(3) 模型和统计结果显示，生态埃三极和缓冲力总和有很好的相关性，请解释原因。

(4) 为什么说快速高频的变化并不能代表高物种多样性？

(5) 温带的季节性变化是否有助于增加物种多样性？

(6) 日变化是否有助于增加物种多样性？

(7) 对总磷浓度为 0.5 mg/L 的湖泊生态系统进行生物调控，系统会有怎样的响应？

(8) 当氮为限制性因子时，水生生态系统也可能会产生滞后特性，其变化范围是多少？假定浮游植物的 N:P 可用于确定 N 的变化范围，参阅第 5 章。分别考虑具有沉水植物的深水和浅水水生生态系统。

(9) 尝试构建一个包含以下食物链的模型：营养物质、浮游植物、浮游动物和碎屑物。使用 STELLA 符号体系绘出模型的概念框图。首先使用低牧食率，并解释为何生态埃三极会随着牧食率的增加而增加。然后，选择一个较高的牧食率，并解释为何浮游植物和浮游动物的数量产生显著变化。最后，使用 STELLA 软件构建模型，并模拟出与图 11.15 和图 11.16 近似的结果。

第 12 章　生态系统组件构成的生态网络

当初生命占据地球靠的不是单打独斗，而是合纵连横。

Margulis 和 Sagan，《微观世界》

生态系统的三种生长方式之一是：发展生态系统中的生态网络并提高其效益。这个网络可以使物质和能量得到再利用和循环，增加其利用效率。生态网络使生态系统具备 13 个特性。运用矩阵计算分析这个网络能够量化这些网络组织赋予生态系统的特征，包括：共栖指数、协同指数、间接效应与直接效应之比，以及对强制函数的效果的均质化，从而掌握生态系统特征的要害之处。

12.1　引言

正如第 2 章所述，生态系统重复利用那些构建生物量的约 20 种元素。由于物质守恒定律，所有的生长和发育在没有循环的情况下都会停止。图 2.8 给出了通过简单的生态网络实现的磷、氮的循环。图 12.1 和图 12.2 给出了两个更大网络的案例。图 12.1 显示了深水湖泊的特征，温跃层将湖泊分隔为变温层和均温层，图 12.2 是有关海洋生态系统的，是以 ECOPATH 软件构建的模型。结果表明，更大的网络会形成更多的循环利用可能性。对太阳辐射能的利用也需要循环，如图 3.4 所示。物质和能量可以加载信息。

因此生态网络成为物质、能量和信息循环不可或缺的前提条件（Patten，1985）。生态网络同时加强了其中各部件之间的协作（Patten，1978，1981，1982，1991）。因此，生态系统发育其生态网络是大有裨益的，如第 2 章所述，生态系统是通过如下形式来发育的：

（1）生物量的增长

（2）信息量的增加

（3）生态网络及其效率的增强

有人认为，生态网络具有协同效应，其中所有的成分都得益于网络的形成（Patten，1985，1991，1992）。

在接下来的部分，我们将通过相对简单的例子讨论并解释网络加积的优

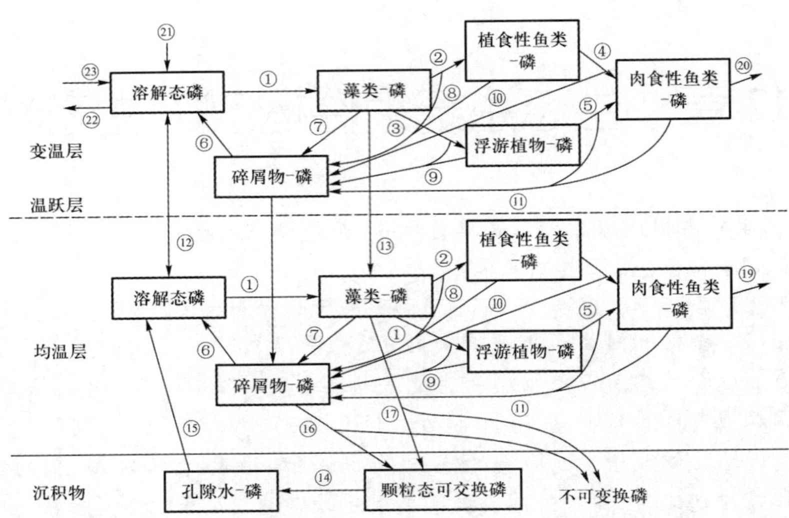

图 12.1 深水湖泊具有综合性更强的网络,因为湖泊被温跃层分隔为变温层和均温层(注:原书无⑱)

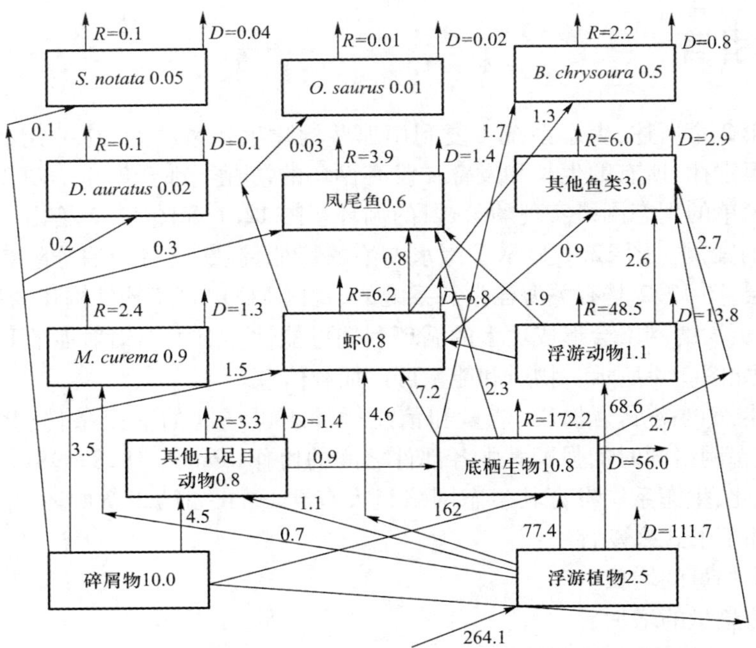

图 12.2 来自 Christensen 和 Pauly(1993)的一个海洋 Ecopath 模型。R 代表呼吸作用,D 代表腐殖质转移量。所有组分都处于稳定状态,即:输入 = 输出。状态变量的单位为 g/m^2,过程的单位为 $g/(m^2 \cdot a)$

势。在第 12.3 节,我们将在生态系统层面上讨论有关生态网络作用的 13 个主要假设,但不对这些假设做详细的数学解释。这方面的内容将尤其参考 B. C. Patten 的工作,他最后得出来关于生态网络的一个重要理论,主要的参考文献包括了这 13 种主要假设以及用于分析生态网络的数学运算。在第 12.4 节中将给出用于理解生态网络的重要性能的最重要的矩阵分析。这个最简单的分析方法只需要少数几个计算,我们建议读者下载 EcoNet 软件,以执行较复杂的计算,下载网址为:http://eco.engr.uga.edu/DOC/econet4.html#scalar。读者可以轻松地运用这个软件,因为网站上有很清楚的解释。通过运用这个软件,读者将可掌握所有相关的网络特性。

关于这个软件的背景信息,请参考 Kazanci(2007,2009)和 Schramski 等(2011)。

生态网络的特性对生态系统的功能很重要,包括生态系统如何遵守热力学定律(包括 ELT)。

生态网络是生态系统远离热力学平衡的重要途径,它使生态系统在可供其生长和发育的资源条件中获得尽可能多的生态埃三极。

12.2 生态网络提高了物质和能量的利用效率

图 12.3 说明了网络加积的优势。在这个简单的范例中,假定系统处于稳定状态,输入 = 输出,流量完全由一级反应决定。流量和储存在此案例中代表这个简单系统的生态埃三极。各组分的输出流量代表呼吸作用或维护该组分(有机个体)所需的能量。滞留时间是 5 倍单元,即生态埃三极是输入流量的 5 倍。显然,在耦合作用下,系统通流和生态埃三极增加了。

a. 总生态埃三极为 100,通流为 20。A 和 B 的输入和输出都是 10。这分别代表系统的内部环境和外部环境,意指它们是系统和其环境之间的交换。

b. 总生态埃三极为 125,通流为 25。

c. 总生态埃三极为 135,通流为 27。

在生态建模中,通常要做出假设,这是图解的基础。在很多案例中,所作的假设都与流和存储的实际情况相近。

图 12.4 ~ 图 12.7 为更复杂的网络,有类似的结果。图 12.3 ~ 图 12.7 的例子表明网络的形成显然促使了更好的利用。在这些例子中,假设生态埃三极作为输入能源驱动着循环,可能是物质的、总能量的甚至是信息的循环。从上述案例中,我们可以看到:

在生态建模中,通常要做出假设,这是图解的基础。在很多案例中,所作的假设都与流和存储的实际情况相近。

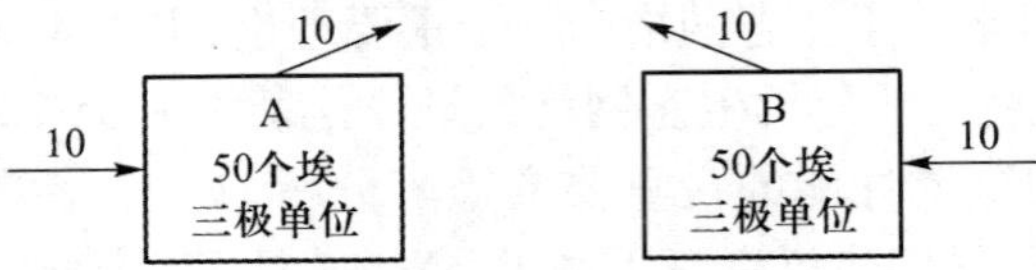

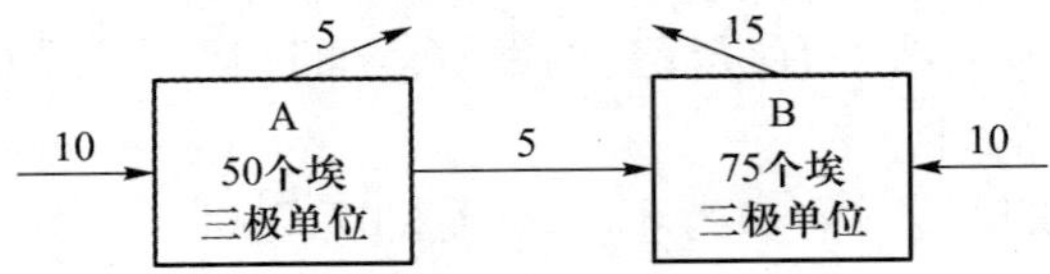

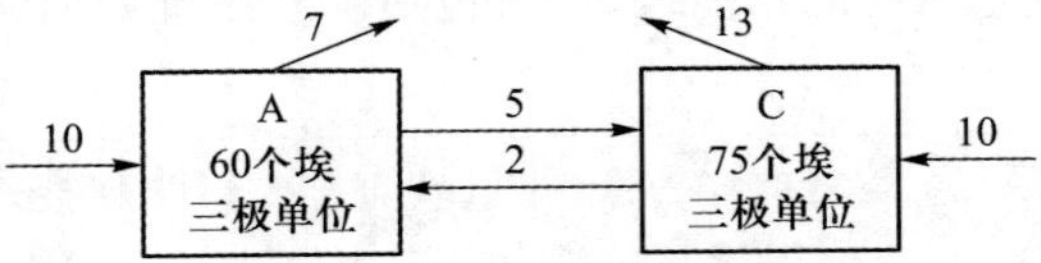

图 12.3　这两个分室系统解释了网络加积的优势。从没有耦合，到一次耦合，到循环耦合，生态埃三极和通流逐步增加

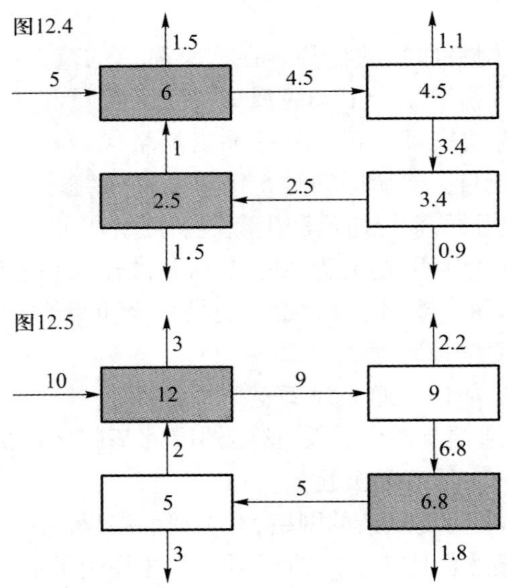

图 12.4 和图 12.5　这两个图的区别在于生态埃三极或能量的输入。网络处在稳定状态，流量由一级反应决定。生态埃三极或流量的双倍输入使得四个分室的存储量翻倍

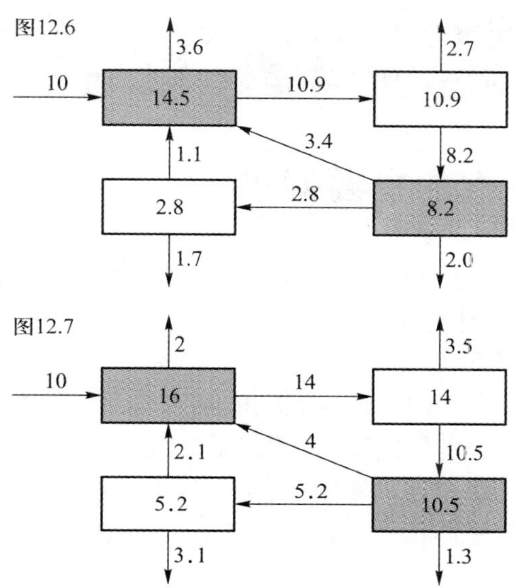

图 12.6 和图 12.7 图 12.6 中引入了从分室 3 到分室 1 的一个额外循环。生态埃三极在图 12.5 中是 32.8,由于该循环的作用,增加为 36.4。假设图 12.7 中的第一个分室代表的有机个体比图 12.6 中的大,意味着呼吸作用的相对损失有所下降。因此有更多的生态埃三极可用于支持其他分室和循环。总生态埃三极为 45.7

图 12.4 ~ 图 12.7 为更复杂的网络,有类似的结果。图 12.3 ~ 图 12.7 的例子表明网络的形成显然促使了更好的利用。在这些例子中,假设生态埃三极作为输入能源驱动着循环,可能是物质的、总能量的甚至是信息的循环。从上述案例中,我们可以看到:

在网络中,通过额外连接产生的更多耦合或循环增加了利用效率。网络形成为生态系统对物质和能量的利用提供了巨大的优势。

然而,别忘了所有的网络案例都是建立在稳定状态基础上的,而生态系统的确经常处于或接近稳定状态。同样,假定生态过程为一级反应也是有效的,至少在一个小范围内是这样(Jørgensen 和 Fath,2011)。经常用于代表生态过程的米氏方程对应的是低浓度物质的一级反应。图 12.3 的滞留时间是一个 5 倍单位,意味着分室的总数是总通流的 20%。图 12.4 ~ 图 12.7 的滞留时间是 1 倍单位,意味着分室的总数跟总通流相同。总之,通过观察生态网络在生态系统中的运行可证实,网络可以解释循环、再利用和相对较高的利用效率(Jørgensen 等,2007)。这个网络导致高效的观点已经被工业和农业所采纳(Jørgensen,2006)。

分室的总和与通流显著相关。这与 ELT 相一致:生态系统远离热力学平衡,并因此获得储存在分室和最大通流中的生态埃三极(功率最大化)。

12.3 网络特性的主要假设

通过网络分析将得到 13 个主要假设,在下个章节将会详细加以阐述。在本节,将汇总解释 13 个假设以及它们所解释的生态系统特性。

CH1:网络允许路径的激增

由于网络提供了完整的循环,物质、能量和信息可在系统中持续运转。路径数量随着路径长度呈指数式增加,致使系统成为一个纵横交错的复杂网络。所有分室都直接或间接相连。原则上,路径既没有开头,也没有结尾。在许多让人对生态系统产生整体论认识的原因中,这个路径激增的观点就是其中之一。

CH2:网络的非局域性

根据热力学第二定律,由于物质或能量的消耗,它们在任一过程中的数量都少于前一过程。衰退的总速率可用指数式衰退来表示,因为该过程属放射性或生物分解过程。但随着物质和能量的持续循环以及对路径激增的利用,在分室间传递的物质或能量总量超过直接的分室间传递。间接路径指长度大于 2 的路径,在分室间分配的物质或能量比一个直接路径的多。间接传输产生的影响被认为是非局部的。

CH3:网络控制的分散性

通过在 CH2 中所说的非局域性,生态系统过程的控制将完全是间接的,或者说这个控制是分散的,这种分散性导致产生系统的开放性(Patten 和 Auble,1981;Fath,2004)。

CH4:网络对影响的均质化

由于网络的非局域性,在整个网络中存在很多混合,以致很多因果关系在整个交互网络中均匀分布。这意味着所有分室在对其他分室产生影响和受影响中是同等重要的,换句话说,网络中的分室间相互关系趋向于均质化,更详细内容见 Fath 和 Patten(1999)。

CH5:网络的内部放大作用

网络当然遵守热力学第二定律,但如同在第 12.2 节举例所说,能量和物质的利用效率由于循环而增加(Patten,1985)。因此无用的物质和能量被简单地重复利用。这种特性显然是根源于循环的相互联结之中。

CH6:网络伸展

网络伸展指生态系统中传输层次的激增。Higashi 等(1989)提出了一种方法,将生态网络伸展成巨大的链条,类似于连续的食物链。这种伸展使人们能更方便地分析物质和能量的循环。

CH7:网络的协同作用

正如第 12.2 节所述,能量和物质的利用效率通过网络而得以增加。由于网络中的无限循环,被浪费的物质和能量得到最小化。由于物质和能量的这种无限循环,非局域的间接影响远超过其直接影响,这在 CH2 假设中也提到了。这种优势可称为网络的协同作用。

CH8:网络的互利共生

网络中每对分室的关系都有阳性、阴性或中立三种可能,这源于连接它们的直接或间接关系。

最常见的生态交互关系类型:
捕食作用对捕食者是有利的,对猎物是不利的,这个关系可以用(+ , -)
竞争关系(- , -)
互利共生关系(+ , +)
中立共生关系(0,0)
分解代谢或消散(- ,0)
合成代谢(+ ,0)
偏利共生(0, +)
偏害共生(0, -)

Patten(1991,1992)认为,在网络内的协作和间接效应的作用下,会出现一个趋向于越来越正面的相互作用类型的转变。这种转变当然依赖于直接联系/效应的数值。一般的趋势是捕食关系越来越接近(+ ,0),竞争关系接近(0,0),中立共生接近(+ , +),分解代谢接近(0, +),合成代谢接近(+ , +),偏利共生关系接近(+ , +),偏害共生接近(0,0)。这被称为网络互利共生性。网络的协作和共生使得大自然成为一个有利于生存的场所。这与达尔文的“物竞天择,适者生存”的说法相反,他的这一说法对于生物物种而言是正确的,但是网络模式使网络中各组分间的合作出现整体(全球)效应和影响。

CH9:网络加积

在第 12.2 节中已清楚阐明了网络加积。由于对物质的高效利用和具备可利用的自由能,网络为各分室提供了更高的生态埃三极。本书已强调,网络当然不可能击败或违反热力学第二定律,但通过更好地利用循环的自由能,可减少由于热散失(呼吸作用)而丧失的自由能。在这种情况下,多样性将有利于形成更复杂的网,并因此形成网络加积。请注意,网络加积也有利于增加系统的缓冲容量。

CH10:网络边界的放大作用

网络在错综复杂的结构中发展出离散的营养级。尽管网络中各种各样的分室和节点有不同的性能,处理不同的物质,可分为初级生产者、食植动物、食肉动物、顶级食肉动物和杂食者等种类,但结果是产生有效的循环。请注意,对生态系统的这个假设类似于生物体的新陈代谢循环。

CH11:网络的包埋性

网络内的储存与间接的物质/能量流动被纳入实证观察,以此决定流和储存。网络的这种功能被称为网络的包埋性。对所产生的储存和流的计算是另一项挑战,将在下一章节中讨论,而在某一时段内进行一组从输入开始的观测显然将成为网络内连续循环的结果。

CH12:网络的外围自治性

生态系统是开放的,与环境有独特的关联。这就意味着不仅网络内部的生命组分是独特的,并且它们所关联的环境(输出和输入环境)也是独特的。或者说,生物体和它们的环境都是自治的。

CH13:网络的整体演变

这个假说认为基因组和其环境都是显性编码的,并且都被看做是可遗传的元素。图 9.8 中的术语"体外环境型"也被用于解释这个假说。环境代码被看做是一个生态遗传项。这里举一个例子来说明这种生态遗传。在一户家庭的门阶上,牛奶瓶被鸟儿打开了,是蓝冠山雀和大山雀干的,见 Fisher 和 Hinde (1949),鸟撕破瓶盖打开瓶子,并从顶部喝到了牛奶。这种习性通过群体学习而得到了传播,这种行为改变了鸟的环境,当然也改变了选择压力。生态遗传即物种改变环境并继而改变选择压力的能力。

小结:网络的形成显著影响了生态系统的特性。

12.4 网络分析

网络示意图 12.3 ~ 图 12.7 说明了大多数的简单的网络分析,我们将运用到图 12.7。首先运用的矩阵分析是邻接矩阵,表示已实现的路径。已实现的路径在矩阵中用"1"标记,未实现的用"0"标记。纵列表示从分室 1、2、3 和 4 开始,行列表示结束于分室 1、2、3 和 4。若从 j 到 i 存在一个直接弧度,则 $a_{ij}=1$。表 12.7 中,这个弧度从 1 到 2,从 2 到 3,从 3 到 4,又从 4 到 1。

$$A=\begin{vmatrix} 0 & 0 & 1 & 1 \\ 1 & 0 & 0 & 0 \\ 0 & 1 & 0 & 0 \\ 0 & 0 & 1 & 0 \end{vmatrix}$$

$$F=\begin{vmatrix} 0 & 0 & 4 & 2.1 \\ 14 & 0 & 0 & 0 \\ 0 & 10.5 & 0 & 0 \\ 0 & 0 & 5.2 & 0 \end{vmatrix}$$

$$T=\begin{vmatrix} 16.1 & 14 & 10.5 & 5.2 \end{vmatrix}$$

$$G=\begin{vmatrix} 0 & 0 & 0.38 & 0.31 \\ 0.87 & 0 & 0 & 0 \\ 0 & 0.75 & 0 & 0 \\ 0 & 0 & 0.49 & 0 \end{vmatrix}$$

图 12.8 邻接矩阵 $\boldsymbol{A}$,流程矩阵 $\boldsymbol{F}$,通流矢量 $\boldsymbol{T}$,非空间或标准化的直接流程矩阵 $\boldsymbol{G}$,有关示意图见图 12.7

图 12.7 中的邻接矩阵 $\boldsymbol{A}$ 也见于图 12.8。这个矩阵可计算出已实现的所有可能路径部分的连通性。可能的路径有 $4\times4-4=12$ 种,有 5 种已经实现,表示连通性为:$5/12=0.41$。如果连通性 >0.5,通常表示网络紧密,而连通性 <0.25 或 0.3,表示网络松散。通常连通性在 0.3 和 0.5 之间。邻接矩阵中用“1”表示直接相关,而矩阵 $\boldsymbol{A}^2$ 表示在两个分室之间通过两步得到的路径数。相应的,$\boldsymbol{A}^3$ 表示用三步得到的路径数。因此 $\boldsymbol{A}^m$ 代表长度为 m 的路径数。

$\boldsymbol{F}$ 是流程矩阵。矩阵 $\boldsymbol{A}$ 中的 1 都用实际的流来代替。网络中物质和能量的再利用对网络特性很重要。在图 12.7 中,黄色分室接收到 14 个单位,只用了 3.5 单位来维护,剩余的 10.5 单位在网络中被再利用。这意味着 75%($10.5/14=0.75$)的物质和能量被再利用,并最终回到黄色分室。我们要区别直接影响(即因果相近的情况)和间接影响。任何用于维持生态系统的物质或能量成为热量消散在环境中之前,都要在网络中扩散和循环很多次。因此,与直接影响相比,在描述间接影响时需要相对复杂的计算就不奇怪了。这些计算可通过 EcoNet 软件实行。不过先让我们做些简单的计算来说明间接影响。在图 12.7 的黄色分室中,如果有 75% 的物质或能量在二次循环中被用,则在第三次循环中,被利用的百分比为 $75\%\times75\%=56.25\%$,在第四次循环中为 42.2%,依次下去。然而,请注意,我们简化了这些影响,并未考虑输入或输出的情况。这就意味着,

$$\begin{aligned}&\text{八次循环后的间接影响}\\&=\text{直接影响}(0.75+0.5625+0.422+0.3165+0.237+0.178+0.141)\\&=2.6\times\text{直接影响}\end{aligned}\tag{12.1}$$

用EcoNet计算的间接影响考虑了循环的无限性，因此计算的间接影响与直接影响的比率更高，但这些简单的计算仅仅表明，在很多例子中，间接影响是直接影响的数倍。当我们考虑输入或输出情况时，计算肯定会变得复杂了，但EcoNet软件会帮助我们考虑这些复杂性。本文不会罗列这些计算中的数字公式，因为它们太复杂，且在了解生态系统的运行以及生态系统从网络组织中获得何种益处时不需要这些数学公式。

T 是四个分室的通流量。通流量是45.8，存储值（=所有分室的和）为45.7。滞留时间是一个时间单位。在四舍五入时会产生差异。在呼吸作用以一级表达式表示并且滞留时间为一个时间单位的稳态下，存储值（例如生态埃三极存储）和功率（=总通流）应该是相同的。生态埃三极和最大功率（即总通流）的相关性与ELT一致：生态系统在给定情况下朝着最大生态埃三极储存的方向发展，但最大的生态埃三极储存意味着系统达到了最大通流（见第7章）。

在EcoNet中，***F*** 矩阵和 ***G*** 矩阵所包含的信息应该作为输入情况来考虑，通过编程来执行这个复杂的计算，以解释所有相关的生态网络特性。***F*** 矩阵给出了直接流量，从第一纵列的分室1到第一行列的分室1、从第二纵列的分室2到第二行列的分室2等，以此类推。从 j 到 i 的弧度即 a_{ij}。***G*** 矩阵表示与供体储存相关的流量。例如在图12.7中的流量14，对应的是图12.8的 ***G*** 矩阵中的14/16或0.87。

这个软件拓展了计算结果，包括控制分析模块和生态埃三极计算模块。分析数据可用Matlab格式（.m文件）或电子数据表格式（.csv文件）下载。总的来说，对于有兴趣开展网络分析的研究人员或学生而言，EcoNet软件是一项非常方便的使用工具。利用EcoNet分析图12.7中的网络，其结果以及相应的矩阵见表12.1。这个软件也可用于计算生态埃三极，但当然需要给出分室的 β 值。此外这个软件解释了关于所有结果的背景知识，尤其是系统范围内的特性，这部分内容见于本书，对其的阅读和理解非常重要。表12.2给出了对系统特性的解释。

请尤其注意表12.1中的如下结果：

（1）间接影响是直接影响的3倍以上，

（2）加积指数是4.58，

（3）协同指数是6.73，

（4）互利共生指数是2.2。

或者说，尽管图12.7只是一个简单的生态网络，但它显示了生态网络的显著优势。对于一个生态系统而言，加强其生态网络，提高网络的效率（可以各种指数来表示）是大有裨益的。通过第12.1节介绍的第三种增长形式可知，生态系统有巨大的可能性来远离热力学平衡。

表 12.1 利用 EcoNet 软件来计算图 12.7 的网络所得到的结果

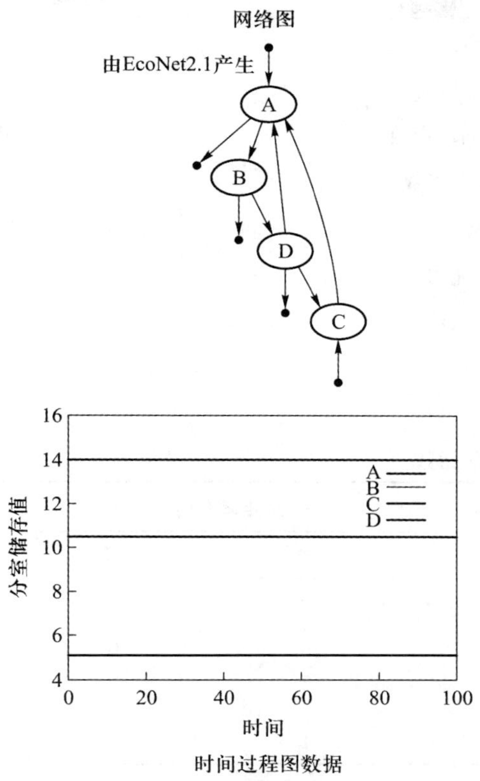

时间过程图数据

分 室 特 性

	初始存储量	最终存储量 (x)	环境输入 (z)	环境输出 (y)
A	16	16	10	2.1
B	14	14	0	3.5
C	5.2	5.2	0	3.1
D	10.5	10.5	0	1.3

	输入通流	输出通流	滞留时间
A	16.1	16.1	0.993789
B	14	14	1
C	5.2	5.2	1
D	10.5	10.5	1

系统特性

连接密度	1.25
连通性	0.3125
总系统通流	45.8
Finn's 循环指数	0.355569
间接效应指数	3.03594
优势度	58.5963
发育能力	86.4408
加积指数	4.58
协同指数	6.73482
共生指数	2.2
均质化指数	3.92417

邻接矩阵(A)

	A	B	C	D
A	0	0	1	1
B	1	0	0	0
C	0	0	0	1
D	0	1	0	0

化学计量矩阵(SM)

	*→1	1→2	2→4	4→3	4→1	3→1	1→*	2→*	3→*	4→*
A (1)	1	−1	0	0	1	1	−1	0	0	0
B (2)	0	1	−1	0	0	0	0	−1	0	0
C (3)	0	0	0	1	0	−1	0	0	−1	0
D (4)	0	0	1	−1	−1	0	0	0	0	−1

通流矩阵(F)

	A	B	C	D
A	0	0	2.1	3.99999
B	14	0	0	0
C	0	0	0	5.2
D	0	10.5	0	0

通流分析（*F*）

标准化流矩阵（*G*）

	A	B	C	D
A	0	0	0.403846	0.380952
B	0.869565	0	0	0
C	0	0	0	0.495238
D	0	0.75	0	0

通流分析（*N*）

	A	B	C	D
A	1.61	0.701499	0.650192	0.935332
B	1.4	1.61	0.565384	0.813332
C	0.52	0.598	1.21	0.797333
D	1.05	1.2075	0.424038	1.61

标准化流矩阵（*G'*）有向输出

	A	B	C	D
A	0	0	0.130435	0.248447
B	1	0	0	0
C	0	0	0	1
D	0	1	0	0

通流分析（*N'*）有向输出

	A	B	C	D
A	1.61	0.609999	0.21	0.609999
B	1.61	1.61	0.21	0.609999
C	1.61	1.61	1.21	1.61
D	1.61	1.61	0.21	1.61

存储分析

有向输出（*C*）

	A	B	C	D
A	−1.00625	0	0.403846	0.380952
B	0.875	−1	0	0
C	0	0	−1	0.495238
D	0	0.75	0	−1

存储分析（*S*）

	A	B	C	D
A	1.6	0.697142	0.646153	0.929523
B	1.4	1.61	0.565384	0.813332
C	0.52	0.598	1.21	0.797333
D	1.05	1.2075	0.424038	1.61

不完全周转率矩阵（*C*′）有向输出

	A	B	C	D
A	−1.00625	0	0.13125	0.25
B	1	−1	0	0
C	0	0	−1	1
D	0	1	0	−1

存储分析（*S*′）有向输出

	A	B	C	D
A	1.6	0.609999	0.21	0.609999
B	1.6	1.61	0.21	0.609999
C	1.6	1.61	1.21	1.61
D	1.6	1.61	0.21	1.61

应 用 分 析

相 互 关 系

	A	B	C	D
A	+	−	−	+
B	+	+	+	−
C	−	+	+	+
D	+	+	−	+

实用序列矩阵（*D*）

	A	B	C	D
A	0	−0.869565	0.130435	0.248447
B	1	0	0	−0.75
C	−0.403846	0	0	1
D	−0.380952	1	−0.495238	0

应用分析(*U*)

	A	B	C	D
A	0.646781	-0.265404	-0.0627299	-0.297014
B	0.469825	0.473169	-0.119862	-0.118288
C	-0.0252585	0.455752	0.781877	0.433788
D	0.235941	0.348569	-0.243456	0.553736

	A	B	C	D
A	0	-0.0564286	-0.0596154	-0.0419048
B	0.0564286	0	-0.0746154	-0.0569048
C	0.0596154	0.0746154	0	0.112949
D	0.0419048	0.0569048	-0.112949	0

对照分析(*CR*)

	A	B	C	D
A	0	0.564286	0.596154	0.419048
B	0	1.11022e-16	0.64883	0.494824
C	0	0	0	0
D	0	0	0.736622	0

表 12.2 使用 EcoNet 计算图 12.7 的系统的结果解释

系统的特性

有些指标建立在以下定义的矩阵分析的基础上。

(1) 连接密度:每个分室的分室间连接数(d):d/分室数

(2) 连接性:实际的分室间连接次数(d)与可能产生的分室间连接次数的比率:d/分室数^2

(3) 总系统通流:又称系统总流率,是所有分室通流的总和:$\mathrm{TST} = T_1 + T_2 + \cdots + T_n$. 系统内容。

(4) Finn's 循环指数:通过计算循环的总系统通流的片段来测量系统内的循环数。

(5) 间接效应指数:测量间接联系与直接联系的流量比值。如果比值大于 1,则说明间接流量比直接流量大。

(6) 优势度:这个指标同时量化了系统活动的水平以及物质在生态系统内被处理时的组织程度(限制)。

(7) 加积指数:测量平均路径长度。换言之,即一个单位流量(如一个 N 原子、一个单位的生物量、一个量子)在退出系统前经过的分室平均数量:$\mathrm{TST}/(z_1 + z_2 + \cdots + z_n)$。

(8) 协同指数:该指数基于利用分析为每对分室关系提供了一个系统层面的指数。数值大于1,说明向正面关系(共生关系)的转变。该指数的计算方式是在利用分析矩阵 $\boldsymbol{U}$ 中计算正面元总数与负面元总数的比值。

(9) 共生指数:同协同指数相似,共生指数也为每对分室关系提供了一个系统层面的指数。数值大于1,说明向正面关系(共生关系)的转变。该指数的计算方式是在共生关系矩阵中计算正面元总数与负面元总数的比值。

(10) 均质化指数:该指数量化了网络使流量分配更加统一的功能。高数值说明资源通过网络循环作用得到了高度混合,使流量分配更加均质化。

邻接矩阵

邻接矩阵 $\boldsymbol{A}$ 的元由 0 和 1 构成,表示两个储存之间是否存在一个直接的流。见图 12.8 和文中的相关解释。

化学计量矩阵

化学计量矩阵的元可以是 0、-1 和 1。矩阵项 (i,j) 表示当流量 j 产生时,分室 i 的储存值会怎样变化。

请注意,邻接矩阵只包括分室之间相互关系,而化学计量矩阵还包括系统与环境之间的流。因此只需要化学计量矩阵即可定义网络拓扑关系。

通流矩阵

除了连通性,通流矩阵 $\boldsymbol{F}$ 给出了连接强度的信息。随着分室储存值随时间的变化,分室之间的流率也发生相应变化。流速随着储存值达到一个稳定状态。$\boldsymbol{F}$ 表明了在模拟结束时分室之间的流速。假设模型在模拟结束时达到稳定状态。

$$f_{ij} = \text{稳定状态下分室 } j \text{ 到分室 } i \text{ 的流速}$$

如果模拟在系统达到稳态前结束,EcoNet 将在系统的最终状态下计算通流矩阵。使用者可通过时间过程图(和/或通流值)来查看系统与稳定状态的接近程度。

生态网络分析

通流矩阵 $\boldsymbol{F}$ 代表了分室在稳态下的连接强度。然而,即使两个分室没有直接联系,它们仍然可以通过其他分室产生间接联系而相互影响。例如,在下图中,分室 A 和 D 之间没有直接的流。然而分室 A 的任何变化将最终影响分室 D。这样看来,下图也可被认为是有误导的,因为它只标注了直接的流。尤其在纵横交错的系统中,通常,来自间接流的贡献要比直接流大得多。这种特性被称为间接效应的优势。

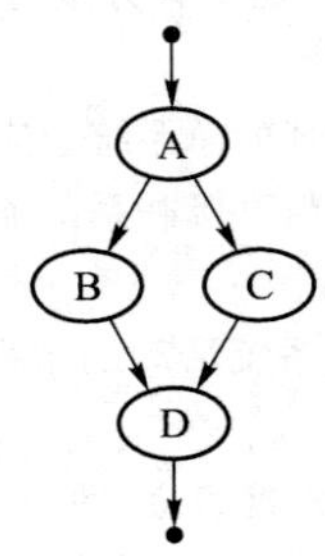

EcoNet 运用网络环境分析(NEA)来量化分室、环境输入与环境输出之间的实际联系。NEA 与大多数分析方法不同的是,它将系统作为一个整体,并对量化系统中所有间接流的影响提供了一种准确的方法。NEA 不是单步骤分析,而是一系列代数运算,最终给出代表各种系统特性的数值和矩阵值。EcoNet 1.0 可执行储存(S)、通流(N)和利用(U)分析。EcoNet 2.0增加了很多新的分析结果。

有些分析结果仅当系统接近于稳态时才是有效的。EcoNet 显示的结果则是基于系统的最终状态。为了得到更加精确的结果,使用者可通过时间过程图(和/或通流值)来确定系统是接近稳定状态的。

通流分析

通流的定义是在分室性能中给出的,N_{ij}表示环境输入分室 j 的能量有多少被分室 i 接受。请注意,这个输入可能通过其他许多分室间接流到分室 i,而 N_{ij}是所有可能的路径数。

通流分析(N:$z \to T$)

	碎屑物	微生物	小型底栖动物
碎屑物	1	0	0
微生物	0.428571	1	0
小型底栖动物	0.991597	0.980392	1

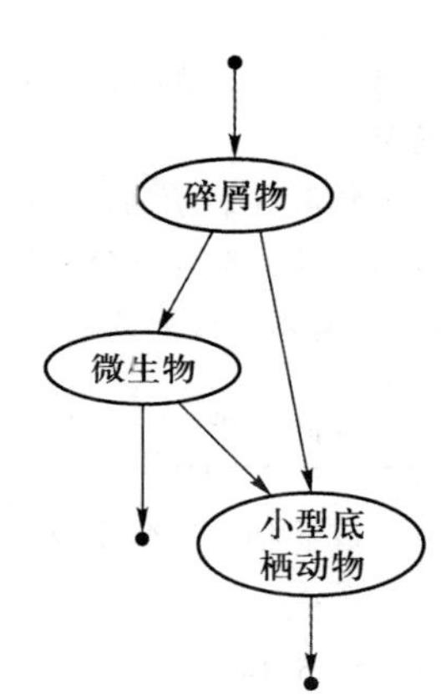

让我们看看上图中矩阵 N 的第一纵列。显然环境对碎屑物的输入 100% 被碎屑物吸收,因此 $N_{11}=1$。系数 $N_{21}=0.428$,表示环境对腐殖质的输入中有 42.8% 被微生物吸收,而 52.7% 流到小型底栖动物中。$N_{31}=0.991$ 代表小型底栖动物实际吸收了 99.1% 的环境(到碎屑物)输入,其途径有两条,一条是通过微生物的间接输入途径,另一条是直接来自碎屑物。因此我们得出结论:0.9% 的环境输入量在微生物的消耗过程中又回到环境。

通过比较对分室输入的直接与间接路径,EcoNet 给出了另一个矩阵 G,定义如下:

$$G_{ij} = F_{ij}/T_j$$

G 可看作是矩阵 F 的标准化;每一个元 F_{ij}被横列对角线元素分开,F_{ij}表示在稳定状态下从 j 到 i 的实际流速。G_{ij}表示 j 的通流量中被 i 接收的比率。矩阵 N 和 G 都包括标准化值,表示能量(或生物量,营养物 C、N、P 等)如何被分配在各分室。然而,矩阵 N 包括分室间所有可能的直接和间接的流,而根据定义,矩阵 G 仅表示分室间的直接流。

通过比较矩阵 N 和 G(前两张图),我们可看到两个矩阵的元是相符的,除了:

$$0.991 = N_{31} = G_{31} = 0.571$$

我们认为,一个简单的带有三个分室的模型(有一个间接流)符合这个情况。从分室 1(碎屑

物)到分室3(小型底栖动物)有两条途径:

直接流:碎屑物 → 小型底栖动物

间接流:碎屑物 → 微生物 → 小型底栖动物

这两个途径的 $N_{31}=0.991$;只代表直流的 $G_{31}=0.571$。所以我们可认为:100×(0.991－0.571)/0.991＝42%,即碎屑物与小型底栖动物的间接联系。

EcoNet 在其扩展结果中还给出了另外两个矩阵:G'和 N',名为"输入导向型"。同 G 一样,G'的定义如下:

$$G'_{ij} = F_{ij}/T_i$$

G'可看作是矩阵 F 的标准化:其中,每一个元 F_{ij}被纵列对角线元素区分开。N'_{ij}表示来自分室 i 的在分室 j 产生的作为单位输出的通流量。N 和 N'用下面公式计算:

$$N = (I - G)^{-1}$$

$$N' = (I - G')^{-1}$$

如果读者对此感兴趣,可从[4,17]参考更多信息。

存储分析

存储分析矩阵 S 表示输入流速与分室储存值的关系。在上表中,仅有碎屑物接受到直接的环境输入。这些输入部分通过间接流转移到微生物和小型动物中。S_{ij}表示环境对分室 j 待直接输入中有多少成为分室 i 的储存。

存储分析(S:$z \to T$)

	碎屑物	微生物	小型底栖动物
碎屑物	2.85714	0	0
微生物	0.840336	1.96078	0
小型底栖动物	4.31129	4.26257	4.34783

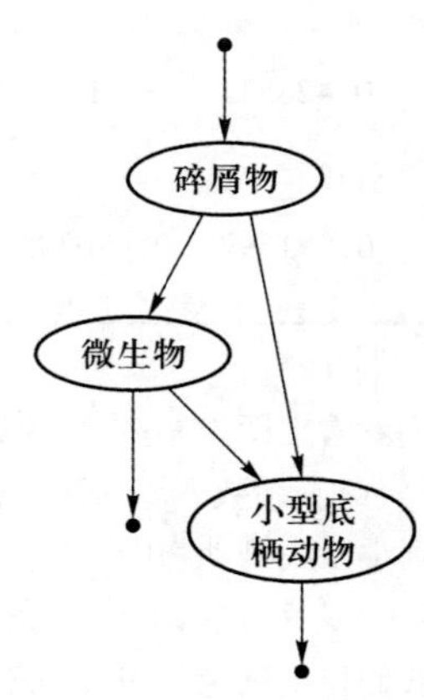

我们看看存储矩阵 S 中的第一行:

$$S_{11} = 2.857, S_{12} = S_{13} = 0$$

这意味着没有环境输入被传递到微生物和小型底栖动物中,因此碎屑物的存储值仅依赖其自身的环境输入值($S_{12}=S_{13}=0$)。环境输入到碎屑物的速度是10个单位/单位时间,稳定状态下碎屑物的存储值为28.57个单位。因此,对于环境对碎屑物的输入而言,每1个单位可增加碎屑物存储值 $S_{11}=2.857$ 个单位。

类似的,微生物的存储值也是通过碎屑物的环境输入量获得,因此 $S_{21}=8.4/10=0.84$。尽管在这个模型中,环境对微生物的输入为0个单位,但每个单位的直接环境流使微生物存储值增加1.96个单位,即 $S_{22}=1.96$。$S_{23}=0$ 意味着环境对小型底栖动物的输入决不会影响到微生物的存储值。

我们要注意的是,如果出现从小型底栖动物到碎屑物的额外的流,那么 **S** 矩阵的所有元都不会是 0,因为各环境的流都会在分室之间循环,能增加所有存储值。

EcoNet 在"扩展结果"中给出了"输入导向型"存储分析矩阵 **S′**。S'_{ij} 表示来自从分室 i 的在分室 j 产生的作为单位输出的存储。**S** 和 **S′** 计算如下:

$$S = -C^{-1}$$

$$S' = -C'^{-1}$$

其中,

$$C_{ij} = F_{ij}/x_j$$

$$C_{ii} = T_i/x_i$$

且

$$C'_{ij} = F_{ij}/x_i$$

$$C_{ii} = T_i/x_i$$

应用分析

应用分析量化了分室之间的互助关系,再次包含了间接影响,这里有一个简单的例子:

* → 树 → 鹿 → 狼 → *

其中,* 表示环境。鹿和狼的关系为(-,+),树和鹿的关系也一样。尽管树与狼没有直接联系,但它们存在互助关系(+,+)。这种关系分析对简单模型而言是很明确的,但当模型存在反馈、循环或跨层输入时,分室关系就变得很复杂。应用分析则抛开模型的复杂性,分析所有分室间的关系。

应用分析(*U*)

	碎屑物	微生物	小型底栖动物
碎屑物	0.229593	-0.470469	0.128122
微生物	-0.297411	0.616033	-0.220334
小型底栖动物	0.270242	-0.43321	0.157403

应用关系(*U* 的符号)

	碎屑物	微生物	小型底栖动物
碎屑物	+	-	+
微生物	-	+	-
小型底栖动物	+	-	+

上面的第二个矩阵用 +/- 来表示分室间的关系,而第一个矩阵 **U** 提供了量化的关系强度。这里所给的三个分室太简单,因而不能代表实用分析的功能。我们将在下一节结合对 John M. Teal 的佐治亚州盐沼模型的分析来继续进行讨论。**S** 和 **S′** 可计算如下:

$$U = (I - D)^{-1}$$

其中,

$$D_{ij} = (F_{ij} - F_{ji})/T_i$$

生态埃三极计算

生态埃三极是生态系统的一个热力学指标。它从化学平衡的角度来衡量一个系统的偏离程度。生态埃三极的定义包括了 Kullback 信息测量。因此需要模型所包括对各分室的 β 值。一旦使用者输入这些值，生态埃三极将被连续计算并在最后一行呈现。常见分室的 β 值表格和生态埃三极的更多信息可从参考文献中找到。

例 12.1

以下是有关一个潮间带牡蛎礁所在的网络（Patten，1985）。这个例子被多次用来说明生态系统中网络的重要性，如 Jørgensen（2002）和 Jørgensen 等（2007）。

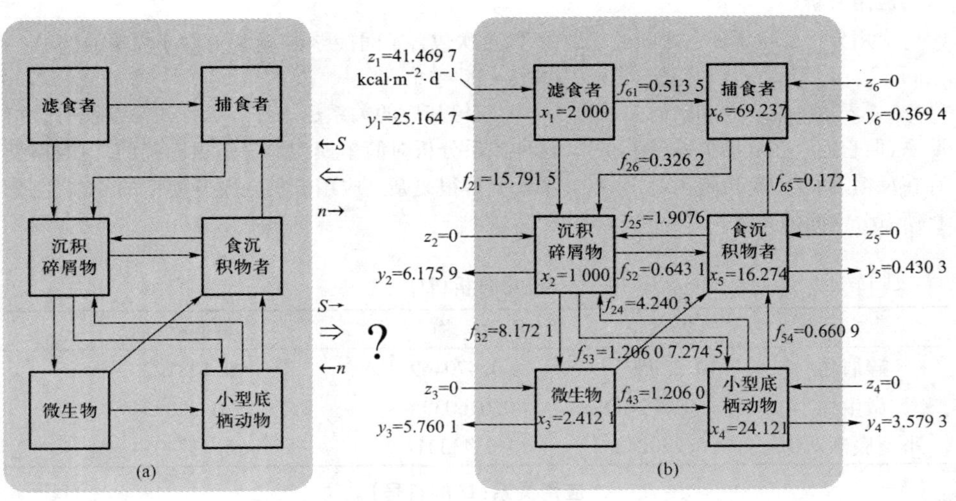

(a)是牡蛎礁的示意图，(b)是存储(kcal /m^2)和流(kcal · m^{-2} · d^{-1})的值。问号表示：要进行网络计算还需要什么？答案是(b)。s 和 n 表明(b)提供了充分且必要的信息

用 EcoNet 软件找出：

(1) 无量纲的直接流矩阵 $\boldsymbol{G}$

(2) 完整的流矩阵

(3) 部分周转率矩阵

(4) 完整的存储矩阵

(5) 互助关系

(6) 利用矩阵(即 $\boldsymbol{U}$)

此外，利用 EcoNet 计算连通性、总通流、总存储、间接影响指数、加积指数、协同指数和互助指数。

并从网络理论的角度对结果进行解释。

解

无量纲的直接流矩阵

$$G=\begin{bmatrix} 0 & 0 & 0 & 0 & 0 & 0 \\ 0.38 & 0 & 0 & 0.5 & 0.76 & 0.475 \\ 0 & 0.367 & 0 & 0 & 0 & 0 \\ 0 & 0.327 & 0.148 & 0 & 0 & 0 \\ 0 & 0.027 & 0.148 & 0.0779 & 0 & 0 \\ 0.014 & 0 & 0 & 0 & 0.0687 & 0 \end{bmatrix}$$

完整的流矩阵

$$N=\begin{bmatrix} 1.000 & 0 & 0 & 0 & 0 & 0 \\ 0.536 & 1.386 & 0.277 & 0.779 & 1.01 & 0.658 \\ 0.197 & 0.510 & 1.102 & 0.286 & 0.404 & 0.242 \\ 0.205 & 0.529 & 0.253 & 1.297 & 0.419 & 0.251 \\ 0.059 & 0.154 & 0.190 & 0.164 & 1.122 & 0.073 \\ 0.0185 & 0.0106 & 0.013 & 0.0113 & 0.077 & 1.005 \end{bmatrix}$$

部分周转率矩阵

$$C=\begin{bmatrix} -0.0208 & 0 & 0 & 0 & 0 & 0 \\ 0.0079 & -0.0223 & 0 & 0.1758 & 0.1172 & 0.0047 \\ 0 & 0.0082 & -3.388 & 0 & 0 & 0 \\ 0 & 0.0073 & 0.5 & -0.3516 & 0 & 0 \\ 0 & 0.0006 & 0.5 & 0.0274 & -0.1542 & 0 \\ 0.0003 & 0 & 0 & 0 & 0.0106 & -0.0099 \end{bmatrix}$$

完整的存储矩阵

$$S=\begin{bmatrix} 48.0769 & 0 & 0 & 0 & 0 & 0 \\ 24.0392 & 62.172 & 12.423 & 34.929 & 49.283 & 29.516 \\ 0.0582 & 0.150 & 0.325 & 0.0845 & 0.119 & 0.071 \\ 0.582 & 1.505 & 0.721 & 3.690 & 1.193 & 0.714 \\ 0.386 & 0.997 & 1.231 & 1.066 & 7.276 & 0.473 \\ 1.870 & 1.068 & 1.318 & 1.141 & 7.790 & 101.517 \end{bmatrix}$$

互助关系

$$\overline{\text{sgn}}(\boldsymbol{U}) = \begin{bmatrix} + & - & + & + & - & - \\ + & + & - & - & + & - \\ + & + & + & - & - & + \\ + & + & + & + & - & + \\ - & + & + & + & + & - \\ + & - & + & + & + & + \end{bmatrix}$$

应用分析

$$\boldsymbol{U} = \begin{bmatrix} 0.832 & -0.221 & 0.0699 & 0.0126 & -0.027 & -0.014 \\ 0.424 & 0.599 & -0.193 & -0.0357 & 0.065 & -0.0012 \\ 0.394 & 0.547 & 0.741 & -0.200 & -0.061 & 0.0071 \\ 0.208 & 0.287 & 0.0014 & 0.946 & -0.056 & 0.0054 \\ -0.0035 & 0.065 & 0.446 & 0.169 & 0.911 & -0.0615 \\ 0.473 & -0.449 & 0.251 & 0.066 & 0.156 & 0.975 \end{bmatrix}$$

EcoNet 给出了以下结果：

连通性：0.3333

总系统通流量(TST)：83.60

总存储：3112

间接影响指数：1.530

加积指数：83.6/41.47 = 2.02

协同指数：6.538

互助指数：2

对结果的解释如下：

连通性应在 0.3 ~ 0.5 内。

间接影响比直接影响高 53%。

网络为生态系统提供了互助和协同关系。

12.5 生态系统的网络选择

ELT 认为，那些能给生态系统带来最高生态埃三极的物种和物种的结合将被选择，同样，那些能给生态系统带来最高生态埃三极的网络也将优胜。如果网络具有最高生态埃三极的分室，该网络将具有最强的流和最高点总系统通流，并因此具有互助、协同、再利用、循环、加积、和间接影响与直接影响的比率所带来的最佳效果。在本书第 7 章中介绍了 SDM，利用 SDM 使得建立模型成为可能，并能改变模型的参数——即生物组分的特性——这与优胜劣汰相一致。目前还未开发出一种模型能使我们选择可使系统尽可能远离热力学平衡的网络。如果要我们预测生态系统未来更激烈的变化，包括整个网络在未来的变化，例如由于气候的剧烈变化所引起，那就有必要发展我们所说的网络动态模型（network dynamics models，NDM）。这种模型可用来选择强制函数的巨大变化所产生的新的网络，这种巨大变化不仅包括物种内组成和适应的变化所引起的物种特性的变化。

然而，与此相关的问题会很有趣：哪种网络改变会确实增加生态埃三极？Jørgensen 和 Fath（2006）对这个问题做过一些调查，一部分内容见第 12.2 节。图 12.9 给出了所用的网络。虚线表示用来记录这些额外路径的效应所加入的流：从 B 链的食肉动物到 A 链的顶级食肉动物、从 A 链的食草动物到 B 链的食肉动物、从链中的碎屑物到食肉动物，以及 B 链中从碎屑物到食草动物的一条额外环路。各种网络都已用 STELLA 软件进行模拟并运行（模型均运行至稳态）。还测试了去除顶级食肉动物、去除各分室与碎屑物的关系所产生的情况。

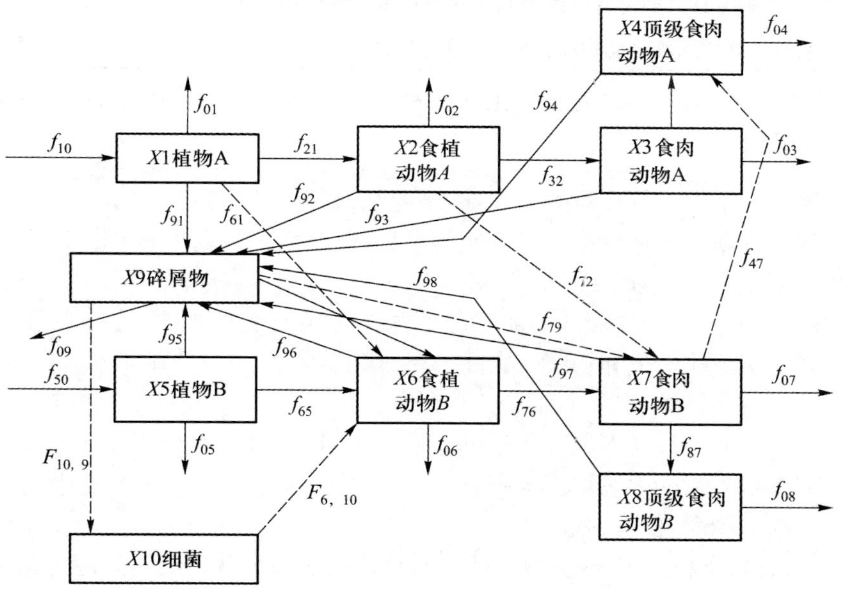

图 12.9　用于评价网络变化（见表 12.3）所产生的结果。包括两个食物链，即食物链 A 和食物链 B，两条食物链中都有碎屑物。虚线表示用来记录这些额外路径的效应所加入的流：从 B 链的食肉动物到 A 链的顶级食肉动物、从 A 链的食植动物到 B 链的食肉动物、从 A 链中的碎屑物到食肉动物，以及 B 链中从碎屑物到食植动物的一条额外环路

每个模型都记录了稳态下的生态埃三极。结果见表 12.3,该表也列出了十项变化内容。

表 12.3 网络变化和相应的生态埃三极变化(稳态)

变化	生态埃三极(碎屑物当量)	通流
(1) 基本模型	54 463	58.4
(2) 埃三极输入加倍	105 636	90.9
(3) 去除顶级肉食动物	52 818	45.4
(4) 关联植物 A 和草食动物 B(比率 0.25)	57 424	59.9
(5) 关联草食动物 A 和肉食动物 B	55 567	59.0
(6) 关联食肉动物 B 和顶级食肉动物 A	54 652	58.7
(7) 从 A 到 B 传输埃三极	54 463	58.4
(8) 加入细菌食物链	61 938	65.3
(9) 将碎屑物至食肉动物 B 的关系改为碎屑物至食草动物 B	54 762	58.9
(10) 取消碎屑物到食草动物或食肉动物 B 的关联	36 416	50.1

基于对表 12.3 中的网络变化的解释以及一些速率变化的增减,结果可大致总结如下:

Ⅰ. 输入的增加会相应产生生态埃三极和功率的等比例上升;
Ⅱ. 额外关联的增加将促进再利用和循环,使网络具有更高的生态埃三极和功率(TST,也即总系统通流);
Ⅲ. 从另一方面看,当额外的关联产生额外的埃三极或能量传输,那它们只影响生态埃三极和功率。去除两条食物链之间的一条能流不会产生什么影响;
Ⅳ. 食物链的延长对网络的 TST 和生态埃三极具有积极的效应;
Ⅴ. 减少对环境的生态埃三极损耗或减少碎屑物(β 值仅为 1)使网络产生更高的 TST 和生态埃三极;
Ⅵ. 更快的循环(通过更快的碎屑物分解或加快两个营养级之间的传输)使网络产生更高的 TST 和生态埃三极;
Ⅶ. 在食物链中越早加入额外的生态埃三极或能量循环流,所产生的效应就越显著。

上述这些规律关于网络变化对生态系统生态埃三极和功率的影响,当两个或多个网络通过模型进行比较时,这些规律是非常有用的。在模型中加入顶级食肉动物和细菌食物链,或者评价生态系统健康或生态系统服务时,这种对网络的检验也很重要。因此,在选择最后的模型前,要考虑网络中的一个或多个变化。

本章小结

(1) 生态网络是生态系统远离热力学平衡的重要途径,它使生态系统在可供其生长和发育的资源条件中获得尽可能多的生态埃三极。

(2) 在网络中,通过额外连接产生的更多耦合或循环增加了利用效率。网络形成为生态系统对物质和能量的利用提供了巨大的优势。

(3) 网络意味着无限循环,网络控制是非局域的、分散的、均匀的。

(4) 网络对生态系统的影响很重要:协同作用、互助作用、边界放大效应和加积作用(TST > 流入量)。这些影响可通过 EcoNet 来明确。

(5) 食物链的延长对网络的 TST 和生态埃三极具有积极的效应。

(6) 减少对环境的生态埃三极损耗或减少碎屑物(β 值仅为 1)使网络产生更高的 TST 和生态埃三极。

(7) 更快的循环(通过更快的碎屑物分解或加快两个营养级之间的传输)使网络产生更高的 TST 和生态埃三极。

(8) 在食物链中越早加入额外的生态埃三极或能量循环流,所产生的效应就越显著。

练习题/思考题

(1) 用 EcoNet 分析图 12.5 和图 12.6 中的网络,并解释结果。

(2) 列出除生态系统外的其他利用网络优点的系统。

(3) 解释网络对工业系统有怎样的益处。

(4) 解释网络对农业系统有怎样的益处。

(5) 为图 12.9 做一个邻接矩阵,只考虑完整线路的关联。计算连通性,并解释结果。

(6) 在什么情况下 TST 与生态埃三极紧密相关?为什么在任何情况下 TST 或功率或多或少都与之有关?

(7) 解释为什么生物组分越丰富的网络,其生态埃三极和功率越高?

第 13 章 生态系统具有很高的信息量

生命就是信息。

生态系统具有庞大的信息量，体现在个体基因组和生态网络两个方面。等级这一概念可用来表述生态网络所呈现的信息量，但是为了和基因组的信息表达方式一致，有必要采用生态埃三极作为表达方式。进化可以被描述成信息量的增加。一般认为，基因组信息量的增加属于垂直进化，而由生物多样性增加导致的生态网络及其信息的增加属于水平进化。当生物量的增长接近于限值时，遗传信息和网络复杂性仍有继续增加的可能，并远远小于限值。信息体现在各种生命过程中，可以说，生命就是信息。然而，信息并不是守恒的。信息传递是不可逆的，信息交换即是所谓的通信。

13.1 基因体现的信息

如第 7 章所述，生态埃三极密度表示信息量，可以用生态系统组分浓度及其 β 值来计算（见表 4.1）：

$$\text{生态埃三极} = \sum_{i=1}^{i=n} \beta_i c_i,\ \text{作为温度}\ T = 300\ \text{K 时碎屑物的等价物}$$

比埃三极是针对第 i 个组分的与生物量有关的埃三极：$\text{Sp. ex.}_i = \text{Ex}_i / c_i$。这意味着单位面积或者单位体积的生态系统，其总比埃三极与 RTK 相当，其中，K 表示 Kullback 信息算法（详见第 3 章），或者通过编码基因的氨基酸数量（AMS）来表示，等于 $4.00 \times 10^{-6} \times \text{AMS}$。

由于许多生态系统的平均 β 值都在 50 ~ 250 之间，生态系统所包含的信息量相当于生物量所携带能量的 50 ~ 250 倍。对于大多数生态系统来说，单位平方米内的生物量在 1 ~ 1 000 kg 之间，换算成能量为 18.7 MJ/m^2 ~ 18.7 GJ/m^2。如果以信息量的平均值为 100 来计算的话，信息量在 1.87 ~ 1 870 GJ/m^2 之间。这意味着一个生态系统中编码的氨基酸数量是极其庞大的，正是这些信息控制着生态系统中所有的生命过程。

生态系统是典型的中型系统，说明大多数生态系统将会产生 10^{15} ~ 10^{20} 个有机个体，它们具有不同的性质、不同的基因组以及对当下环境条件的不同反应。这些个体可能以 1 000 到 100 000 个物种的方式存在，也就是说该生态系统具有 1 000 ~ 100 000 个完全不同的基因组，换句话说，这是物种和个体中呈现的另一套信息，对于生态系统及其对决定环境条件的强制函数的巨大变化的反应至关重要。

如第 7 章所述，进化过程伴随着信息量的增加。除了人类减少自然界面积和破坏生物多样性的最近几百年，生物多样性和基因组一直都是增加的。

13.2 等级

等级用来描述生态系统网络中的信息，定义如图 13.1 所示。

等级的计算公式为：

$$A=\sum_{i,j}T_{ij}\log\left(\frac{T_{ij}T_{..}}{T_{i.}T_{.j}}\right)$$

T_{ij}表示从组分i至组分j的流。T_i表示组分i, T_j表示组分j。T表示所有流的总和。

图 13.1　等级定义

例 13.1

图 13.2 显示了等级的计算过程。该例子由 Ulanowitz 提供，参见 Jørgensen 和 Fath(2007)。根据图 13.1 给出的定义，计算图 13.2 中系统网络的等级。

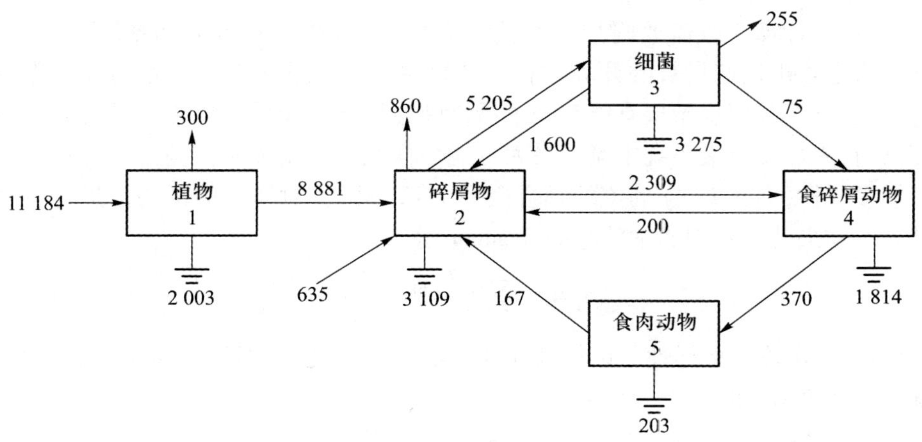

图 13.2　根据图 13.1 中定义而进行等级计算的生态网络。图中显示了 Cone 原生态系统的五个主要组分间的能量交换

解

Cone 泉的 TST 计算非常简单,就是图中所有箭头的总和。具体计算如下:

$$\begin{aligned}\mathrm{TST} &= T_{01}+T_{02}+T_{12}+T_{16}+T_{17}+T_{23}+T_{24}+T_{26}+T_{27}+T_{32}+T_{34}+\\&\quad T_{36}+T_{37}+T_{42}+T_{45}+T_{47}+T_{52}+T_{57}\\&=11\ 184+635+8\ 881+300+2\ 003+5\ 205+2\ 309+860+3\ 109+\\&\quad 1\ 600+75+255+3\ 275+200+370+1\ 814+167+203\\&=42\ 445\ \mathrm{kcal}\cdot\mathrm{m}^{-2}\cdot\mathrm{a}^{-1}\end{aligned}$$

角标 0 表示以外部环境作为资源来源,6 表示外部环境作为系统有用输出产物的接收者,而 7 表示外部环境作为耗散的汇。

$$A=\sum_{i,j}T_{ij}\log\left(\frac{T_{ij}T}{\sum_k T_{kj}\sum_q T_{iq}}\right)$$

再次参考上述 Cone 泉生态系统网络的情况,我们注意到图中的每个流都产生一个且只有一个总和中的项,因此,我们看到等级包含 18 个项:

$$\begin{aligned}A &= T_{01}\log\left(\frac{T_{01}T}{\sum_k T_{k1}\sum_q T_{0q}}\right)+T_{02}\log\left(\frac{T_{02}T}{\sum_k T_{k2}\sum_q T_{0q}}\right)+\cdots+T_{57}\log\left(\frac{T_{57}T}{\sum_k T_{k7}\sum_q T_{5q}}\right)\\&=20\ 629-1\ 481+13\ 796-94-907+9\ 817+4\ 249+1\ 004+446+295-\\&\quad 147+142+4\ 454-338+1\ 537+2\ 965+123+236\\&=56\ 725\ \mathrm{kcal-bits}\cdot\mathrm{m}^{-2}\cdot\mathrm{a}^{-1}\end{aligned}$$

有时,计算等级需要附加计算流的多样性、系统发育能力和系统消耗值。下文将会给出这些指数的计算方程。如果说等级是度量系统过程内在局限性的标尺,那么我们也希望有能够表示系统弹性尺度的指数。要衡量系统的自由度,就首先需要定义系统中流的最大可能多样性。可用玻尔兹曼公式计算最大可能多样性,即从 i 到 j 的流的联合概率 T_{ij}/T,然后,对得到的平均值进行对数计算。结果就是我们非常熟悉的 Shannon 公式。

$$H=-\sum_{i,j}\left(\frac{T_{ij}}{T}\right)\log\left(\frac{T_{ij}}{T}\right)\tag{13.1}$$

式中:H 表示流的多样性。以标度 A 相同的方式标度 H,即将 H 乘以 T,得到系统发育能力 C,即

$$C=-\sum_{i,j}T_{ij}\log\left(\frac{T_{ij}}{T}\right)\tag{13.2}$$

现在已证明 $C\geqslant A\geqslant 0$,因此$(C-A)\geqslant 0$。从 C 中减去 A,用代数方法简化余值计算公式,Φ,即所谓的系统“开销”:

$$\Phi = C - A = -\sum_{i,j} T_{i,j}\log\left(\frac{T_{ij}^{2}}{\sum_{k} T_{kj}\sum_{q} T_{iq}}\right) \qquad (13.3)$$

系统“开销”能够度量系统的弹性。

就像把 Cone 泉的流值代入等级方程一样,系统开销也可以代入这一方程,得到的值为 79 139 kcal-bits · m^{-2} · a^{-1}。同样代入求 C 值方程,则得到结果为 135 864 kcal-bits · m^{-2} · a^{-1},该值准确说明了等级和开销的总和。

假定图 12.4 ~ 图 12.7 中的网络全部表示能量存储(比如单位为 kJ)和能流(比如单位 kJ/d),与有机体所含有的信息相比,这四个网络的等级并没有添加更多的信息(参见第 3.1 节中关于基因包含的信息值的内容)。然而,能量存储和能流都是生态埃三极,会自动调节其大小(Jørgensen 和 Ulanowitz,2009)。

再让我们假定图 12.4 ~ 图 12.7 中的所有网络都表示水生生态系统,第一组分是浮游植物,β 值为 20;第二组分为浮游动物,β 值为 100,第三组分为鱼,β 值为 500,第四组分为碎屑物,β 值为 1.0。因此,图 12.5 将会转变成图 13.3,图 12.6 变为图 13.4,图 12.7 变为图 13.5。

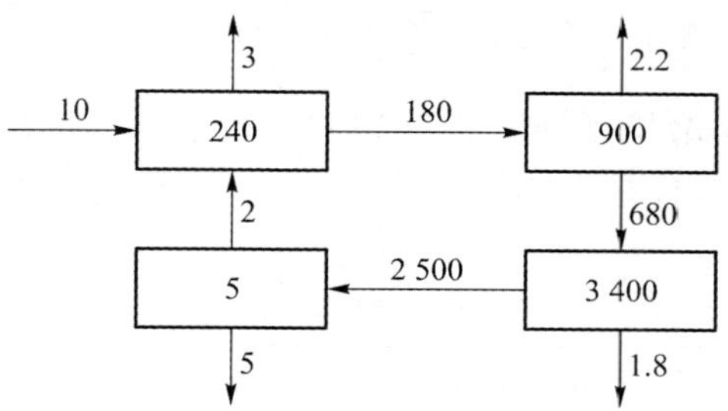

图 13.3 与图 12.5 相同的系统网络,但是用生态埃三极代替能量

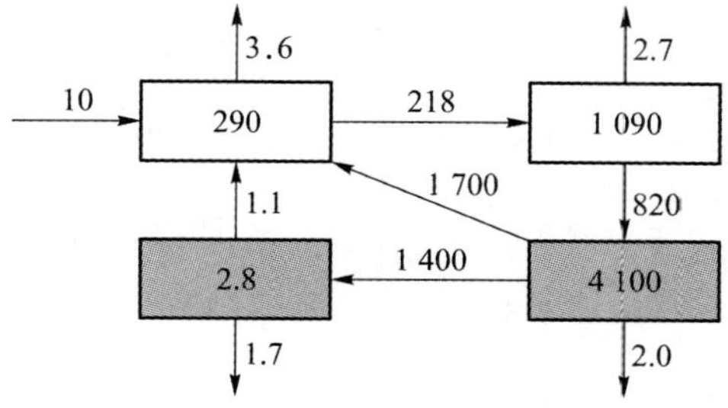

图 13.4 与图 12.6 相同的系统网络,但是用生态埃三极代替能量

根据图 12.4 ~ 图 12.7 和图 13.3 ~ 图 13.5,可计算能量或者生态埃三极存储、能量或者生态埃三极等级,以及能量或者生态埃三极功率。计算结果见

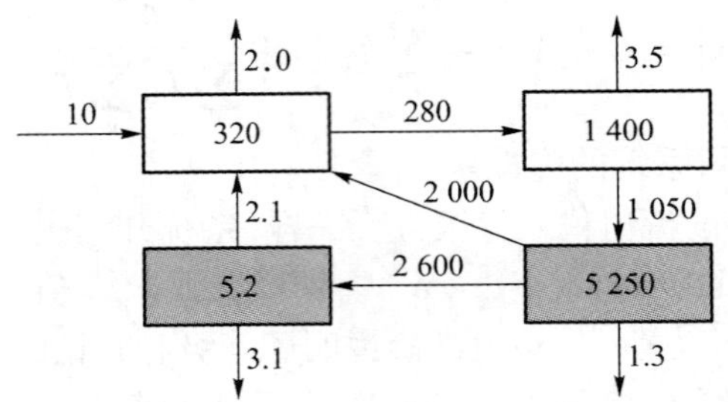

图 13.5 与图 12.7 相同的系统网络,但是用生态埃三极代替能量

表 13.1,详情参考 Jørgensen 和 Ulanowitz(2009)。

不出所料,计算结果说明如果要与生态埃三极存储比较的话,生态埃三极的计算必须以等级为基础。

> 因此,生态埃三极等级应该纳入到生态埃三极存储中,以表达由于系统网络变化而产生的增量。在结构动态模型中,可以将埃三极总和作为目标函数来阐释系统网络变化以及物种结构的变化。

不同变化引起的增长百分比见表 13.2。表中不包括从图 12.4 到图 12.5 的增长,因为其变化仅仅是全部的流、埃三极存储,等级和功率的翻倍。

表 13.1 计算结果

图号	能量或生态埃三极存储	能量或生态埃三极等级[a]	能量或生态埃三极功率
12.4	16.4	34.65	16.4
12.5	32.8	69.29	32.8
12.6	36.4	65.10	36.4
12.7	45.7	86.92	45.8
13.3	4 545	3 553	3 372
13.4	5 483	4 168	4 149
13.5	6 975	4 666	5 942

a. 如果生态埃三极的单位是 kJ/m^2,那么等级和功率的单位应为 $kJ \cdot m^2 \cdot d^{-1}$。

表 13.2　能量或生态埃三极存储、等级和功率的增加

从图到图	存储	等级	功率
12.5—12.6	11.0%	-6.0%	11.0
12.6—12.7	25.5%	33.5%	25.5
13.3—13.4	20.6%	17.3%	23.0%
13.4—13.5	27.2%	12.0%	43.2%
12.5—12.7	39.6%	27.1%	39.6%
13.3—13.5	53.4%	31.3%	76.2%

生态埃三极存储显著增加，超出能量存储的 20.6%，如果额外增加从组分 3 到 1 的传递，则超出 11.0%。这是因为增加的循环被食物链后端的生物所利用，而它们具有更高的 β 值。这一点符合 Jørgensen 和 Fath(2006)提出的系统网络法则(详见第 12.5 节)。通过增加更多的信息，生态埃三极存储增加了 27.2%，因此，从图 13.4 到图 13.5 变化时，呼吸减少。图 12.6 到图 12.7 的变化表明生态埃三极只是略高于能量。更多的能量或者生态埃三极被流用来减少呼吸损耗，这也就解释了系统网络变化(从图 12.6 到图 12.7 和从图 13.4 到图 13.5)引起的功率增加大于(约 76.2%)能量或者生态埃三极存储的原因。

图 12.5 中系统网络的等级(69.29)稍低于图 12.6 中的(65.13)。新出现的从组分 3 到组分 1 的流增加了网络的模糊度。需要注意的是，等级并非简单地与系统总生产量呈正比。如果网络中所有可能的流都实现的话，那么等级为 0，因为任意组分的量子的流向都有最大的模糊度。流的强度并不重要，只要所有的量级都相同，等级就仍然为 0。

等级所蕴含的思想是修正系统总生产能力，以量化系统中流的有序性(确定性)。图 12.5 ~ 图 12.7 中的三个网络具有相同的总输入(即 10)，但是它们的等级是不同的，反映出各自不同的不模糊程度。

现在，回头看图 13.5 和图 13.6，我们注意到图 13.5 中的流的模糊度不高。尤其是组分 3，量子的唯一流向是组分 4(当然也能够以输出的形式离开系统)。相反，在图 13.6 中，组分 3 中的量子可流向组分 4 或组分 1，具有一定程度的不确定性。即便图 13.6 的总流量大于图 13.5，这种模糊性仍会降低等级。

观察每个流是如何产生一个且唯一一个等级方程中的项。特别是图 12.6 中 T_{31} 对等级的贡献：

$$A_{31} = T_{31}\log\left(\frac{T_{31}T_{..}}{T_{3.}T_{1.}}\right) \tag{13.4}$$

或者

$$A_{31} = 3.4\log\left(\frac{3.4 \times 46.4}{8.2 \times 14.5}\right) = 3.4\log(1.327) = 1.388 \quad (13.5)$$

也就是说，T_{31}的贡献等比例地少于其量级对等级的贡献。

T_{34}（$=2.8$）对等级的贡献是7.001。所以，T_{31}和T_{34}贡献的总和是8.389。相较于图12.5中T_{34}的贡献（$=13.27$），图13.6的贡献明显较少。

生态埃三极存储、等级和功率的计算说明：在发生变化时，若该变化不是针对基于能量的等级，当加入额外的联结时，这三者具有相同的变化趋势。当存储和功率增加的时候，由于模糊度的增加，额外净流的出现会导致等级下降。

基于生态埃三极的等级和功率显著高于基于能量的等级。如果采用网络动态模型或者通过阐述生态网络的进化增加，应该可以计算网络变化产生的全部后果，因此，使用生态埃三极等级可能更为有利。使用生态埃三极作为结构动态模型的目标函数，这在23个案例中都获得了较好的结果。然而，这些研究案例都是针对关键物种的性质的变化。不可排除的是，使用生态埃三极和基于生态埃三极的等级的总和作为目标函数，可能可以更加准确地说明网络的主要变化的可能。为了说明生态系统网络的进化，在下文中使用了基于能量和基于生态埃三极的两个等级指标。

13.3 网络包含的信息和水平进化

系统网络不仅能表现出生长方向，而且能呈现巨大的信息量，这对于生态系统功能来说是非常关键的。如第12章所述，网络对生态系统具有若干重要且积极的影响，证明网络中确实包含信息。因此，同时计算生物组分和网络的流的生态埃三极，一个生态网络所包含的信息量的增加与构成网络的各生物组分的信息量增加是一致的，每一个生物组分都是网络中的结点。

进化既是垂直的（即单位生物量（g）的生态埃三极的增加），也是水平的（即物种数量的增加）。从长远来看，我们排除了近两百年来的进化过程中由于人类引起的生物多样性的减少。

> 从38亿年前最早的细胞到现在最为复杂的物种智人（*Homo sapiens*）的垂直进化过程中，用β值表示的单位生物量（g）的生态埃三极从5增长至2 173。详见本书的表4.1、Jørgensen等（2007）和Jørgensen（2008）。

因此，尝试用类似的方式描述水平进化将会很有趣。由于网络中组分的数量增加的不同引起的水平进化会使生态系统网络如何变化呢？并且这种网络变化中蕴含着怎么样的生态埃三极变化呢？

我们无法根据化石记录来了解所有物种,因为只有一小部分物种的残体变成了化石。换个角度来说,化石很可能代表了最具优势的物种。因此,根据我们对这些优势物种及其性质和食物的有限了解,可建立一个表示水平进化的、具有代表性的并较为可信的生态系统网络。由于我们不知道该生态系统网络作为进化结果的具体情况,所以我们在构建可能可行的生态网络时,不得不进行合理可靠的假设。方法是对每个进化阶段做如下计算:

(1) 功率 = 能流总和,

(2) 生态埃三极功率 = 生态埃三极流总和,

(3) 基于能流计算的等级,

(4) 基于生态埃三极流计算的等级。

然后,我们得到一个对于生态网络进化的初步的近似评价。这些计算结果可以直接与垂直进化的结果相比较。这样的话,我们就能够解释生态网络是如何随着越来越多高级物种的出现而变得越来越复杂的。Jørgensen(2008)对 12 个进化阶段的生态系统网络进行了上述计算。对于具体的计算过程,本书不再赘述。但是,这里选择了 4 个具有代表性的阶段,对于其他阶段的情况,鼓励感兴趣的读者查看 Jørgensen(2008)。12 个阶段的计算结果将在下文汇总成为表格。下面 8 张图是关于 4 个具有代表性阶段的,分别以能量和生态埃三极表示的生态系统网络。

为了完全聚焦于网络的变化,我们假定生态网络捕捉到的太阳辐射能总是一样的。目的是说明网络结构的差异,而不是捕捉太阳辐射能的能力差别。图 13.6 和图 13.7 展示了 38 亿年前的网络,当时的原始细胞以碎屑物为食,这些碎屑物很可能是由各种形式的能量包括太阳辐射所产生的。

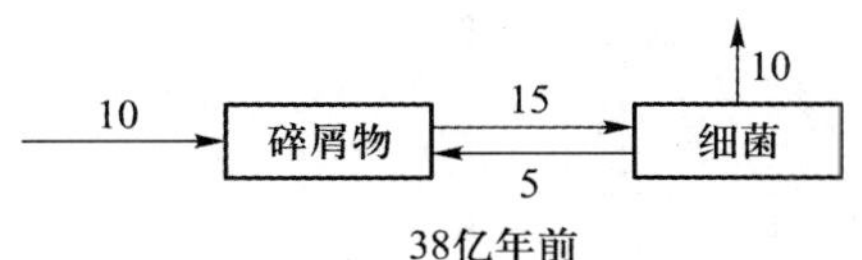

图 13.6 38 亿年前,地球上栖息的生物只有以碎屑物为食的原始细胞

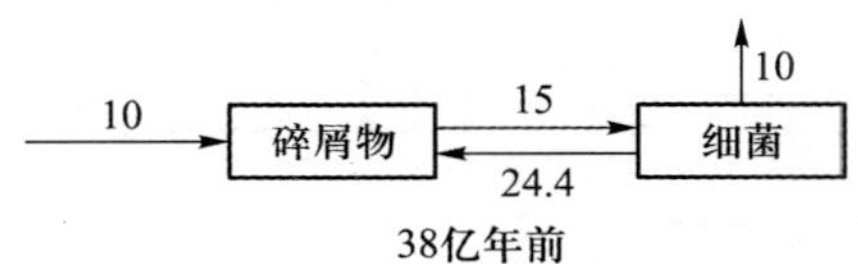

图 13.7 以生态埃三极代替图 13.6 中的能量

图 13.8 和图 13.9 展示了 15 亿年前可能存在的系统网络。在这一阶段,出

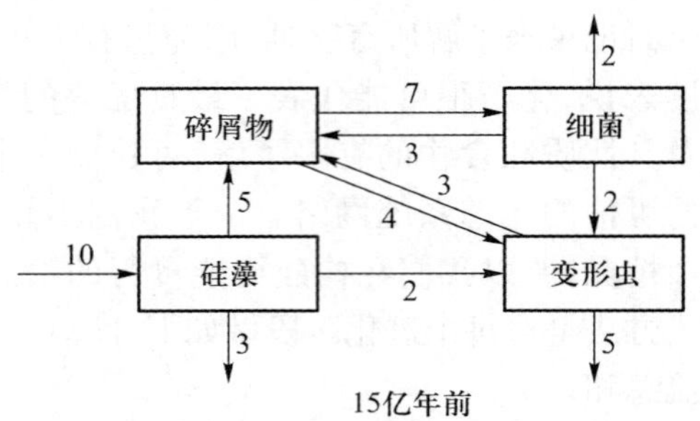

图 13.8　蓝细菌出现于 23 亿年前,在 15 亿年前被硅藻替代。硅藻是能够进行光合作用的真核细胞生物。该阶段还出现了变形虫。因此,如图所示,此时的生态网络由四个相互作用的组分构成

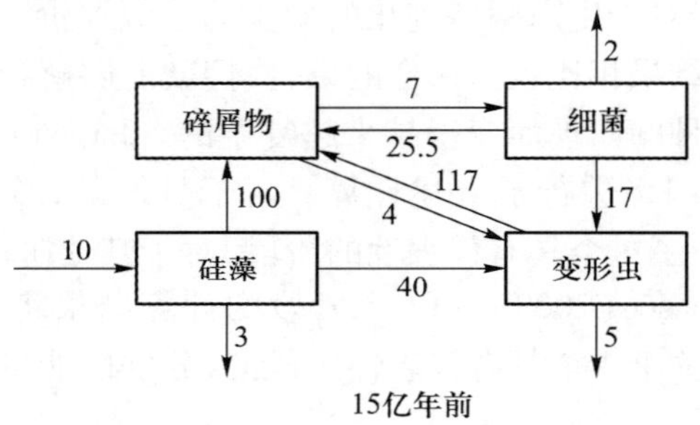

图 13.9　以生态埃三极替代图 13.8 中的能量

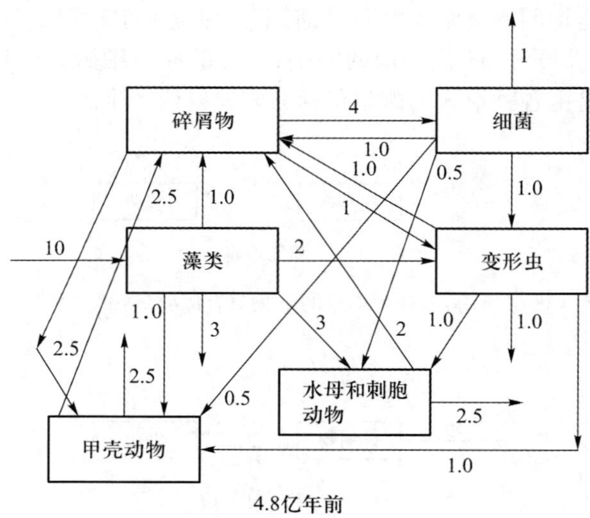

图 13.10　寒武纪大爆发后出现了许多甲壳类动物

现了能够进行光合作用的硅藻,还有变形虫。图 13.10 和图 13.11 表示了 4.8

亿年前(即寒武纪大爆发后的4 500万年)可能存在的网络。当时地球上出现了许多新物种。

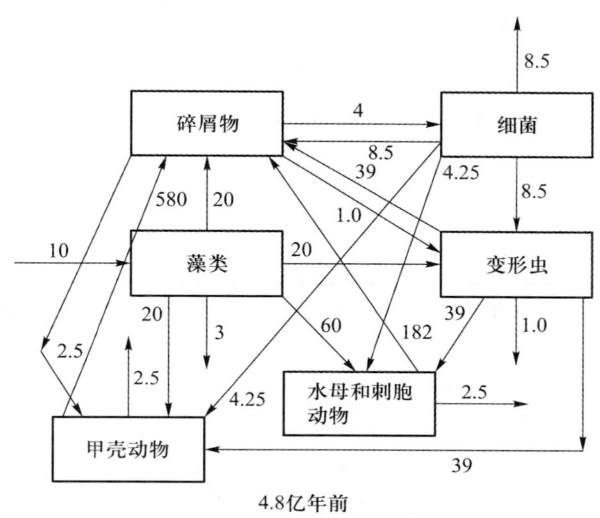

图13.11　以生态埃三极替代图13.10中的能量。甲壳动物的β-值显著高于其他生物,与前面的图相比,生态埃三极流显著增加

最后两张图,图13.12和图13.13,表示3 500万年前可能出现的网络。这一时期,由于6 500万年前小行星撞击地球而导致恐龙灭绝。地球上开始出现哺乳动物。这两幅图和图13.6、图13.7一样,仅显示了网络中的主要流。

Jørgensen(2008)对网络中能量功率、生态埃三极功率、基于能量的等级和基于生态埃三极的等级的计算结果汇总在表13.3中。图13.6~图13.13仅显示了8个网络的情况,其中4个以能量表示,另外4个以生态埃三极表示。

表13.3　网络的进化

$\times 10^6$ 年前	能量功率	生态埃三极功率	能量等级	生态埃三极等级
3 800	40.0	59.4	48.7	52.7
3 200	40.0	77.5	48.7	57.7
2 300	40.0	115	60.0	96.7
1 500	46.0	331	62.2	161.5
750	46.0	631	65.4	495
525	44.0	699	65.1	519

续表

×10^6 年前	能量功率	生态埃三极功率	能量等级	生态埃三极等级
480	45.0	1 052	62.9	675
450	47.5	1 911	69.3	1 555
330	52.5	3 409	86.0	3 510
150	44.1	6 361	86.2	7 606
100	46.1	7 995	97.6	12 174
35	48.1	17 883	102	20 845

注:本章节主要描述了 38 亿年、15 亿年、4.8 亿年和 3 500 万年前的网络。其他网络的信息可参见 Jørgensen(2008)。

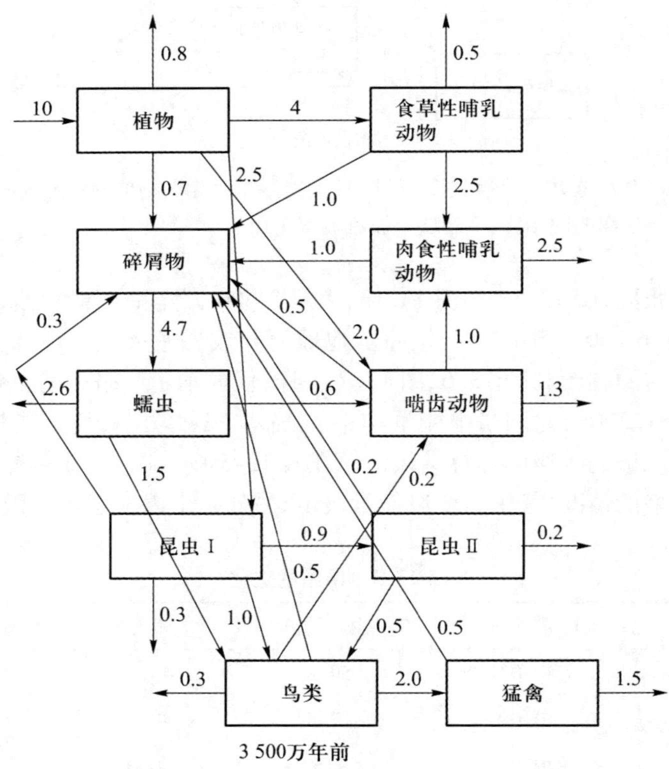

图 13.12　图中的生态系统网络包含三种哺乳动物:草食性哺乳动物、肉食性哺乳动物和啮齿动物。此时的生态系统网络可能并不比 1 亿年前恐龙称霸地球时期的网络更复杂。从恐龙到哺乳动物是一个很大幅度的垂直进化,这一点从 β 值变化就可以看出。哺乳动物的 β 值比恐龙的两倍还多。从哺乳动物进化到人类的网络变化也与此类似

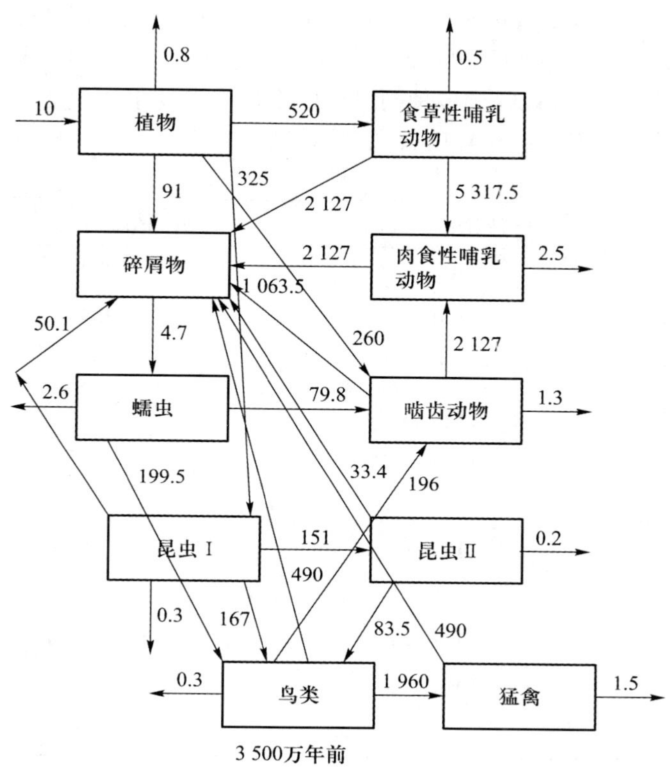

图 13.13 以生态埃三极替代图 13.12 中的能量。哺乳动物的高 β 值说明生态埃三极流和基于生态埃三极的等级显著高于能量流和基于能量的等级，或者可以说，从 15 亿年前至 3 500 万年前发生了很大幅度的垂直进化。3 500 万年以来，从普通哺乳动物到人类的进化很可能也与之类似

从原始细胞到哺乳动物的进化过程中，基于能量的等级增加了近一倍。因此，我们或许可以下结论说，进化具有网络组织（用等级表示）略微增加和量子传递不确定性相应减少的趋势。能量功率基本不增加或者增加得很少。生态埃三极功率和等级则增加了 300 ~ 400 倍——各组分的生态埃三极的增加可以解释这一点，见表 13.3。同时，单位生物量（g）的生态埃三极从 91 kJ/g 增至 39 775 kJ/g，大约增加了 437 倍。因此，如第 10 章中所述，生物多样性的增加不会增加生态埃三极等级，尽管看起来这完全是这么回事。这些结果与第 7 章所述的结果相吻合。

然而，网络复杂性增加后，同样的能量（假定为 10 个单位）能够支持越来越多的生物量和生态埃三极，因为，网络复杂性的增加意味着能够通过循环而更加合理地利用物质、能量和生态埃三极。表 13.4 列出了网络得以维持需要的

生物量(单位为 kJ,1 g 有机质含有 18.7 kJ 的能量),前提是该网络是供体型网络,即向其他组分输出的能量总和占其能量总量的 20%。图 12.3 中的条件与此相同。相类似的,可以得到各种网络得以维持需要的生态埃三极。各种组分含有的能量乘以 β 值(见表 4.1),计算结果见表 13.4。

表 13.4　网络的进化

$\times 10^6$ 年前	维持网络的生物量	维持网络的生态埃三极
3 800	100	220
3 200	100	288
2 300	100	763
1 500	130	2 045
750	120	3 050
525	120	3 092
480	125	5 218
330	135	16 412
150	121	38 430
100	137	44 090
35	155	84 737

结果显示由于 3 500 万年前的网络可更加有效地利用接收到的能量,使之能够维持的生物量比 38 亿年前多出 55%。网络的生态埃三极和单位生物量的生态埃三极增加了约 400 倍,但是,构成网络的不同有机体具有不同的单位生物量生态埃三极。

换句话说,网络的发育为整个网络提供了信息量的增加,这是基于对生态埃三极的应用,对于最高级的有机体也是如此。网络的发育使得整个生态系统的生态埃三极含量或者容量的增加与最高级的有机体(即具有最高生态埃三极的有机体)一样,约 400 倍,这也意味着这类生物具有最高的 β 值。

13.4　生命就是信息

一般来讲,生态系统发育是关于生态系统与外界之间,以及生态系统内部各组分之间的能量、物质和信息流的问题。如果没有物质和信息的流动,能量是不能在生态系统和生物系统中传递的，同样，在没有能量和信息流动的情况下，物质也是不能转移的。信息水平越高，生态系统用于进一步远离热力学平衡所需的物质和能量就越高（详见第 7 章）。通常用物质和能量的关系即可完全表述一个物理系统，相较之下，在复杂的自组织系统如生态系统中，这三个因素是紧密联系、密不可分的。因此，生命既是物质的，又是非物质的现象。生命的自组织作用必然需要信息的交换才能实现。在生物的三大特性物质、能量和信息中，是信息对生命进行了定义。实际上，有过关于生命不存而信息是否继续存在的争论（Eigen，1992）。我们之所以能对生态系统的物质和能流进行测定和模拟，是因为这是我们能做的，但是生命确实就是信息（Jørgensen，2008）！

在生态系统发育过程中，信息量是增加的，这是因为生态系统综合包含了所有作用于环境的信息和信号。因此，系统的发育具有遗传信息的背景，使得环境与信息的交互作用得以发生。这其中包含了有机体及其环境之间的反馈作用的重要性。有机体只能在不断发展的环境中进化，同时，有机体对环境也有一定的调节作用。

本书第 1 章中就阐述了物质和能量守恒定律对于纯能量和物质持续发展的限制作用，然而，信息的增长或许不受此约束。对于物质的限制作用体现在限制因子：相对于生物的生长需要，数量最少的那个元素耗竭时，生长就会停止，详见第 2 章。在发达的生态系统（比如古老的森林）中，经常出现限制元素是活体生物中的有机化合物，该生态系统的非生物组分中，无机物质含量较少，甚至没有。输入到生态系统的能量取决于太阳辐射。大多数生态系统能够捕获 75% ~80% 的太阳辐射能，这是受热力学第二定律约束的最大限度。一个人的信息含量的生态埃三极能够用第 4 章、第 6 章和第 7 章中的方程计算，约为 40 MJ/g。

若一个人体重为 80 kg，其中有 8 kg 左右为蛋白质。让我们随机假定最多只有 0.06% 蛋白质是控制生命过程的酶。那么 1 g 生物量将含有 100 mg 蛋白质或者 0.06 mg 控制生命过程的酶。这大概可以代表最大信息量。如果我们假定构成酶的氨基酸的平均分子量为 200，那么氨基酸分子数量等于 60 μg 除以 200，然后乘以阿佛伽德罗数：$3\times10^{-7}\times6.2\times10^{23}\approx2\times10^{7}$。相应的 β 值可由方程（4.34）计算：

$$\beta = 4.00\times10^{-6}\times \text{AMS}(\text{AMS} = \text{正确顺序下氨基酸的数量}) = 8\times10^{11}$$

假定 1 g 有机质含有 18.7 kJ 自由能，即生态埃三极，那么 1 g 生物量含有的生态埃三极等于 $8\times10^{11}\times18.7=1.5\times10^{13}$ kJ。换句话说，单位体重的生态埃三极相应为 1.5×10^{13} kJ/g。

这些计算结果当然要回到发育的计算上面来，并且不能表示有机体在将来含有的信息量，不过它看起来可能会包含：

与物质和能量的发展相反,信息量的发展远远小于其限值。见图 13.14。

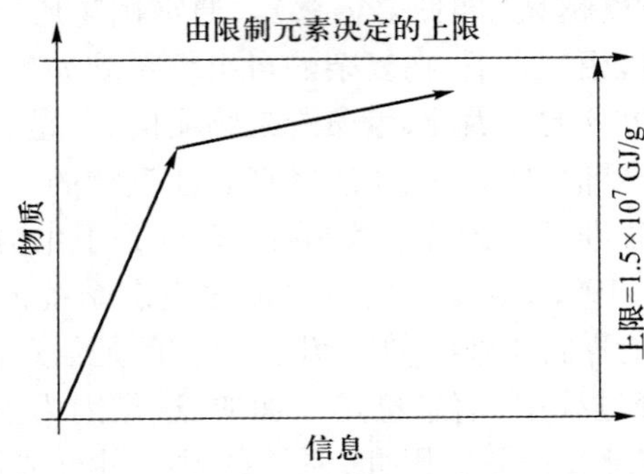

图 13.14 生物量的生长受到限制元素或者系统接收的太阳辐射的限制,而活体生物中信息量则远远小于其限值

信息的某些性质与物质和能量完全不同。对于生态系统研究来说,理解这些差异是非常重要的。信息的性质可以归结为:

(1) 信息不会像物质和能量那样消失得无影无踪。活的青蛙体内含有的巨大信息量,在死后的极短时间内仍然以正确的氨基酸序列存在,但是已经没有用了,几天之后,有机聚合物分子才会分解。

能够利用信息是生命的特征。生命过程都是以信息表达的。

(2) 用生态埃三极来表示信息,意味着以能量单位来表示的信息是不守恒的。该性质中包含了第一条性质。此外,应该强调的是活的系统能够通过复制已有的成功信息来翻倍扩增信息,也就是说信息能够存活并被利用。信息通过链式反应扩增,能够为有机体提供生物化学反应模式,确保其在物理化学因素决定的环境以及有其他生物存在的生态系统中存活。有机体的生长和繁殖过程伴随着基因组信息的复制。生长和繁殖需要食物的摄入,在考虑进化耗费的能量时应该包括食物所包含的能量。这样的话,信息复制过程所耗费的将不只是 18.7 kJ /g,而是超过了有机质的能量。

(3) 信息的消失和复制,是生命系统的特征过程,是不可逆的。复制过程是不能倒退的,且生与死都是不可逆的过程。尽管信息能用以能量单位表示的生态埃三极来表示,但是不能从分子水平或者基因组的信息中重新获得化学能。只有麦克斯韦妖(Maxwell Demon)假想实验才可能挑出这样的分子,这显然违背了热力学第二定律。信息的作用与麦克斯韦妖的问题直接相关(Tiezzi,2006)。Brillouin(1962)的研究显示麦克斯韦妖需要分子的信息,并且维持信息所需的能量大于所获得的能量,也就意味着麦克斯韦妖是不可能存在的。然而,对于热力学第二定律的挑战是确实存在的(Capek 和 Sheehan, 2005),利用较低的能量成本完成信息复制就是其一。物质可以通过核反应过程转化成能量,爱因斯坦将其描述为 $E=mc^2$,但是能量转化成物质这一过程在地球上是不可能自然发生的,因为这意味着要同时形成物质和反物质,不过这一过程在宇宙形成早期是非常普遍的。能量能够转化成信息,宏观信息也能转化成能量,见图 13.15。但是如前文所述,分子水平的信息需要麦克斯韦妖。图 13.16 表示了物质、能量和信息之间转化的不可逆性。

物质转化成能量或者信息是非常容易发生的过程,然而,信息转化成能量或者能量转化成物质则不是在任何情况下都可以进行的。

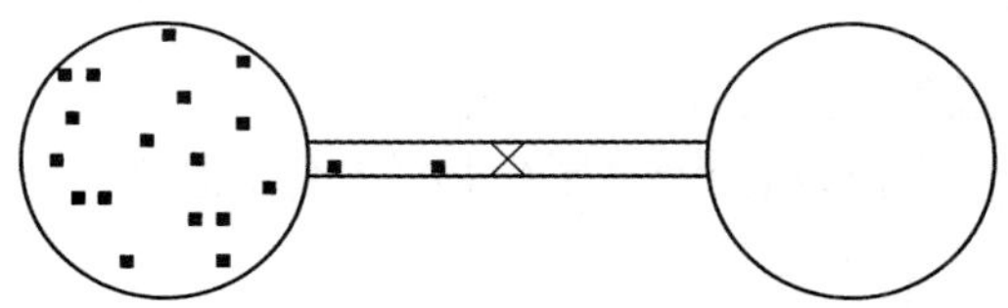

图 13.15 左侧箱体中含有 1 mol 纯理想气体,右侧箱体是空的。如果打开阀门,系统将会损失生态埃三极(或者说技术埃三极) = $RT \ln 2$,我们能够通过在阀门安装推进器而利用该能量。系统的熵同时增加 $R \ln 2$。此时,宏观信息可转换成生态埃三极

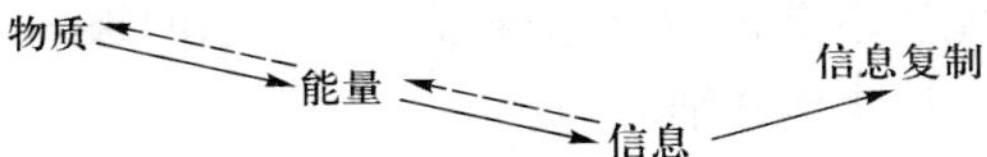

图 13.16 物质能够转化成能量,而能量能够转化成可以较低成本复制的信息。信息转化成能量则该信息必须为宏观信息,而能量转化成物质则意味着同时形成物质和反物质。虚线箭头表示该转化过程仅在某些特定条件下才可能发生

(4) 信息交换即为通信,它带来了生命的自组织特性。生物是一个巨大的包含各个层次的通信体系。信息交换可以在没有物质和能量参与的情况下进行,然而,信息存储需要把信息与物质结合起来,例如,基因组中储存的遗传信息,及其被转换成的氨基酸序列。

本章小结

(1) 生态系统中的个体和其生态网络都包含着海量信息。

(2) 网络的信息可以用等级表示,具体定义见图 13.1。采用以等级计算为

基础的生态埃三极流有利于衡量基因组信息和网络信息的一致性。

(3) 从 38 亿年前最早的细胞到现在最为复杂的物种,智人,在此垂直进化过程中,单位生物量(g)的生态埃三极的增加用 β 值表示,从 5 增长至 2 173。

(4) 生物多样性增加属于水平进化,意味着形成越来越复杂且越来越有效的网络。

(5) 网络的发展使得整个网络的生态埃三极含量或者容量增加约 400 倍,与最发达的有机体(即具有最高生态埃三极的有机体,意味着具有最高的 β 值)一样。

(6) 信息:

a. 远未达到极限

b. 体现在所有生命过程中,生命就是信息

c. 是不守恒的

d. 复制和删除过程是不可逆的

e. 通过通信进行交换,从而产生了生物的自组织特性

练习题/思考题

(1) 请解释网络的不确定性和连通性之间的关系。

(2) 分别用能量和生态埃三极按步骤计算图 12.7 中网络的等级。

(3) 基因中体现的信息远没有达到限值。生态网络中体现的信息是接近还是远离其限值呢? 请作出详细的阐述。

(4) 请通过社会案例来说明信息的特性,尤其是本章小结(6)中的 c、d 和 e 三个性质。

(5) 阐述宏观信息和微观信息(分子)的区别。并解释为什么微观信息不能转化成自由能而宏观信息可以。

(6) 分别列举宏观信息和微观信息的具体实例。

第 14 章　生态系统显示了整体性系统特征

系统不止是组分之和。

> 生态系统的特征不能仅用组分来解释。生态系统远超过组分之和。它们有独特的整体性特征，这些特征可解释它们的增长和发育如何既遵循地球上的热力学定律和生物化学规则，也遵循 ELT。第 8 ~ 13 章中已列出生态系统特征。这些特征是生态系统发育时高度有效利用三种生长模式（生物量、信息和网络的增长）的根源。采用系统整体论方法时要将这些特征考虑在内。

14.1　引言

人体由许多化合物组成：脂质、蛋白质和钙化物等。这些化合物的全部价值可能最多值 100 美元，所以说，一个人（或其他动物）之所以成为一个独特的生物个体或我们所说的系统，并非因为这些化合物的价值，而是在庞大的组织能力上，这些化合物在各种协同网络中的相互合作，才使得一个人能够协调和指导他的动作、产生新的想法、能解决问题、能说、能看、能读、能写以及能表达感情。一个人远远超过各种化合物的组合。他是一个自组织系统，有着许多令人惊奇的优越性能。

生态系统的运作和个体系统很相似，也具有令人惊奇的优越性能，这在其他 13 章中已有所阐述。生态系统遵循整个大自然的热力学定律，也遵守生物化学规则，这是早期生命选择的结果，也是早期的原核生物和之后的真核细胞所具有的特征。所有系统都遵循热力学第二定律，意味着它们通过消耗自由能来维持一个系统或多或少地偏离热力学平衡；但是如果自由能的流动能够满足维持系统所需，系统当然可以保持偏离热力学平衡。如果自由能流动远远超过维持系统所需的，那就可以使系统更加远离热力学平衡。生态系统的一个特征就是具有巨大的自由能流入，这些能量来自一个长期稳定的来源——太阳。进一步研究表明，如果自由能流动超过维持系统所需，系统中将不可避免地开始物质循环（Morowitz，1968）。正如在第 6 章和第 7 章所讨论的，生命有各种各样的可能性来远离热力学平衡。达尔文理论指出，在这许多可能性中，导致组分有最大生存机会的那个可能性将胜出，转化为热力学语言，即：使系统远离热力学平衡的那个“方案”将得以胜出。达尔文的理论聚焦于物种，第7章中的ELT则是在一个生态系统中将达尔文理论用于所有物种，并将其整合后产生的结果，这种方式是可行的，因为物种在网络和一个组织完善的等级系统中是相互合作、相互关联的。根据生态埃三极的定义，偏离热力学平衡的距离由生态埃三极所决定，正如我们在第6章和第7章所述，ELT（生态热力学定律）或称为热力学第四定律，如下所述：

> 生态热力学定律（ELT）：一个接受埃三极（高质能量、自由能、用于做功的能量）通流的系统，将尽量利用自由能来远离热力学平衡，如果有更多的组分和过程利用埃三极流的话，这个系统将选择可导致系统埃三极储存最大化（即 dEx/dt 的最大化）的那个组合。

生态系统远离热力学平衡的能力一直在发展，贯穿了整个进化过程。结果就是，如今的生态系统具有独特的特征，能够极其巧妙地利用自由能输入。包含越来越多信息的组分得以发展，这不仅意味着这些组分含有更多生态埃三极（信息也有生态埃三极），并且这些信息指导组分如何能更好地利用自由能流以使系统更加远离热力学平衡。

第8～13章已经表明：

> 生态系统具有独特的和非常优越的特性，这使得它们可以利用来自太阳辐射的自由能以远离热力学平衡。在进化过程中，“自然之母”也给了生态系统越来越好的特性，使它们能获得越来越多的生态埃三极，离热力学平衡越来越远。这个过程已经持续了很长时间，这意味着“时间之父”也扮演了一个非常重要的角色。生态系统具有三种远离热力学平衡的生长模式：生物量增长、信息量增加和生态网络增强，这在前文已经阐述。

第8～13章提出了生态系统确保能利用三个生长模式的整体性特征。自由能流动是具有三个生长模式的先决条件，生态系统当然不是孤立的，否则它们不能接收自由能流动。生态系统的开放性解释了生态系统能维持一个非常复杂的远离热力学平衡的结构。没有自由能的流入，生态系统不可能有第一种生长模式，即通过光合作用利用太阳能，将生物量增加到最大限制因子被耗竭的水平上。生态系统的开放性还意味着生态系统能接受新信息——新的增长可能性，如通过迁入。然而，等级结构对生态系统通过更好地利用输入的太阳辐射自由能来远离热力学平衡也是非常重要的。生态系统是一个分层组织，在不同组织层次上，开放性和自由能输入相互协调，形成该水平上的动态（见第8章和第9章）。同样，包含在各个组织层次中的信息符合该组织层次上的功能。

例如，细胞利用基于遗传信息形成的酶来指导生命过程。顺应这些过程的方向，对最佳步骤和最有效率的酶的选择一直延续至今。另一方面，物种具有重要的宏观特性，使它们能存活甚至获得更多生态埃三极，它们的特征也通过选择而得到稳步提升。

信息内容非常关键，因此一个生态系统可以通过增加信息来远离热力学平衡，这是三种生长模式之一，不过，相对生物量的增长，信息几乎能持续无限地增长，而生物量的增长受到一种或多种所需元素的限制。如第 10 章所述，生态系统在其所有生态等级水平上都有很丰富的多样性。高度的多样性进而又带来更多优势，当生态系统面对不曾经历的新的干扰时，多样性有助于形成解决方案，见第 10 章。信息还意味着拥有自组织性的生态系统能确保它们抵抗干扰，并在干扰后自行恢复，具体讨论见第 11 章。

生态网络的形成对生态系统非常重要，它们对自由能流的利用详见第 12 章。通过生态网络所包含的信息和生态系统对自由能的高效利用，生态网络的发展为生态系统获得生态埃三极并远离热力学平衡提供了可能。信息包含在各个生态组织层次中，在生态网络的各个单元中，最终使系统具有三种生长模式，具有以下特征：开放性、组织层次、高多样性、高缓冲能力和相当完善的网络特性等，所有这些使远离热力学平衡成为可能。简言之，我们称之为“生命就是信息”。

第 8 ~ 13 章列出的特征可以解释生态系统为什么及如何遵循 ELT。如果我们想理解生态系统如何工作，以及如何能在遵守热力学定律和地球上的生物化学规律的同时远离热力学平衡，了解这些整体特性就非常重要。由于生态系统的自组织能力、复杂性、持续不可逆的进化和海量信息，生态系统是宇宙中最独特的系统（参见 Odum，1989，1996）。系统生态学是一门关于这些独特系统的科学，研究它们的整体特征以及自然法则施加到这些系统的条件。

在下一节中，除了解释使生态系统在自然条件下遵循 ELT 的特征，我们还将提出一个观察者所能注意到的几个生态系统整体特征。原则上我们能参考任何生态学教科书来列出这些特征，但我们更倾向于应用生态系统生态学的观察结果。

例 14.1

丹麦小镇卡伦堡的工业形成一个网络，由此形成一个工业系统，见下图。这个工业网络有三个特征与生态系统特征相符合，另有三个特征与生态系统特征不符合。在这种情况下，应该建议在网络中建立农业生态系统。七八十年前，综合农业就已经风靡发达国家，与图示的工业系统相类似，同样也具有类似的优势和劣势。

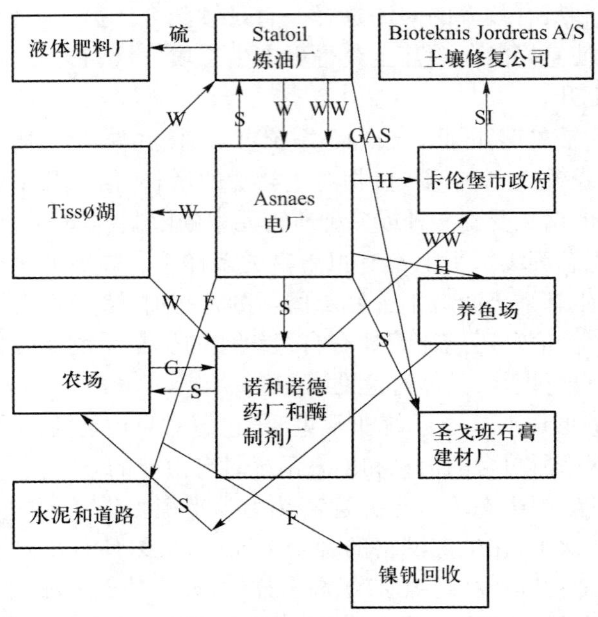

图为丹麦小镇卡伦堡的工业网络。连线为物质流动，注意流动类型的缩写标识

解

与生态系统相似的特征：

(1) 网络中的协作意味着资源利用效率的增加。一些组分利用其他组分的废物作为原材料；

(2) 协作和互利共生（特别在经济方面）越来越多地利用于网络内的合作；

(3) 工业系统与简单组合而不构成网络的组分相比，具有更多结构、更好的经济和更多信息。工业系统内的组分通过网络内的协作远离热力学平衡。

与生态系统不相似的特征：

(1) 任何循环都是不完整的；

(2) 没有完全的分层组织；

(3) 多样性远低于生态系统。

14.2　生态系统的附加属性

Nielsen(2007)、Nielsen 和 Mueller(2009)通过观察，已经列出和讨论了生态

系统的几个属性,他们将其用于工业生态学和生态系统服务方面的演讲。他们列出的生态系统整体性特征如下:

(1) 复杂性——组分及相互间的关联
(2) 进化——适应和选择
(3) 划分 ——定量分析和定性分析
(4) 流和过程——定量分析和定性分析
(5) 控制论、反馈和控制——定量分析和定性分析
(6) 循环——周期、循环和回收
(7) 网络特性——协作和效用
(8) 组织
(9) 多样性
(10) 开放性和耗散

下面就第 8 ~ 13 章列出的基本特性给出几点评论和参考。

(1) 复杂性。当然这是由所有生态组织层次的信息内容和多样性所引起。生态系统的复杂性取决于远离热力学平衡的开放性。在第 9 章中明确指出,生态系统有巨大的复杂性,这不仅因为各个组织层次存在多种多样的组分,还因为所有生态系统都有不断运行的流动和过程。由于有这些流动和过程,且是时间的函数,所以生态系统是动态的系统,同样,各个组织层次的组分也是时间的函数。像生态系统这样的生命系统远比物理系统复杂得多。

(2) 进化。这是 ELT 的结果,生态系统的组分都尽可能地远离热力学平衡。由强制函数决定的优势条件随着时间和空间有所不同,且持续不断地发生变化。同时,生态系统在各个组织层次上产生新的可能性来适应现状。在物种水平上,因为突变、有性重组以及基因在生物间的普遍转移等产生的新可能性尤为重要。生态系统在各个组织层次上发生纵向和横向进化,这意味着基因中的信息增加了,网络的复杂性和有效性提高了。

(3) 划分。对组织层次的描述需要在每一个组织层次上进行不同单元的划分,需要给出明确的定义和范围。各个学科都介绍了划分方式,我们在这里所用到的划分包括:基本粒子、原子、分子、细胞、组织、物种、种群、群落、生态系统、景观、区域和生态圈(星球中存在生命的部分)。

(4) 流和过程。流和过程是网络内组分间的运输。在生态模型里,越是要定量描述生态系统,显然就越需要用数学公式来表达各种流和过程。要强调的是,生态网络不仅包含相互连接的组分,还包括了有因果关系的流和过程,在构建生态模型时,这些流和过程就是我们想要把握的内容。

(5) 控制论、反馈和控制。生态系统有很强的自组织和自我调节。一个生

态系统中，所有过程都受到酶的直接或间接的调节。酶的浓度以及 pH 、温度等条件又受到过程的高度调节。这是因为广泛可能性的存在，各个组织层次的组分范围较广，有不断的选择，以及对现状条件的巨大适应能力。

（6）循环。生态系统内有物质、有具有生物学重要意义的元素、能量和信息等各种循环，这是由网络直接引起的。循环对生态系统非常重要，如果元素不能通过循环归还或恢复，当最大限制因子耗竭时，各种增长就停止了。能量循环非常重要，因为它使高效利用自由能成为可能，这在第 12 章中已有所介绍。信息循环也很重要，因为若没有信息循环，生态系统各个角落信息的传播就不可能，这个循环由网络来完成，不需要或几乎不需要什么代价。若没有循环，也不会发生演化，因为如前所述，增长将会停止，而增长是演化的前提。

（7）网络特性已在第 12 章详细介绍。它们对生态系统遵循和利用 ELT 的能力至关重要。通过第 12 章，我们也理解了网络增长作为生态系统的三种重要生长模式之一，对生态系统及其进化非常重要。

（8）组织。第 9 章介绍了组织层次，本章给出了更多细节，显然，组织层次对生态系统非常有利，不仅因为不同层次的开放性在各个水平上都产生了准确的动态，还因为外界干扰会受到非常有效的化解。再者，不同层次的多样性与形态、过程、动态和层次组分是相适应的。

（9）多样性。强制函数随时间和空间发生很大变化，这对生态系统非常有利，在面对这种多变性的挑战时，利用尽可能多的解决方法来尽可能远离热力学平衡。第 10 章详细介绍过，系统在面临各种可能的挑战和干扰时迫切需要各个组织层次的多样性。在 PET（在平均温度和湿度下，土壤蒸发和植物蒸腾的水量，PET 表示输入到生态系统的能量）和物种多样性间似乎存在相关性。PET 越高，意味着生态系统能维持的种群越大，因此，灭绝的可能性被降低。将环境维持在有利于高 PET 的状况下，就可以使生态系统维持很高的生态埃三极。

（10）开放性和耗散。因为自由能的耗散，生态系统必须是开放的，或至少是非隔离的。生态系统的高度复杂性使生态系统本体对外开放，我们对物理系统能做些预测，对生态系统就无法预测。不过，我们可以通过研究强制函数的变化对生态系统的影响，对生态系统的变化进行概率和倾向上的判断，这正是本书的主要目的。

本章小结

（1）生态系统不能看作是分子、细胞或物种的组合，而是一个具有独特整体性、自组织和自我调节能力的系统,这使得生态系统在遵循热力学定律和地球上的生物化学规律的同时遵循 ELT。

(2) 生态系统的整体性特征使其能通过利用三种生长模式尽可能远离热力学平衡,这三种生长模式包括生物量增长、信息增加和网络增强。

(3) 生态系统整体性特征源于信息:生命就是信息。

(4) 生态系统特征对理解生态系统的反应和过程非常重要:

a. 复杂性——组分及相互间的关联

b. 进化——适应和选择

c. 划分——定量分析和定性分析

d. 流动和过程——定量分析和定性分析

e. 控制论、反馈和控制——定量分析和定性分析

f. 循环——周期、循环和回收

g. 网络特性——协作和效用

h. 组织

i. 多样性

j. 开放性和耗散

练习题/思考题

(1) 除了生态系统外,给出三个显示整体性系统特征的其他系统例子。

(2) 一个城镇是一个系统,简短阐述在城镇和生态系统之间的异同点。

(3) 举出生态系统的至少三个特征,并且它们在人为建造的所有系统(如城镇、社区或国家)中是不存在的。

第 15 章　系统生态学在生态学分支学科和环境管理中的应用

没有行动的愿景只是一场梦;
没有愿景的行动只是浪费时间;
被付诸行动的愿景改变世界。

——纳尔逊·曼德拉

系统生态学被广泛地应用于环境管理中,尤其还被应用于生态学分支学科,它是对环境进行生态性、整体性和综合性管理的基础,包括生态建模、生态工程和利用生态指标进行生态系统健康或完整性评估。本章将介绍系统生态学的这些重要应用。

15.1　综合性生态和环境管理应该基于深厚的系统生态学知识

综合性生态和环境管理意味着从整体角度来审视环境问题,把生态系统看作一个统一体,综合考虑被提出的解决方案的所有可能的组合。近 40 年的环境管理经验已经清晰地表明,从系统角度综合考虑生态系统所有相关问题比仅考虑解决单个问题更重要,同时要综合考虑和评价相关学科给出的所有解决可能性,或者说,避免一叶障目。经验也已明确强调了综合管理的长期性,没有一蹴而就的便捷方法。值得庆幸的是现在有一些新的生态学分支学科,它们为综合性生态和环境管理提供了工具箱。当然这些工具的应用和环境管理通常基于对相应生态系统的知识,这意味着需要系统生态学提供坚实的知识基础。

综合性生态和环境管理包括以下 7 个部分(见 Jørgensen 和 Nielsen,出版中):

(1) 明确问题
(2) 确定所涉及的生态系统
(3) 找出并量化问题的所有来源
(4) 通过诊断来理解问题和来源间的相关性
(5) 确立解决问题所需的全部工具

(6) 实施选定的解决方案
(7) 跟踪恢复过程

当一个环境问题被发现时,必须去确定和量化这个问题及其所有来源。这里需要运用到各种分析方法或进行一项监测程序。要想解决问题,必须要进行清晰的诊断:生态系统面临的问题到底是什么?问题来源与数量间的关系是什么?或者换另一种说法,通过排除各种问题来源可以将问题解决到什么程度?因为生态系统的问题和相应的生态变化通常非常复杂,尤其是当几个环境问题相互关联时,更是如此,因此在大多数案例中都需要一个综合的整体方案。因此,这一步需要系统生态学的参与。当第一次绿色革命在20世纪60年代中期发起时,缺乏解决问题的工具,这些问题即便在今天的一个环境管理项目中也是非常明显的。与此同时,系统生态学开始发展。在40年前我们能执行上述七个步骤的前三项,但由于基础薄弱,我们只能止步于第四项,而且在那时只能建议通过可行的环境技术去完全或接近完全地消除问题来源。当然,在过去的45年期间,环境技术方法得到了更新和改善。

随着近40年一些生态学新兴分支学科的发展,现在已经可以去完成上述七个步骤的后四项。

为了开展更好的诊断,应用了生态模型、生态指标和生态服务。

更多解决问题的工具包括生态工程(也称为生态技术)、清洁生产和环境立法。同时,随着六个新兴分支学科的出现,系统生态学也取得了很多进展。根据系统生态学需要,下面会对这些分支学科的发展及应用进行简短介绍。

20世纪70年代早期,生态模型作为一项环境管理工具,得到了大规模应用。这缘起于对"降低对生态系统的影响和可观察的生态改善之间的关系如何?"这一问题的解答。答案可用于选择社会所需并且高效经济的减排方案。其实在20世纪20年代 ,Steeter - Phelps 和 Lotka - Volterra 就已经开始发展生态模型(见 Jørgensen 和 Fath,2011),但直到70年代,生态模型才得到广泛应用,出现了许多关于不同生态系统和不同污染问题的生态模型。今天,我们尤其需要用少数几个模型来综合生态系统和环境问题。《生态模型》(*Ecological Modelling*)期刊诞生于1975年,当初是一份320页、约有20篇论文的年刊。如今,这本期刊每年出版的论文是以前的20倍之多。这意味着生态模型已经成为生态-环境管理中的一个非常有用的工具,尤其是已经完全覆盖上述综合生态和环境管理步骤中的后四项。生态模型的确是有力的管理工具,但并不容易建立。在大多数案例中都需要好的数据,主要是资源和提供资源耗费时间的数据。当然也需要对系统有很好的了解,即系统生态学知识。在过去的35~40年间,生态模型应用了系统生态学的相关内容，而其本身也被用作研究工具，以获得更多关于生态系统及其过程和反应的知识。

大约20年前，另一个生态学分支学科用于执行综合生态和环境管理步骤中的第四项，称为生态指标（见 Costanza 等，1992）。人们可以从更详细或还原论的角度到系统和整体的角度来对生态指标进行分类（见 Jørgensen，2002）。例如，还原论指标可以是一个导致污染的化合物或某个具体物种。一个整体指标可以是一个热力学变量或生物多样性。指标可以是可测量的，或者也可以利用模型来确定。在后一种情况下，应用指标来替代模型肯定会花费一些时间，但模型会聚焦于一个或多个特定的状态变量，即更好描述问题的选择指标。此外，指标通常与非常明确和具体的生态系统健康问题相关，当然，这些指标有利于环境管理。另外，生态指标的选择，尤其整体指标的选择，需要深入了解生态系统。

在最近的10~15年间，生态系统为社会所提供的服务开始受到关注，人们已经开始估算这些服务的经济价值（Costanza 等，1997）。环境问题的确导致了服务的减少或消失，对此的诊断有待发展。生态服务的另一个潜在应用是评价环境问题及其后果，由此可确定整个生态系统提供的所有生态服务的经济价值，并与相似的健康生态系统的生态服务价值进行比较。Jørgensen（2010）已经应用生态整体指标——生态埃三极，测定了所有各种生态系统服务的经济价值，这个指标代表了生态系统的总功容（见第9章）。利用这个指标可以很好地测定全部的生态服务，这是因为所有的生态服务都需要一定量的自由能，即可做功的能量。对生态系统服务价值的评估也可以和可持续性相结合，因为它对维持许多社会所需的生态系统服务至关重要。人们频繁应用生态指标来评估生态系统服务，但若缺乏良好的系统生态学知识，无论如何还是会无法量化和理解生态系统提供的服务。

45年前，20世纪60年代中期第一次绿色革命开始时，环境技术是唯一能用于解决环境问题的方法。这个工具只能用于解决点源问题，但有时耗费巨资。幸运的是，过去45年间环境技术已经有了突飞猛进的发展，并且我们现在已经有了更多的工具来解决面源污染问题，或当应用环境技术会耗费巨资时能找到较为经济的替代方案。说到诊断工具箱，这些工具箱的发展基于新兴的生态学分支学科，也得到了系统生态学发展的大力支持。

目前我们有四个工具来解决环境问题：

（1）环境技术

（2）生态工程，又称生态技术

（3）清洁生产，还包括工业生态学

（4）环境立法

大约45年前,第一次绿色革命的出现使环境技术成为可能。自此以后,几个新的环境技术方法已经得到了发展,目前所有的方法效率大为提高,使用费用也比较低。然而,现在急需一个替代方法,以可接受的花费来从整体上解决所有环境问题。如今的环境管理比45年前更为复杂,一方面是因为要找到理想的解决方案就需要更多的备选工具,另一方面因为许多不断涌现的全球和区域环境问题。图15.1显示了目前环境管理的复杂性,这归于更大的工具选择范围以及区域和全球问题的不断出现。

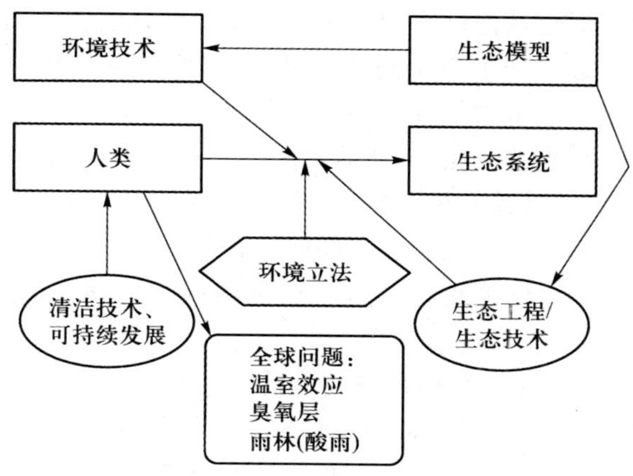

图15.1 目前的复杂的生态-环境管理示意图,包括各种可用于解决问题的方案、地方/区域问题和全球问题

自从20世纪70年代以来,包括生态工程方法在内的一系列技术有了很大发展。生态工程被定义为:设计一个可持续的生态系统,以使人类社会和自然环境均受益(Mitsch 和 Jørgensen,2004)。这是一门工程学,它操控着生态系统,以设计原理和生态学为基础。显然,生态工程正大量利用生态学和系统生态学的相关内容,生态系统中的工程操作不可避免地需要了解生态系统的特征和特性。Mitsch 和 Jørgensen(2004)在《生态工程与生态系统恢复》一书中清晰列出了生态工程应用中的19项原则。这些原则很显然是基于系统生态学的。该系列技术包括4种工具类型:

(1)基于自然生态系统解决环境问题的技术(如应用湿地来处理农业废水);

(2)基于模仿自然生态系统的技术(如用人工湿地来处理废水);

(3)用于恢复生态系统的技术(如通过应用生物操纵来恢复湖泊生态系统);

(4)景观的生态规划(如农林业的应用)。

生态工程的介入使一些环境技术不能解决的问题有望得到解决，首当其冲的当属非点源污染问题和衰退生态系统的快速恢复。

然而，如果没有严格的环境立法，有些环境问题是无法解决的。对于有些问题，需要建立一个全球性的决议才能获得有效的解决方案，例如，通过逐步淘汰氟利昂来消除或减轻对臭氧层的破坏。需要注意的是，环境立法也需要从一个生态视角来评估减排量，这项研究贯穿整个环境立法的过程。

因为环境立法已经严厉许多，工业排放的费用越来越高昂，工厂当然已经开始考虑是否可以通过其他低廉的方法来减排。这就引领了清洁生产的发展，意味着以一种新的方法来生产相同的产品，这种方法的排放更低，且污染处理花费不高。通过创新技术的应用，一些新的生产方法已经得到了发展，以完全崭新的方法来生产相同的产品，且环境问题少了很多。人们通过利用工业生产的生态学原则，发展了其他减排方法，如循环和再利用。在许多情形下，通过识别不必要的废物也能减少环境问题。根据作者观点，工业生态学可以被定义为在生产中应用系统生态学原理，如循环、再利用和高效利用资源的整体解决方案。

目前，上述的四个环境管理系列技术使一些环境问题的解决成为可能，通常需要中等花费，甚至有时所花费的只是利于有效解决问题。诊断系列技术和解决问题的系列技术都基于最近发展的生态分支学科：生态工程、环境立法和清洁技术等。这些生态分支学科的发展是上述系列技术的应用基础，与系统生态学息息相关。因此，所有这些生态分支学科和系统生态学间相互促进共同发展的情形毫不令人意外。

15.2　系统生态学用于解释生态观察和生态法则

在第7章中，基于观察所列出的9个生态法则可用于支持ELT。此外，结构动态模型也在第7章中被列出来，作为对ELT的附加支持，因为这些模型类型以生态埃三极作为目标函数，并且这类模型能够解释23个案例中可观测的结构变化。第7章也根据实测的纵向和横向演变以及进化理论对ELT进行了讨论。系统生态学能广泛地用于解释生态观察，这当然有利于环境管理，它使得应用系统生态学来预测由于人工控制强制函数引起的生态系统变化成为可能。运用生态学原理来确定预期变化当然比昂贵的观察或实验更经济。我们将在本节中列出更多例证来阐述系统生态学（通常是ELT）可以解释的生态观察和生态法则（更详细内容见Jørgensen等，2007）。

A. 每一个花园主人都知道控制杂草是何等的困难。原因当然是因为花园只呈现有限数量的物种，而自然会通过更多可能的物种来获得尽可能高的生态埃三极/公顷。任由你的花园杂草横生，计算每公顷的生态埃三极，得出的结果将远远超出控制杂草的花园的生态埃三极。

B. 在例 7.3“柯普法则(Cope's rule)”中：“物种有趋于更大体型的发展趋势”，在例 7.3 中，以马为例子，证明该法则有效。

C. 在著名的《达尔文主义(Darvinism)》(Wallace，1889)一书中，有一章题为《鳞翅类的警戒色和拟态》。最引人注意的是东部热带地区的一个广布种，*Ophthalmis lincea*(虎蛾科)。这种蛾的身体色泽明亮，分泌很难闻的化学剂，从而保护它们免被捕食(Kettlewell，1965)。

D. Wallace (1858) 提出，身体颜色与树干相像的昆虫可长时间停留在树干上而幸免于难，归功于巧妙隐藏而不被捕食者发现。种群中由基因突变导致的黑变病，其发生频度的相对快慢平行出现在两个大洲(欧洲和北美洲)，这个例子有力地证实了自然界中由突变和自然选择导致的快速微进化。相关假设认为，在受工业影响的生境中，鸟类选择性地取食那些容易被看到的昆虫，这个假设已经得到数据支持(Majerus，1998；Cook，2000；Coyne，2002；Grant，2002)。

E. 人们已发现，寄生者的生态策略通常包括较高的最初死亡率，该死亡率随后降低。如果我们应用 ELT 来解释该生态观察，可以预期，与恒定或上升的死亡率相比，快速降低的死亡率有更高的生态埃三极。表 15.1 列出了通过应用一个寄生虫－鸟类模型获得的结果(生态埃三极的单位为 GJ)。这个模型也是一个结构动态模型，见第 7 章。

表 15.1 一个寄生虫－鸟类模型的运行结果

死亡率	总埃三极	寄生虫埃三极	鸟类埃三极
0.25→1.0	7.93	1.45	6.48
1.00→0.25	8.49	1.58	6.91
0.625	8.31	1.44	6.87
0.25	7.85	1.95	5.90

从表 15.1 可以看出，死亡率从 1.00 降低到 0.25，出现了最高生态埃三极总量，鸟类的生态埃三极也很高(当然，当寄生虫处于最初的高死亡率时，鸟类活得更好)，寄生虫的埃三极也很高，因为当更多鸟类活着时，它们就有更好的条件。因此死亡率上升会对应较低的生态埃三极，恒定死亡率也是如此，对应的是死亡率上升和死亡率下降这两者的平均值。当寄生虫的恒定死亡率较低，

即0.25,当然对应较高的寄生虫生态埃三极及较低的鸟类埃三极,但总体埃三极显著较低。

F. 在全球尺度上,物种多样性从赤道向两级,随着纬度上升而降低(Rosenzweig,1996;Stevens 和 Willig,2002)。决定生物多样性的不是纬度,而是与纬度相关的环境变量。在解释纬度多样性梯度方面,已经有超过25个不同的机制,至今没有达成一致(Gaston,2000)。一个对纬度多样性梯度非常重要的因子是气候带的面积。与高纬度带的大陆相比,热带的大陆有较大的气候相似总表面积(Rosenzweig,1992)。这可能与热带地区具有较高水平的物种形成以及较低水平的灭绝率相关(Rosenzweig,1992;Gaston,2000;Buzas 等,2002)。在第三纪时,地球大部分陆地表面为热带和亚热带区域,这可以部分地解释为什么现今热带地区具有较高物种多样性。热带地区太阳辐射强度更高,这提升了生产力,而高生产力又增加了物种多样性。然而,生产力只能解释为什么热带地区具有较高的总生物量,不能解释为什么这个高生物量要被分配到更多个体以及更多物种(Blackburn 和 Gaston,1996)。在热带地区,个体大小和种群密度通常小于其他地方,这意味着物种数量会更高,但其原因和多个变量因子间的相关性非常复杂,目前仍然不确定(Blackburn 和 Gaston,1996)。热带地区的高温可能导致物种的世代较短,变异率较高,因此促进了物种的形成(Rohde,1992)。高温也意味着生物过程更快速,因为生物过程引起的进化也就快速,物种数量因此增加(见第12章),高温为高多样性提供了更大的可能性。在热带地区,较高的生境复杂性也可能加速了物种形成,不过这个规律不适用于淡水生态系统。最合理的解释是各种变量因子综合作用的结果,科学家预计,不同因子对不同的生物群区域(如北半球对应南半球)和生态系统产生了不同的影响,造就了我们目前看到的各种格局。总之,我们可以应用系统生态学和现有原理来很好地解释多样性的纬度梯度。具体的例子见 Jørgensen 等(2007)。

G. MacArthur 和 Pianka (1966) 首次提出了最优觅食理论,阐述了成功觅食对个体生存的重要性,通过应用理论思考,应该可以确定如何使有用的食物摄入量最大化,以此来预计觅食行为。该论文提出的一个基于收支的动物觅食活动图形模型表明,最终取胜的策略有最高的存活率,因此,根据 ELT,该策略产生的生态埃三极也最高。觅食者最优饮食是特定的,因此也有一些有趣的预测。猎物丰富度到了一定程度就可以影响消费者的淘汰率,因为它影响到每一次成功捕食所消耗的时间。当猎物较稀少时(意味着需要长时间寻找猎物),食谱较宽泛,但如果食物很丰富(意味着寻找猎物的时间较短),食谱就会较狭窄,因为消费者很容易遇到下一级猎物。与较小斑块相比,较大斑块被利用得更为频繁,因为每次成功捕食中的斑块间行程时间较短。在捕食过程中,有三个因子非常重要:

(1) 捕食者将在特定区域觅食多长时间?

(2) 猎物密度对捕食者在该区域的觅食时间长度的影响;

(3) 猎物多样性对捕食者选择猎物的影响。

这几个因子将捕食者的行为转变为它和可获取猎物间的关系的函数。在这些影响捕食者-猎物关系的概念里,基本条件是觅食时间和猎物的可获得性。相关的观察证实了最优捕食理论。还有大量例子都证实了这个理论。一个典型的例子见例 15.1,更多例子见 Jørgensen 等(2007)。本文引用一个更清晰的例子。Kacelnik(1984)通过一个非常有意思的欧椋鸟实验验证了最优觅食理论。他在鸟巢外的不同距离设置觅食平台。他发现,当食物资源距离较远(需要更长的行程时间)时,欧椋鸟需要较长的寻找时间来获取更多食物。欧椋鸟优化了单位时间内带回鸟巢的食物量,这将促使下一代的最高生长率。另一个例子是第 7.3 节中的第九个案例。

H. 最成功的生物(如蚂蚁、细菌和蟑螂)是最有效利用其自由能的生物。因此,它们的成功可以用它们维持甚至增加生态埃三极的能力来解释。

I. 如果土壤被重金属污染,植物生物量还将维持在一个相对较高的水平上——这意味着高生态埃三极,因为活下来的植物会生产特殊蛋白质来螯合重金属。值得一提的是具有这种特性的草本植物不需要非常大的基因变化来产生金属螯合蛋白。这种适应是一个与 ELT 相一致的例子。

例 15.1

Richardson 和 Verbeek(1986)观察到美国西北部太平洋沿岸的乌鸦通常不吃小帘蛤。乌鸦挖出洞里的蛤,但它们通常把体型较小的蛤留在沙滩上,只带走大个的,在岩石上把蛤敲开,吃里面的蛤肉。它们的接受率随着猎物大小而增加:对于长约 29 mm 的蛤,它们只打开和取食一半左右,对于长 32 ~ 33 mm 的蛤,只要找到,便被吃掉。最大的蛤是最有利可图的,不是因为它们容易被敲开,而是因为它们比小蛤有更多的自由能(化学能)。考虑到从不同大小的蛤中获取的热量以及寻找、挖掘、打开和取食蛤肉所消耗的能量,假定乌鸦选择的是可使其热卡摄取量最大化的最优觅食策略,我们就能建立一个数学模型(见图 15.2)。

用最优觅食理论和 ELT 来简单解释这个例子。特别需要回答以下问题:为什么乌鸦吃个体较小的蛤会得不偿失?

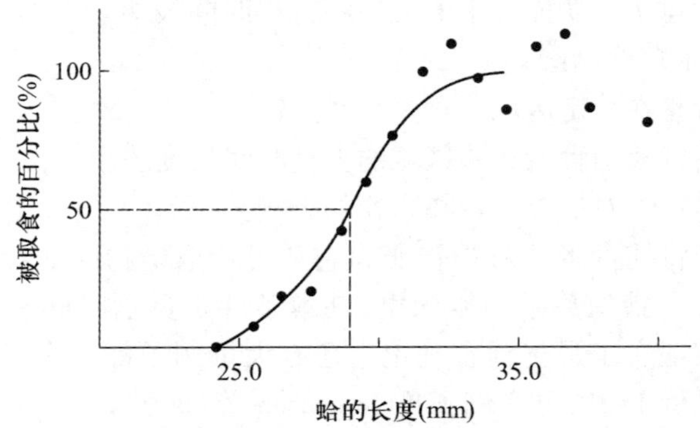

图 15.2　假设乌鸦的取食与蛤的个体大小有关,曲线表示乌鸦食谱中不同个体大小的蛤的百分比。乌鸦试图在单位摄食时间内获取最多的能量。图中的点代表实际观察值,曲线为模型运行结果(自 Richardson 和 Verbeek,1986)

解

这个模型考虑了取食不同大小的蛤所消耗的能量。虽然乌鸦需要花费更多时间在寻找更大的蛤上,但后者将提供更多的化学能,远超过乌鸦消耗的。如果乌鸦吃体型小的蛤,它们在岩石上敲开这些小蛤时就要消耗更多能量,超过了它们能从中获取的能量。最优觅食策略使得乌鸦能核算猎物大小,以便在单位时间内获取最多能量,模型和观察都证实了这一点。单位时间内获得最大能量这一现象也与 ELT 相符。

15.3　系统生态学用于解释生态工程中的原则

Mitsch 和 Jørgensen(2004)已经列出了 19 项用于生态工程(生态技术)或生态系统管理的原则。这 19 项原则当然与生态系统的特征相关,因为我们在生态系统中应用工程时不得不考虑系统的特征。

在生态工程中应该严格遵循这 19 项原则。在开展生态工程时,它们可以被推荐给环境管理者,或可以列为生态工程应用的一个检查表。这些法则当然是以生态系统特征和系统生态学为基础的。以下将逐项解释这些原则及其系统生态学基础。

原则 1:外界因子(在生态学中被称为强制函数)决定生态系统的反应,这取决于生态系统的开放性,见第 8 章。当我们讨论创造一个更加可持续的人工系统的可能性时，必须认识到调整强制函数将改变人工系统的反应，这一点非常重要。

原则2：可用的物质和能量库是有限的。这可以通过热力学定律和生态系统中的循环来解释（第2章）。

原则3：在所有管理计划中都要考虑到生态系统是个开放系统。这当然与生态系统的开放性完全一致。

原则4：生态系统是个具有许多反馈的自平衡系统。遵循第14章中提到的生态系统的系统特征。

原则5：生态系统动态平衡需要生物功能和强制函数的化学成分间的一致。这一点源于生态系统所必须遵循的生物化学规律（见第5章）。

原则6：生态系统中的所有物质和能量都参与循环。生态系统的网络特征可解释之（见第12章）。

原则7：生态系统是自我设计系统。这一点体现了生态系统的显性整体特征（见第14章）。

原则8：生态系统有空间和时间的特征尺度。与生态系统的等级结构相一致（见第9章）。

原则9：生态系统具有高的多样性和复杂性。维持生态系统的自我设计能力需要保持生物多样性。第10章对此有详细介绍。此外，高度复杂性是另外一个显性整体特征。

原则10：群落交错区和过渡区对生态系统的重要性类似膜系统对细胞的重要性。这个原则与生态系统的开放性相一致，当然它使得生态系统较为脆弱（见第8章）。

原则11：由于开放性的存在，生态系统间相互关联。这源于生态系统的开放性（见第8章）。

原则12：生态系统各组分之间相互关联，形成网络。这意味着必须同时考虑生态系统发育的直接效应和间接效应。

原则13：生态系统具有发育史。生态技术的应用应该考虑这个因素。生态系统的历史可部分地解释为其增长和发育（第6章）。当然另一部分是由于外部因子的变化，即开放性（第8章）。生态系统的发展保障了初级生产、次级生产等功能的维持，而不是保障某几个物种。功能的维持实际上可被认为是生态系统的高抵抗力和恢复力的结果（见第11章）。

原则14：生态系统和其中的物种在边缘地带最容易受到胁迫。这是由于条件不利时，边缘地带的系统抵抗力和恢复力都较低。这在第11章中有所涉及。

原则15：生态系统是等级系统。具体见第9章。这种组织形式是生态管理中需重要的考虑内容。

原则16：生态系统是波动系统。由强制函数的波动以及系统开放性引起。

原则17:物理和生物过程是相互作用的。这源于强制函数的多变性(见第10章)。

原则18:生态系统是具有整体特性的集成系统。关于显性整体特征的讨论详见第14章。

原则19:生态系统在结构中储存信息。具体分析和讨论见第13章。

15.4 系统生态学用于评估生态系统健康

生态系统可以通过生态指标来评价,也可以通过计算生态系统服务的价值来评估。后者在第10章有所介绍,计算总生产量时以生态埃三极的形式来表达(见表10.4)。1千瓦时(kW·h)的价值大约是4欧分或5美分,将年生产力($GJ \cdot hm^{-2} \cdot a^{-1}$)乘以10欧元或12.5美元,可估算可能产生的生态系统服务总价值,结果见表15.2(见 Jørgensen,2010),生态系统服务价值的计算还可见 Costanza 等(1997)。他们估算的是各种生态系统为社会提供的实际服务的价值。以总生态埃三极为基础的不同生态系统的价值当然更高,因为它们不仅包括社会正利用的生态系统服务,还包括所有社会可能会利用或还没有利用的生态系统服务。值得注意的是,在社会高度利用的生态系统(湖泊、河流、海岸带和湿地)中,这两个价值的比率大约是10~30,而在那些社会利用率不高或仅生物量被利用的生态系统中(如热带雨林和农业生态系统),这个比率更高。

表15.2 每年生态系统服务的价值

生态系统	千欧元·$hm^{-2} \cdot a^{-1}$ 基于生态埃三极	美元·$hm^{-2} \cdot a^{-1}$ 根据 Costanza 等(1997)
沙漠	20.7	?
大洋	23.8	252
海岸带	48.3	4 052
珊瑚礁,河口	960	14 460
湖泊,河流	85	8 500
针叶林	739	969
落叶阔叶林	1 320	969
温带雨林	1 580	?
热带雨林	3 200	2 007
苔原	72.8	?
农田	400	92
草原	175	232
湿地	450	14 785

生态指标可以划分为 4 种类型,见表 15.3。还原性指标的选择通常很明显,因为它们直接基于污染问题,如某种有毒物质、富营养化、浮游植物的初级生产力或浓度或透明度。

表 15.3　生态指标分类

层次	举例
还原性(单个)指标	PCB、物种存在与否、初级生产力
半整体性指标	Odum 提出的属性
整体性指标	生物多样性、生态网络、缓冲能力
"超整体性"指标	热力学指标,如能值和生态埃三极

然而,另一种指标分类是建立在系统生态学基础之上的。

(1) 例如,在第 2.6 节中详尽地讨论了 Odum 提出的三种生长形式(见表 2.5)。几个属性也被直接用作半整体指标,见下述第 2 点。

(2) 生物多样性、生态网络和缓冲能力等整体性指标直接来自生态系统特性,这些特性是生态系统增长和发育的关键。有关以上三个指标的阐述见第 10 ~ 12章。

(3) 热力学指标基于热力学对理解生态系统的重要性,包括热力学定律和 ELT 在生态系统中的应用。生态埃三极和能值的阐述见第 3 章和第 4 章,在第 6 章和第 7 章也有所涉及,后面两章详细介绍了 ELT。能值被用作计算能流的价值的指标,将价值折算成太阳能当量或对太阳能的资产投资。能值的这两个应用的单位分别为 seJ/a 和 seJ。另一方面,生态埃三极指标表达的是单位时间内生态埃三极的生产力,单位以 kJ/a 表示,或表达生态系统对生物量、信息和网络结构所做的功,单位以 kJ 表示。生态埃三极也经常表达为生态埃三极密度,即单位面积或单位体积的生态埃三极。

Bastianoni 和 Marchettini(1997)提出了使用生态埃三极和能值(能值流)的比率作为指标。这个比率能表明以单位时间的外部输入(seJ/单位时间),这对维持远离热力学平衡的结构是很必要的。这里用到了能值,是因为太阳辐射是所有能量流动的来源。表 15.4 显示了 Bastianoni 和 Marchettini(1997)得到的结果。有关讨论也见 Jørgensen 等(2007)。

> 如我们所看到的,自然系统展现了非常相似的数据,而人工控制的系统,比率较小。经过长期稳定的自然选择的自然系统与人工控制系统相比,具有更高的热力学效率。

表15.4　8个不同生态系统的能值功率密度、生态埃三极密度，以及生态埃三极与能值功率的比率

	受控池塘	废弃池塘	Caprolace 潟湖	特拉西梅诺湖	威尼斯潟湖	Figheri 盆地	Iberá 潟湖
能值功率密度（$seJ \cdot a^{-1} \cdot L^{-1}$）	20.1×10^8	31.6×10^8	0.9×10^8	0.3×10^8	1.4×10^9	12.2×10^8	1.0×10^8
生态埃三极密度(J/L)	1.6×10^4	0.6×10^4	4.1×10^4	1.0×10^4	5.5×10^4	71.2×10^4	7.3×10^4
生态埃三极/能值功率（$10^{-5} J \cdot a/seJ$）	0.8	0.2	44.3	30.6	39.1	58.5	73

例15.2

海岸带潟湖受到强烈的人为干扰。一方面由于城市、农业或工业排放及生活污水等的影响，淡水输入中含有丰富的有机成分和矿物营养，另一个原因是密集的贝类养殖。Sacca di Goro是波河三角洲(Po Delta)一个浅水湾。表面积为26 km^2，总水量大约为40×10^6 m^3。集水盆地受到大量的农业开发，该潟湖是意大利最重要的菲律宾蛤仔(*Tapes philippinarum*)养殖地。以上所有这些与人为干扰相结合，必须采取一项综合性的生态和环境管理措施才行，该措施要考虑到潟湖流体动力学、生态学、营养循环、河川径流影响、贝类养殖、赤潮、沉积物等各种不同因素，还要考虑各个备选管理策略的社会经济影响。在夏季，所有这些影响生态系统功能的重要干扰因子都多少促发了富营养化和营养不良(Viaroli等,2001)，表现为赤潮、缺氧和产硫(Chapelle等,2000)。水质是个重要问题。从1987年到1992年，Sacca di Goro经历了一次石莼(*Ulva* spp.)大爆发。大量藻类严重影响了潟湖生态系统，急需机械清除这种藻类。

为了进行综合性环境管理，Zaldívar等(2003)建立了一个生物地球化学模型，1989年到1998年的野外数据部分验证了这个模型。为了对结果进行分析，有必要应用生态指标，不仅是基于某一物种或成分(如大型海藻或浮游动物)的指标，更重要的是应用包括结构、功能和系统层次等在内的指标。因此，生态埃三极和比生态埃三极(埃三极/生物量)被用于评估海岸带潟湖生态系统的健康。对于这个具有蛤仔生产和由石莼导致富营养化的系统，应用潟湖模型来分

析三种情景:(a)现状、(b)清除石莼的最优成本－效益策略和(c)显著降低流域的营养负荷。成本效益模型给出了清除石莼的直接花费,包括每天的船只成本、对贝类生产造成的损失以及事后增加的蛤仔种群死亡率。通过模拟蛤仔生物量的增加,并用亚德里亚海北部的平均市价可估算总效益;因此,潟湖的蛤仔生物量上升将带来收益的增加。Sacca di Goro 模型通过若干状态变量来计算生态埃三极:图 15.3 和图 15.4 表现了在两种建议方案下的埃三极和比埃三极变化,这两种方案分别为清除石莼和降低营养负荷,以不采取任何措施的情景作为对照。

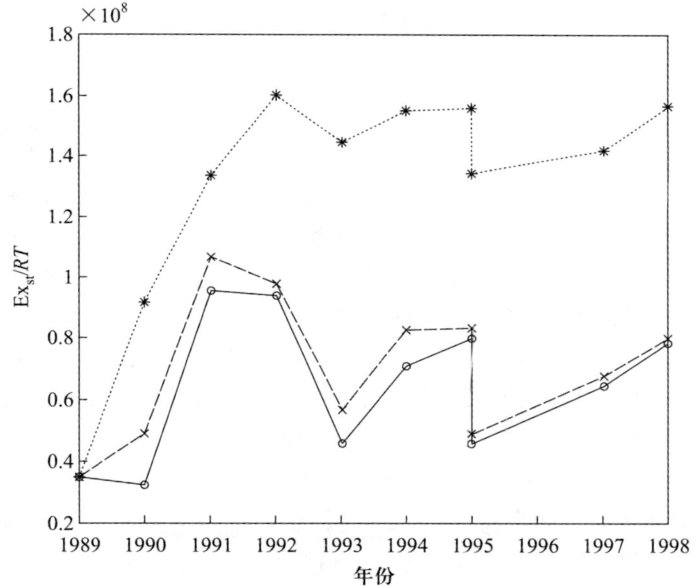

图 15.3　从 1989 年到 1998 年的年生态埃三极价值:现状(实线)、清除石莼的最优成本－效益策略(点线)和降低流域营养负荷的情景(虚线)

本模型的结论包括了应用 ELT 以及生态埃三极和比生态埃三极指标得到的模型结果,该案例可见《生态系统健康评价指标手册》(*Handbook of Ecological Indicators for Assessment of Ecosystem Health*)(Jørgensen 等,2005)的第 163 ~ 184 页。

解

结果表明,最优成本－效益方案为清除石莼的方案,该方案的生态埃三极和比生态埃三极最高,效果其次的方案是降低流域营养负荷。在清除石莼的方案中,随着潟湖船舶营运的增加,比埃三极持续增长。如果保持现状而不采取任何行动,生态埃三极和比生态埃三极都是最低的。这个结果表明,关心自然

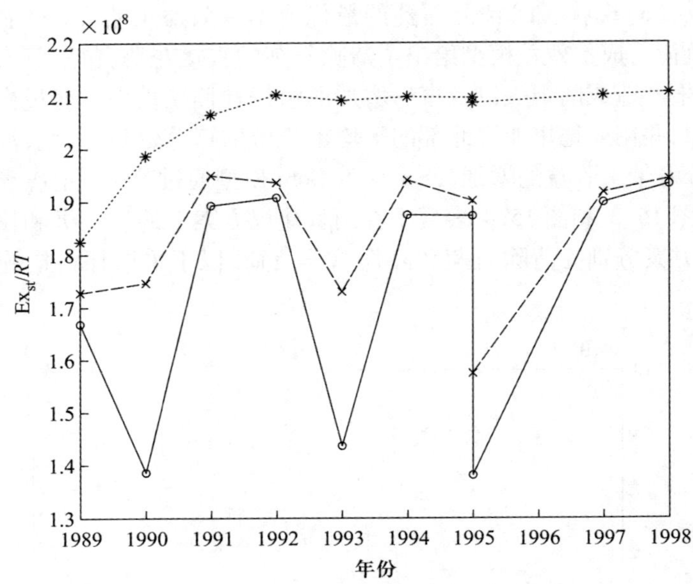

图15.4　从1989年到1998年,每年的比生态埃三极价值:现状(实线)、清除石莼的最优成本-效益策略(点线)和降低流域营养负荷的情景(虚线)

资源是一个良好的可持续发展政策,此案例中的自然资源为蛤仔。生态埃三极表示了系统生物量及其包含的遗传信息,而比生态埃三极显示的是这个系统所包含信息的丰富度。结果与ELT相符。所应用的指标广泛涵盖了生态系统特征,并与几个重要的参数息息相关,如呼吸、生物量等。然而,Jørgensen(2000a)指出,生态埃三极不仅仅与生物多样性直接相关,一个富营养化严重的系统通常具有较低的生物多样性,但由于生物量极高,导致生态埃三极也较高。生态埃三极和比生态埃三极这两个指标被很好地用在了这个可持续生态和环境管理的案例中。

本章小结

(1) 系统生态学已被发现可以广泛应用于综合性生态和环境管理中,它与新兴的生态学分支学科携手共进,这些分支学科是综合管理不可缺少的工具,包括生态模型、生态工程、生态系统健康评价和生态系统服务。

(2) 当今的综合性生态和环境管理包括7个步骤:

a. 明确问题

b. 确定所涉及的生态系统

c. 找出并量化所有问题来源

d. 通过诊断来理解问题和来源间的相关性

e. 确立解决问题所需的全部工具

f. 实施选定的解决方案

g. 追踪恢复过程

(3) 在诊断中(上述第4点)用到三个工具:生态模型、生态指标和生态服务。

(4) 用于解决环境问题的方案有:环境技术、生态工程、环境立法和清洁技术。后面三个是相对较新颖的方案。

(5) 生态工程遵循19个原则,这19个原则也被用作检查生态工程项目的可持续性。这19个原则直接源于系统生态学。

(6) 生态指标可被分为四种类型:还原性指标、半整体性指标、整体性指标和超整体性或热力学指标。后三类指标源于系统生态学。

(7) "生态埃三极密度/能值功率"这个指标清晰地表明了自然系统和人工控制系统的截然不同。这个指标表达了生态系统的热力学效率在自然生态系统中相当高。

练习题/思考题

(1) 一条富含有毒物质的河流如何影响生态埃三极和比生态埃三极?假设它们被用作指标。

(2) 一个河流系统的物理变量显示了物理条件的连续梯度。这个梯度应该遵循河流连续性概念(RCC),引出一系列回应,从而造成连续的生物调节和负荷、运输、利用及沿着河流的有机物储存的一致模式。河流的生物系统朝着平衡发展,该平衡的两端分别为:趋于有效利用通过资源分配(尤其是食物)而获得的能量输入、一年内能量传递过程速率一致的相反趋势。RCC假定自然溪流过程策略涉及能量损失最小化。根据ELT对RCC进行评价。

(3) 李比希最小因子定律(见第2章)符合ELT吗?

(4) 说明自然湿地和农田系统的不同。列出三个指标,并说明这两个系统在这些指标上的差异。

(5) 大多数环境管理案例都需要不止一两个指标,为什么?

(6) 优势度也被用作一个指标。什么案例可更有利地利用优势度作为生态系统的一个指标?

参 考 文 献

Ahl, T. , and Weiderholm, T. 1977. *Svenska vattenkvalitetskriterier. Eurofierande ämnen.* SNVPM(Sweden). Report 918.

Allen, E. et al. 2011. More diverse plant communities have a higher functioning over time due to turnover in complementary dominant species. *Proceedings of the National Academy of Sciences.* 108, 17034 – 17039.

Allen, T. F. H. , and Starr, T. B. 1982. *Hierarchy, perspectives for ecological complexity.* The University of Chicago Press, Chicago and London.

Andresen, I. 1983. Optimization of exergy. Doctor of science thesis at Copenhagen University.

Aoki, I. 1987. Entropy balance in Lake Biva. *Ecol. Model.* 37, 235 – 248.

Aoki, I. 1988. Entropy laws in ecological networks at steady state. *Ecol. Model.* 42, 289 – 303.

Aoki, I. 1989. Ecological study of lakes from an entropy viewpoint—Lake Mendota. *Ecol. Model.* 49, 81 – 87.

Bak, P. 1996. *How nature works.* Springer Verlag, New York.

Bastianoni, S. , and Marchettini, N. 1997. Emergy/exergy ratio as a measure of the level of organization of systems. *Ecol. Model.* 99, 33 – 40.

Benndorf, J. 1987. Food-web manipulation without nutrient control: a useful strategy in lake restoration? *Schweiz Z. Hydrol.* 49, 237 – 248.

Benndorf, J. 1990. Conditions for effective biomanipulation. Conclusions derived from whole-lake experiments in Europe. *Hydrobiologia*, 200/201, 187 – 203.

Blackburn, T. M. , and Gaston, K. J. 1996. A sideways look at patterns in species richness, or why there are so few species outside the tropics. *Biodiversity Lett.* 3, 44 – 53.

Boltzmann, L. 1905. The second law of thermodynamics (Populare schriften. Essay no. 3 (Address to Imperial Academy of Science in 1886)). Reprinted in English in *Theoretical physics and philosophical problems, selected writings of L. Boltzmann.* D. Riedel, Dordrecht.

Bonner, J. T. , 1965. Size and cycle. *An essay on the structure of biology.* Princeton University Press.

Brillouin, L. 1962. *Science and information theory.* 2nd ed. Academic Press, New York.

Brown, J. H. 1995. *Macroecology.* University of Chicago Press, Chicago.

Brown, J. H. , Marquet, P. A. , and Taper, M. L. 1993. Evolution of body size: consequences of an energetic definition of fitness. *Am. Nat.* 142, 573 – 584.

Brown, M. T. , and McClanahan, T. R. 1992. *Energy systems. Overview of Thailand.* Center for Wetlands, University of Florida, Gainesville, Florida.

Buzas, M. A., Collins, L. S., and Culver, S. J. 2002. Latitudinal difference in biodiversity caused by higher tropical rate of increase. *Proc. Natl. Acad. Sci.* 99, 7841 – 7843.

Calaco, A., et al. 2007. Polar fatty acids as indicator of trophic associations in a deep-sea vent system community. *Marine Ecol.* 28, 15 – 24.

Capek, V., and Sheehan, D. P. 2005. *Challenges to the second law of thermodynamics. Theory and experiment. Fundamental theories of physics.* Vol. 146. Springer, New York.

Cerbe, G., and Hoffmann H. J. 1996. *Einführung in the thermodynamik.* (11th ed.) Carl Hanser Verlag München/Wien.

Chapelle, A., Ménesguen, A., Deslous-Paoli, J. M., Souchu, P., Mazouni, N., Vaquer, A., and Millet, B. 2000. Modelling nitrogen, primary production and oxygen in a Mediterranean lagoon. Impact of oysters farming and inputs from the watershed. *Ecol. Model.* 127, 161 – 181.

Childress, J. J., Felbeck, H., and Somero, G. H. 1987. Symbiosis in the deep sea. *Scientific American*, 256, 39 – 48.

Christensen, V., and Pauly, D., 1992. Ecopath II: A software for balancing steady-state ecosystem models and calculating network characteristics. *Ecol. Model.* 61, 169 – 185.

Commoner, B. 1971. *The clsoing circle.* Alfred A. Knopf. New York.

Cook, L. M. 2000. Changing views on melanic moths. *Biol J. Linn. Soc.* 69, 431 – 444.

Cornell, J. H. 1978. Diversity in tropical rainforests and coral reefs. *Science* 99, 1302 – 1310.

Costanza, R., and Sklar, F. H. 1985. Articulation, accuracy and effectiveness of mathematical models: a review of freshwater wetland applications. *Ecol. Model.* 27, 45 – 69.

Costanza, R., Norton, B. G., and Haskell, B. D. 1992. *Ecosystem health, new goals for environmental management.* Island Press, Washington, D. C.

Costanza, R., et al. 1997. The value of the world's ecosystem services and natural capital. *Nature* 387, 252 – 260.

Covich, A. P. 2010. Winning the biodiversity arms race among freshwater gastropods: competition and coexistence through shell variability and predator avoidance. *Hydrobiologia*, 653, 191 – 215.

Coyne, J. A. 2002. Evolution under pressure. *Nature*, 418, 19 – 20.

Debeljak, M. 2002. Application of exergy degradation and exergy storage as indicator for the development of managed and virgin forest. PhD thesis at Ljubliana University.

de Bernardi, R. 1989. Biomanipulation of aquatic food chains to improve water quality in eutrophic lakes. In *Ecological assessment of environmental degradation, pollution and recovery*, ed. O. Ravera, 195 – 215. Elsevier Sci. Pubi., Amsterdam.

de Bernardi, R., and Giussani, G. 1995. Biomanipulation: bases for a top-down control. In *Guidelines of lake management: biomanipulation in lakes and reservoirs*, ed. R. De Bernardi and G. Giussani, 1 – 14. Vol. 7. ILEC and UNEP, Kusatsu, Japan.

De Duve, C. 2002. *Life evolving.* Oxford University Press, Oxford.

Devillers, J., (ed.) 2009. *Ecotoxicological modeling*, Springer Verlag. Heidelberg, Berlin.

Ebeling, W. , Engel, A. , and Feistel, R. 1990. *Physik der evolutionsprozesse.* Akademie Verlag Berlin.

Eigen M. , with R. Winkler-Oswatitsch. 1992. *Steps toward life: a perspective on evolution.* Oxford University Press, Oxford.

Fath B. D. 2004. Editorial: control of distributed systems and environmental applications. *Ecol. Model.* 179, 151 - 152.

Fath B. D. , and Patten, B. C. 1999. Review of the foundations of network environ analysis. *Ecosystems* 2, 167 - 179.

Fenchel, T. 1974. Intrinsic rate of natural increase: the relationship with body size. *Oecologia*, 14, 317 - 326.

Fisher, J. C. , and R. A. Hinde. 1949. The opening of milk bottles by birds. *British Birds.* 42, 347 - 357.

Futuyma, D. J. 1986. *Evolutionary biology.* 2nd ed. Sinauer Associates, Sunderland, MA.

Gaston, K. J. 2000. Global patterns in biodiversity. *Nature* 405, 220 - 227.

Gause, G. F. 1934. *The struggle for existence.* Williams and Wilkins, Baltimore.

Geigy. 1990. *Scientific Tables.* (9th ed.). Edited by K. Diem and C. Lentner. J. R. Geigy. Basel, Switzerland. 840 pp.

Gibbons, D. W. , Reid, J. B. , and Chapman, R. A. 1993. *The new atlas of breeding birds in Britain and Ireland: 1988 - 1991.* Poyser, London.

Gilliland, M. W. 1982. *Embodied energy studies of metal and fuel minerals.* Report to National Science Foundation.

Giussani, G. , and Galanti, G. 1995. Case study: Lake Candia (Northern Italy). In *Guidelines of lake management: biomanipulation in lakes and reservoirs*, ed. R. De Bernardi and G. Giussani, 135 - 146. Vol. 7. ILEC, Kusatsu, Japan.

Givnish, T. J. , and Vermelj, G. J. 1976. Sizes and shapes of liana leaves. *Am. Nat.* 110, 743 - 778.

Glansdorff, P. , and Prigogine, I. 1971. *Thermodynamics of structure, stability and fluctuations.* Wiley Interscience Publishers, New York

Grant, B. S. 2002. Sour grapes of wrath. *Science* 297, 940 - 941.

Grant, P. R. 1986. *Ecology and evolution of Darwin's finches.* Princeton University Press, Princeton, NJ. Reprinted in 1999.

Hall, C. A. S. 1995. *Maximum power - the ideas and applications of H. T. Odum.* University Press of Colorado, Niwot.

Hannon, B. 1973. The structure of ecosystems. *J. Theor. Biol.* 41, 534 - 546.

Hannon, B. 1979. Total energy cost in ecosystems. *J. Theor. Biol.* 80, 271 - 293.

Hannon, B. 1982. Energy discounting. In *Energetics and systems*, ed. W. Mitsch, R. Ragade, R. Bosserman, and J. Dillon, 73 - 100. Ann Arbor Science Publishers, Ann Arbor, MI.

Hassell, M. P. , Lawton, J. H. , and May, R. M. 1976. Pattern of dynamical behaviour in single species populations. *J. Anim. Ecol.* 45, 471 -486.

Hastie, N. 2001. Perspective. In *Essays in biochemistry*, ed. K. E. Chapman and S. J. Higgins, 121 - 128. Portland Press.

Haugaard Nielsen, R. 2001. Hunting the proteins [In Danish Jagten på proteinerne]. *Ingeniøren* 16, 20. April 20 -21.

Havens, K. E. 1999. Structural and functional responses of a freshwater community to acute copper stress. *Environ. Poll.* 86, 259 -266.

Hawking, S. 2001. *The universe in a nutshell.* The Book Laboratory Bantam, New York.

Herendeen, R. 1981. Energy intensity in ecological economic systems. *J. Theor. Biol.* 91, 607 -620.

Heslop-Harrison, Y. 1978. Carnivorous plants. *Scientific American*, February.

Higashi, M., Patten, B. C., and Burns, T. P. 1989. Dominance of indirect causality in ecosystems. *Am. Nat.* 133, 288 -302.

Hirschfelder, J. O., Curtiss, C. F., and Bird, R. B. 1954. *Molecular theory of gases and liquids.* John Wiley & Sons, New York.

Holling, C. S. 1986. The resilience of terrestrial ecosystems: local surprise and global change. In *Sustainable development of the biosphere*, ed. W. C. Clark and R. E. Munn, 292 -317. Cambridge University Press, Cambridge.

Hosper, S. H. 1989. Biomanipulation, new perspective for restoring shallow, eutrophic lakes in the Netherlands. *Hydrobiol. Bull.* 73, 11 -18.

Hutchinson, G. E. 1948. Circular causal systems in ecology. *Ann. NY Acad. Sci.* 50, 221 - 246.

Hutchinson, G. E. 1957. Concluding remarks. *Cold Spring Harbor Symp. Quant. Biol.* 22, 415 -427.

Hutchinson, G. E. 1965. The niche: an abstractly inhabited hypervolume. In *The ecological theatre and the evolutionary play*, ed. G. E. Hutchinson, 26 -78. Yale University Press, New Haven, CT.

Jablonka, E., and Lamb, M. J. 2006. *Evolution in four dimensions.* MIT Press, Boston.

Jensen-Peter, K. A. 2005. *Human origin and evolution* [Menneskets Oprindelse og udvikling]. 3rd ed. Gyldendal, Copenhagen.

Jeppesen, E. J., et al. 1990. Fish manipulation as a lake restoration tool in shallow, eutrophic temperate lakes. Cross-analysis of three Danish case studies. *Hydrobiologia* 200/201, 205 -218.

Jørgensen, S. E. 1976a. A eutrophication model for a lake. *J. Ecol. Model.* 2, 147 -165.

Jørgensen, S. E. 1976b. An ecological model for heavy metal contamination of crops and ground water. *Ecol. Model.* 2, 59 -67.

Jørgensen, S. E. 1982. A holistic approach to ecological modelling by application of thermodynamics. In *Systems and energy*, ed. W. Mitsch et al. Ann Arbor Science. Ann Arbor, MI.

Jørgensen, S. E. 1984. Parameter estimation in toxic substance models. *Ecol. Model.* 22, 1 -

12.

Jørgensen, S. E. 1988. Use of models as experimental tools to show that structural changes are accompanied by increased exergy. *Ecol. Model.* 41, 117 - 126.

Jørgensen, S. E. 1990. Ecosystem theory, ecological buffer capacity, uncertainty and complexity. *Ecol. Model.* 52, 125 - 133.

Jørgensen, S. E. 1992a. Parameters, ecological constraints and exergy. *Ecol. Model.* 62, 163 - 170.

Jørgensen, S. E. 1992b. Development of models able to account for changes in species composition. *Ecol. Model.* 62, 195 - 208.

Jørgensen, S. E. 1994a. Review and comparison of goal functions in system ecology. *Vie Milieu* 44, 11 - 20.

Jørgensen, S. E. 1994b. Fundamentals of ecological modeling. 2nd ed. , Developments in Environmental Modelling 19. Elsevier, Amsterdam.

Jørgensen, S. E. 1995a. Exergy and ecological buffer capacities as measures of the ecosystem health. *Ecosyst. Health* 1, 150 - 160.

Jørgensen, S. E. 1995b. The growth rate of zooplankton at the edge of chaos: ecological models. *J. Theor. Biol.* 175, 13 - 21.

Jørgensen, S. E. 1997. Thermodynamik offener Systeme. In *Grundlagen der Ökosystemtheorie III-1. 6*, pp. 1 - 21. Springer, Heidelberg.

Jørgensen, S. E. 2000. *The principles of pollution abatement.* Elsevier, Amsterdam.

Jørgensen, S. E. 2002. *Integration of ecosystem theories: a pattern.* Kluwer, Dordrecht.

Jørgensen, S. E. 2006. *Eco-exergy as sustainability.* WIT, Southampton, UK.

Jørgensen, S. E. 2007. Description of aquatic ecosystem's development by eco-exergy and exergy destruction. *Ecol. Model.* 204, 22 - 28.

Jørgensen, S. E. 2008. *Evolutionary essays.* Elsevier, Amsterdam.

Jørgensen, S. E. 2009. The application of structurally dynamic models in ecology and ecotoxicology. In *Ecotoxicological modeling*, ed. J. Devillers, 377 - 394. Springer Verlag.

Jørgensen, S. E. 2010. Ecosystem services, sustainability and thermodynamic indicators. *Ecol. Complexity* 7, 311 - 313.

Jørgensen, S. E. , and Bendoricchio, G. 2001. *Fundamentals of ecological modelling.* 3rd ed. Elsevier, Amsterdam.

Jørgensen, S. E. , and de Bernardi, R. 1997. The application of a model with dynamic structure to simulate the effect of mass fish mortality on zooplankton structure in Lago di Annone. *Hydrobiologia* 356, 87 - 96.

Jørgensen, S. E. , and de Bernardi, R. 1998. The use of structural dynamic models to explain successes and failures of biomanipulation. *Hydrobiologia* 359, 1 - 12.

Jørgensen, S. E. , and Fath, B. D. 2004. Modelling the selective adaptation of Darwin's finches. *Ecol. Model.* 176, 409 - 418.

Jørgensen, S. E., and Fath, B. 2006. Examination of ecological networks. *Ecol. Model.* 196, 283 – 288.

Jørgensen, S. E., and Fath, B. 2011. *Fundamentals of ecological modelling.* 4th ed. Elsevier, Amsterdam.

Jørgensen, S. E., Fath, B., Bastiononi, S., Marques, J. C., Mueller, F., Nielsen, S. N., Patten, B. C., Tiezzi, E., and Ulanovicz, R. E. 2007. *A new ecology.* Elsevier, Amsterdam.

Jørgensen, S. E., Ladegaard, N., Debeljak, M., and Marques, J. C. 2005. Calculations of exergy for organisms. *Ecol. Model.* 185, 165 – 176.

Jørgensen, S. E., Ludovisi, A., and Nielsen, S. N. 2010. The free energy and information embodied in the amino acid chains of organisms. *Ecol. Model.* 221, 2388 – 2392.

Jørgensen, S. E., and Mejer, H. F. 1977. Ecological buffer capacity. *Ecol. Model.* 3, 39 – 61.

Jørgensen, S. E., and Mejer, H. F. 1979. A holistic approach to ecological modelling. *Ecol. Model.* 7, 169 – 189.

Jørgensen, S. E., Mejer, H., and Friis, M. 1978. Examination of a lake. *J. Ecol. Model.* 4, 253 – 279.

Jørgensen, S. E., and Nielsen, S. N. In press. Tool boxes for an integrated ecological and environmental management. In *Ecological indicators.*

Jørgensen, S. E., Nielsen, S. N., and Jørgensen, L. A. 1991. *Handbook of ecological parameters and ecotoxicology.* Elsevier, Amsterdam. Published as CD under the name ECOTOX, with L. A. Jørgensen as first editor, in year 2000.

Jørgensen, S. E., Nielsen, S. N., and Mejer, H. 1995. Emergy, environ, exergy and ecological modelling. *Ecol. Model.* 77, 99 – 109.

Jørgensen, S. E., and Padisák, J. 1996. Does the intermediate disturbance hypothesis comply with thermodynamics? *Hydrobiologia* 323, 9 – 21.

Jørgensen, S. E., Patten, B. C., and Straskraba, M. 1999. Ecosystem emerging. 3. Openness. *Ecol. Model.* 117, 41 – 64.

Jørgensen, S. E., Patten, B. C., and Straškraba, M. 2000. Ecosystems emerging. 4. Growth. *Ecol. Model.* 126, 249 – 284.

Jørgensen, S. E., and Svirezhev, Y. 2004. *Toward a thermodynamic theory for ecological systems.* Elsevier, Amsterdam.

Jørgensen, S. E., and Ulanowicz, R. 2009. Network calculations and ascendency based on eco-exergy. *Ecol. Model.* 220, 1893 – 1896.

Kacelnik, A. 1984. Central place foraging in starlings. I. Patch residence time. *J. Animal Ecol.* 53, 283 – 299.

Kallqvist, T., and Meadows, B. S. 1978. The toxic effects of copper on algae and rotifers from a soda lake. *Wat. Res.* 12, 771 – 775.

Kauffman, S. A. 1993. *The origins of order.* Oxford University Press, Oxford.

Kauffman, S. A. 1995. *At home in the universe: the search for the laws of self organization and complexity.* Oxford University Press, New York.

Kay, J., and Schneider, E. D. 1992. Thermodynamics and measures of ecological integrity. In *Proceedings of "Ecological Indicators,"* 159 – 182. Elsevier, Amsterdam.

Kay, J. J. 1984. Self organization in living systems. PhD thesis, Systems Design Engineering, University of Waterloo, Ontario.

Kazanci, C. 2007. EcoNet: a new software for ecological modeling, simulation and network analysis. *Ecol. Model.* 208, 3 – 8.

Kazanci, C. 2009. Network calculations II: a user's manual for EcoNet. In *Handbook of ecological modelling and informatics*, ed. S. E. Jørgensen, T. -S. Chon, and F. Recknagel, chap. 18. WIT Press, Southampton, UK.

Kettlewell, H. B. D. 1965. Insect survival and selection for pattern. *Science* 148, 1290 – 1296.

Klipp, E., Herwig, R., Kowald, A., Wierling, C., and Lehrach, H. 2005. *Systems biology in practice. Concepts, implementation and application.* Wiley-VCH Verlag GmbH, Weinheim, Germany.

Koschel, R., Kasprzak, Krienitz, L., and Ronneberger, D. 1993. Long term effects of reduced nutrient loading and food-web manipulation on plankton in a stratified Baltic hard water lake. *Verh. Int. Ver. Limnol.* 25, 647 – 651.

Laszlo, E. 2003. *The connectivity hypothesis.* State University of New York Press, New York.

Leveque, C., and Mounolou, J. -C. 2003. *Biodiversity.* Wiley, New York.

Li, W. -H., and Grauer, D. 1991. *Fundamentals of molecular evolution.* Sinauer, Sunderland, MA.

Lorentz, E. H. 1955. Available potential energy and the maintenance of the general circulation. *Tellus* VII, 157 – 167.

Lorentz, E. H. 1963. Deterministic nonperiodic flow. *J. Atmosph. Sci.* 20, 130 – 141.

Lotka, A. J. 1956. *Elements of mathematical biology.* Dover. New York.

Ludovisi, A., and Jørgensen, S. E. 2009. Comparison of exergy found by a classical thermodynamic approach and by the use of the information stored in the genome. *Ecol. Model.* 220, 1897 – 1903.

MacArthur, R. H., and Pianka, E. R. 1966. On optimal use of a patchy environment. *Am. Nat.* 100, 603 – 609.

Madsen, J. 2006. *Livets Udvikling A-Å* [Development of the life from A to Z]. Gyldendal, Copenhagen.

Majerus, M. E. N. 1998. *Melanism. Evolution in action.* Oxford University Press, Oxford.

Marchi, M., Jørgensen, S. E. Bécares, E., Corsi, I., Marchettini, N., and Bastiononi, S. 2011. Dynamic model of Lake Chozas (León, NW Spain): decrease in eco-exergy from clear to turbid phase due to introduction of exotic crayfish. *Ecol. Model.* 222, 3002 – 3010.

May, R. M. 1973. *Stability and complexity in model ecosystems.* Princeton University Press,

Princeton, NJ.

Mayr, E. 2001. *What evolution is.* Basic Books, New York.

Mitsch, W. J. , and Jørgensen, S. E. 2004. *Ecological engineering and ecosystem restoration.* John Wiley, New York.

Monod, J. 1972. *Chance and necessity.* Random House, New York.

Morowitz, H. J. 1968. *Energy flow in biology. Biological organisation as a problem in thermal physics.* Academic Press, New York.

Nielsen, S. N. 1992a. Application of maximum exergy in structural dynamic models. PhD thesis, National Environmental Research Institute, Denmark.

Nielsen, S. N. 1992b. Strategies for structural-dynamical modelling. *Ecol. Model.* 63, 91 - 102.

Nielsen, S. N. 2007. What has modern ecosystem theory to offer to cleaner production, industrial ecology and society? The views of an ecologist. *J. Cleaner Prod.* 15, 1639 - 1653.

Nielsen, S. N. , and Mueller, F. 2009. Understanding the functional principles of nature—proposing another type of ecosystem services. *Ecol. Model.* 220, 1913 - 1925.

Nielsen, S. N. , and Müller, F. 2000. Emergent properties of ecosystems. In *Handbook of ecosystem theories and management*, ed. S. E. Jørgensen and F. Müller, 195 - 216. Lewis Publishers, Boca Raton, FL.

Odum, E. P. 1959. *Fundamentals of ecology.* 2nd ed. W. B. Saunders, Philadelphia, PA.

Odum, E. P. 1969. The strategy of ecosystem development. *Science* 164, 262 - 270.

Odum, E. P. 1971. *Fundamentals of ecology.* 3rd ed. W. B. Saunders Co. , Philadelphia, PA.

Odum, H. T. 1971. *Environment, power, and society.* Wiley Interscience Publishers, New York.

Odum, H. T. 1983. *System ecology.* Wiley Interscience Publishers, New York.

Odum, H. T. 1988. Self-organization, transformity, and information. *Science* 242, 1132 - 1139.

Odum, H. T. 1989. Experimental study of self-organization in estuarine ponds. In *Ecological engineering: an introduction to eco-technology*, ed. W. J. Mitsch, and S. E. Jørgensen, 291 - 340. Wiley, New York.

Odum, H. T. 1996. *Environmental accounting: emergy and environmental decision making.* John Wiley & Sons, New York.

Odum, H. T. , and Pinkerton, R. C. 1955. Time's speed regulator: the optimum efficiency for maximum power output in physical and biological systems. *Am. Sci.* 43, 331 - 343.

O'Neill, R, V. , DeAngelis, D. L. , Waide, J. B. , and Allen, T. F. H. 1986. A hierarchical concept of ecosystems. Princeton University Press, Princeton, NJ.

Onsager, L. 1931. Reciprocal relations in irreversible processes, I. *Phys. Rev.* 37, 405 - 426.

Ostwald, W. 1931. Gedanken zur Biosphäre. Wiederabdruck. BSB B. G. Teubner Verlagsgesellschaft, Leipzig.

Patten, B. C. 1978. Systems approach to the concept of environment. *Ohio J. Sci.* 78, 206 - 222.

Patten, B. C. 1981. Environs: the super-niches of ecosystems. *Am. Zool.* 21, 845 - 852.

Patten, B. C. 1982. Environs: relativistic elementary particles or ecology. *Am. Nat.* 119, 179 - 219.

Patten, B. C. 1985. Energy cycling in the ecosystem. *Ecol. Model.* 28, 1 - 71.

Patten, B. C. 1991. Network ecology: indirect determination of the life-environment relationship in ecosystems. In *Theoretical ecosystem ecology: the network perspective*, ed. M. Higashi and T. P. Burns, 288 - 351. Cambridge University Press, London.

Patten, B. C. 1992. Energy, emergy and environs. *Ecol. Model.* 62, 29 - 69.

Patten, B. C., and Auble, G. T. 1981. System theory of the ecological niche. *Am. Nat.* 117, 893 - 922.

Patten, B. C., Straskraba, M., and Jørgensen, S. E. 1997. Ecosystem emerging 1: conservation. *Ecol. Model.* 96, 221 - 284.

Peters, R. H. 1983. *The ecological implications of body size.* Cambridge University Press, Cambridge.

Picket, S. T. A., and White, P. S. 1985. Natural disturbance and patch dynamics: an introduction. In *The ecology of disturbance and patch dynamics*, ed. S. T. A. Picket and P. S. White, 3 - 13. Academic Press, New York.

Prigogine, I. 1980. *From being to becoming: time and complexity in the physical sciences.* Freeman, San Francisco, CA.

Richardson, H., and Verbeek, N. A. 1986. Diet selection and optimization by north-western crows feeding in Japanese littleneck clams. *Ecology*, 67, 1219 - 1226.

Ricklefs, R. E. 2000. *The economy of nature.* 5th ed. W. H. Freeman and Company, New York.

Rohde, K. 1992. Latitudinal gradients in species diversity: the search for the primary cause. *Oikos* 65, 514 - 527.

Rosenzweig, M. L. 1992. Species diversity gradients: we know more and less than we thought. *J. Mammal.* 73, 715 - 730.

Rosenzweig, M. L. 1996. *Species diversity in space and time.* Cambridge University Press, Cambridge.

Russel, L. D., and Adebiyi, G. A. 1993. *Classical thermodynamics.* Saunders College Publishing, Harcourt Brace Jovanovich College Publishers, Fort Worth, TX.

Rutledge, R. W., Basorre, B. L., and Mulholland, R. J. 1976. Ecological stability: an information theory viewpoint. *J. Theor. Biol.* 57, 355 - 371.

Sas, H. (coordination). 1989. *Lake restoration by reduction of nutrient loading. Expectations, experiences, extrapolations.* Academia Verl. Richarz, St. Augustin.

Scheffer, M. 1990. *Simple models as useful tools for ecologists.* Elsevier, Amsterdam.

Scheffer, M., Carpenter, S., Foley. J. A., Folke, C., and Walker, B. 2001. Catastrophic shifts in ecosystems. *Nature* 413, 591 -596.

Schlesinger, W. H. 1997. *Biogeochemistry. An analysis of global change.* 2nd ed. Academic Press, San Diego.

Schramski, J. R., Kazanci, C., and Tollner, E. W. 2011. Network environ theory, simulation, and EcoNet(R) 2.0. *Environ. Model. Software* 26, 419 -428.

Schrödinger, E. 1944. *What is life? The physical aspect of the living cell.* Cambridge University Press, Cambridge.

Shapiro, J. 1990. Biomanipulation. The next phase—making it stable. *Hydrobiologia* 200/210, 13 -27.

Shelford, V. E. 1943. The relation of snowy owl migration to the abundance of the collared lemming. *Auk* 62, 592 -594.

Shieh, J. H., and Fan, L. T. 1982. Estimation of energy (enthalpy) and energy (availability) contents in structurally complicated materials. *Energy Resources* 6, 1 -46.

Shugart, H. H. 1998. *Terrestrial ecosystems in changing environments.* Cambridge University Press, Cambridge.

Simon, H. A. 1973. The organization of complex systems. In *Hierarchy theory—the challenge of complex systems*, ed. H. H. Pattee, 1 -27. Braziller, New York.

Stevens, R. D., and Willig, M. R. 2002. Geographical ecology at the community level: perspectives on the diversity of new world bats. *Ecology* 83, 545 -560.

Straskraba, M. 1979. Natural control mechanisms in models of aquatic ecosystems. *Ecol. Model.* 6, 305 -322.

Straskraba, M., Jørgensen, S. E., and Patten, B. C. 1997. Ecosystem emerging. 2. Dissipation. *Ecol. Model.* 96, 221 -284.

Svirezhev, Yu. M. 1990. Entropy as a measure of environmental degradation. Paper presented at Proceedings of the International Conference on Contaminated Soils, Karlsruhe, Germany.

Svirezhev, Yu. M. 1998. Thermodynamic orientors: how to use thermodynamic concepts in ecology? In *Eco targets, goal functions and orientors*, ed. F. Müller and M. Leupelt, 102 -122. Springer, Berlin.

Sweinsdottir, S. 1997. Highest probability of life on the moon of Jupiter, Europa. *Ingeniøren*, no. 21, May, pp. 10 -11.

Tiezzi, E. 2003. *The essence of time* and *The end of time.* WIT Press, Southampton, UK.

Tiezzi, E. 2006. *Steps towards an evolutionary physics.* WIT Press, Southampton, UK.

Tilman, D., and Downing, J. A. 1994. Biodiversity and stability in grasslands. *Nature* 367, 3633 -3635.

Turner, D. B. 1970. *Workbook of Atm. Dispersion Estimates.* U. S. Pubic Health Service Publ. 999-AP-26.

Ulanowicz, R. E. 1986. *Growth and development. Ecosystems phenomenology.* Springer-Verlag,

New York.

Ulanowicz, R. E. 1997. *Ecology, the ascendent perspective.* Columbia University Press, New York.

Ulanowicz, R. E., and Abarca-Arenas, L. G. 1997. An informational synthesis of ecosystem structure and function. *Ecol. Model.* 95, 1 – 10.

Ulanowicz, R. E., Jørgensen, S. E., and Fath, B. D. 2006. Exergy, information and aggradation: an ecosystems reconciliation. *Ecol. Model.* 198, 520 – 524.

Van Donk, E., Gulati, R. D., and Grimm, M. P. 1989. Food web manipulation in lake Zwemlust: positive and negative effects during the first two years. *Hydrobiol. Bull.* 23, 19 – 35.

Viaroli, P., Azzoni, R., Martoli, M., Giordani, G., and Tajè, L. 2001. Evolution of the trophic conditions and dystrophic outbreaks in the Sacca di Goro lagoon (Northern Adriatic Sea). In *Structures and processes in the Mediterranean ecosystems*, ed. F. M. Faranda, L. Guglielmo, and G. Spezie, pp. 443 – 451, Springer-Verlag Italia, Milano.

Vollenweider, R. A. 1975. Input-output models with special references to the phosphorus loading concept in limnology. *Schweiz. Z. Hydrol.* 37, 53 – 84.

Wallace, A. R. 1858. On the tendency of species to form varieties; and on the perpetuation of varieties and species by natural means of selection. III. On the tendency of varieties to depart indefinitely from the original type. *J. Proc. Linnean Soc. Zool.* 3, 53 – 62.

Wallace, A. R. 1889. *Darwinism. An exposition of the theory of natural selection with some of its applications.* Macmillan and Co., London.

Warren, C. E. 1970. *Biology and water pollution control.* W. B. Saunders, Philadelphia.

Weiderholm, T. 1980. Use of benthos in lake monitoring. *J. Water Pollut. Control Fed.* 52, 537.

Wetzel, R. G. 1983. *Limnology* (2nd ed.). Saunders College Publishing, Philadelphia.

Willemsen, J. 1980. Fishery aspects of eutrophication. *Hydrobiol. Bull.* 14, 12 – 21.

Wolfram, S. 1984a. Computer software in science and mathematics. *Sci. Am.* 251, 140 – 151.

Wolfram, S. 1984b. Cellular automata as models of complexity. *Nature* 311, 419 – 424.

Woodwell, G. M., et al. 1967. DDT residues in an East Coast estuary: a case of biological concentration of a persistent insecticide. *Science* 156, 821 – 824.

Zaldívar, J. M., Cattaneo, E., Plus, M., Murray, C. N., Giordani, G., and Viaroli, P. 2003. Long-term simulation of main biogeochemical events in a coastal lagoon: Sacca Di Goro (Northern Adriatic Coast, Italy). *Cont. Shelf Res.* 23, 1847 – 1875.

Zavaleta, E. et al. 2010. Sustaining multiple ecosystem functions in grassland communities requires higher biodiversity. *Proceedings of the National Academy of Sciences.* 107, 1443 – 1446.

Zhang, J., Gurkan, Z., and Jørgensen, S. E. 2010. Application of eco-energy for assessment of ecosystem health and development of structurally dynamic models. *Ecol. Model.* 221, 693 – 702.

Zhang, J., Jørgensen, S. E., Tan C. O., and Beklioglu, M. 2003a. A structurally dynamic modeling—Lake Mogan, Turkey as a case study. *Ecol. Model.* 164, 103 - 120.

Zhang, J., Jørgensen, S. E., Tan C. O., and Beklioglu, M. 2003b. Hysteresis in vegetation shift—Lake Mogan prognoses. *Ecol. Model.* 164, 227 - 238.

附　录

四大圈层的原子组成

元素	原子所占百分比(v.l. = very low,含量很低)			
	生物圈	岩石圈	水圈	大气圈
H	49.8	2.92	66.4	v.l.
O	24.9	60.4	33	21
C	24.9	0.16	0.001 4	0.04
N	0.27	v.l.	v.l.	78
Ca	0.073	1.88	0.006	v.l.
K	0.046	1.37	0.006	v.l.
Si	0.033	20.5	v.l.	v.l.
Mg	0.031	1.77	0.034	v.l.
P	0.030	0.08	v.l.	v.l.
S	0.017	0.04	0.017	v.l.
Al	0.016	6.2	v.l.	v.l.
Na	v.l.	2.49	0.28	v.l.
Fe	v.l.	1.90	v.l.	v.l.
Ti	v.l.	0.27	v.l.	v.l.
Cl	v.l.	v.l.	0.33	v.l.
B	v.l.	v.l.	0.000 2	v.l.
Ar	v.l.	v.l.	v.l.	0.93
Ne	v.l.	v.l.	v.l.	0.001 8

索　　引

K

L

M

N

O

P

W

X

Y

Z

译后记

本书是我们翻译出版《生态模型法原理》(第一版,1988 年版);《生态模型基础》(第三版,2006 年版)之后向国内生态学和环境科学等专业的本科生、研究生和学者们介绍的第三部由斯文·埃里克·约恩森(Sven Erik Jørgensen)编写的生态学教科书。

系统生态学是一门理论性强、涉及面广的生态学新兴分支学科,一直缺少一部初涉者能快速理解并能学以致用的教科书,本书避开了复杂的理论阐述,烦琐的公式推导,用看似浅显的图解、例证、练习及小结来突出重点,深入浅出,循序渐进,使读者能够在短时间内把握要领,应用于实践。

"系统生态学"课程最早于 20 世纪 70 年代在美国佐治亚大学由 Howard Odum 教授开设。在国内 1990 年由笔者在华东师范大学率先开设,仅限于研究生课程。教学内容主要是美国生态学家 Howard Odum 的著作及相关学术论文,理论联系实践相对较少。希望本书的出版能提升国内"系统生态学"课程的教学效果。

华东师范大学生态学专业的博士生王丰毅、张佳蕊和赵丹,及上海大学生态学专业的王伟博士和王天慧博士参与了本书的翻译;现在加拿大的何文珊博士承担了全书的校译工作。本译作在高等教育出版社李冰祥博士和陈正雄先生的协助下得以出版。在此一并致谢。

陆健健

2013 年 2 月 26 日